数のワンダーランドへのご招待

Invitation to the Numerical Wonderland

櫻田陽一
SAKURADA YOICHI

幻冬舎MC

数のワンダーランドへのご招待

Invitation to the Numerical Wonderland

はじめに

整数をはじめとするさまざまな数を眺めていると、実に奥の深い、そしてミステリアスな法則や数相互の関係性に深く魅了させられます。数論(*Number Theory*)はそれだけ面白く、かつスリリングな学問分野であると言えましょう。まさに、数の世界は不思議の世界、ワンダーランドです。しかも、1、2、3、4 と連なる自然数は、私たちが日常生活の中で触れないときがないほどに、優れて身近なものです。であるにもかかわらず、その奥の深さといったらどうでしょう。古代の数学者が現在に至るまでの数千年の年月を経てもなお、未だに解き明かされることのない不思議な法則的予想が、この数の世界の中にうずたかく積み上がっています。

このような数論の歴史を紐解いていけば、それは古代ギリシャ時代や古代エジプト時代にまで遡ることができます。例えば、タレス(BC624 年頃～BC546 年頃)、ピタゴラス(BC582 年頃～BC496 年頃)、エウクレイデス(BC330 年頃～BC275 年頃)、ディオファントス(AD210 年頃～AD290 年頃)あたりが、まずは古代に於いて著名な数学者の一例として挙げられるでしょうか。

タレスは数論分野でと言うよりはむしろ幾何学の分野での貢献が著名で、所謂タレスの定理と呼ばれる円と三角形に関するいくつかの定理を導いています。例えば、円は中心点を通る直線で二等分される、二等辺三角形の二つの低角は等しい、半円に内接する三角形は直角三角形である、などです。タレスと言えばアリストテレスが彼の著書『形而上学』の中で、人類史上最初の哲学者として位置付けたことで著名であり、彼は万物の根源（アルケー）は水であると言いました。

ピタゴラスは宇宙の全ては数から成り立つと考え、この考えのもとにピタゴラス教団を創始して、自らは教祖となりました。所謂、三平方の定理で名高いピタゴラスの定理を発見したとされている数学者です。彼は、「万物の根元は数であり、数は美しいものである」という考え方の持ち主でした。

そんなピタゴラスと彼の教団であるピタゴラス教団には、次のような逸話があります。ピタゴラス教団に所属していた数学者の一人に、ヒッパソスという男が居ました。彼は、正方形の辺と対角線の長さを研究していたときに、各々の比が整数でも分数でも表せないことに気が付きました。即ち、正方形を対角線で二等分したときの直角三角形では、底辺、高さが共に長さ 1 を持つときに、斜辺の長さは$\sqrt{2}$をとりますが、これは有理数ではなく無理数となるわけですね。実は無理数の発見はピタゴラス教団の教義の反証に繋がるものであり、ピタゴラスとしては断じて認めるわけにはいきませんでした。そこで、ピタゴラスは無理数の発見を秘密裡に隠蔽しようとしたところ、ヒッパソスは頑なに公表の意思を押し通しました。そこで、彼は教団の教理に背いた者として、船上から海に突き落とされて処刑されたと言われています。ピタゴラスという人は数というものに対してほとんど狂信的であり、その教義に対する盲従者だったとも言えそうです。

エウクレイデスは、英語名のユークリッドの名前の方が通っていますね。所謂『原論』の編纂者として著名であり、数論と幾何学の分野で大きな仕事をした古代エジプトのギリシャ系数学者であり、天文学者でもありました。彼の生涯については詳細なことはほとんどわかっていませんが、『原論』については西洋では聖書に次いで広く読まれてきたものと言われています。全体の 13 巻から成る『原論』のうちで、数論について書かれた部分は第 7 巻から 9 巻までであり、その中で有名な互除法についても書かれています。本書でも、第 4 章でエウクレイデスの互除法を詳細に扱っています。

ローマ帝国時代のエジプトの数学者に、ディオファントスが居ます。彼が著した 13 巻に及ぶ『算術(*Arithmetica*)』には、数論に係る重要な記述が満載されており、数論の分野の発展に多大な貢献を成し遂げました。その後、17 世紀に入ってからフェルマーがこの書物の余白に多くの書き込みを行い、所謂フェルマーの最終定理が書き込まれた書物としても名高い著作になっています。また、ディオファントスは、ディオファントス方程式と呼ばれる不定方程式について考察を加えています。本書では、第 3 章で詳細に議論します。加えて、彼はピタゴラスの定理による、$a^2 + b^2 = c^2$を成り立たせる整数a, b, c、これはピタゴラス数と呼ばれますが、これについての可能な組み合わせの一般解を与えています。

古代ギリシャと古代エジプトから、一気に 7 世紀のインドに飛びましょう。そこで私たちはブラフマグプタ（またはブラーマグプタとも）(598 年～665 年頃)という数学者であり天文学者に出逢います。彼は、その主著『ブラフマ・スプタ・シッダーンタ』の中で、初めてゼロを数学的演算の対象として定義しました。つまり、彼は世界の数学史上、初めてゼロを発見し、定義した数学者なのです。このほかにも、彼はブラフマグプタの二平方恒等式と呼ばれる、4 つの整数A, B, C, Dについての次のような恒等式も発見しました。

$$(A^2 + B^2)(C^2 + D^2) = (AC + BD)^2 + (AD - BC)^2$$

この式は、実は最初にディオファントスによって発見されていましたが、ブラフマグプタが再発見して世に広めました。この式については、本書の第 12 章のフェルマーの無限降下法の下りで触れています。

時代はさらに飛んで、16 世紀の西欧に目を向けてみましょう。イタリアではジェロラモ・カルダーノ（1501 年～1576 年）が虚数概念を導入したことで、自然数、整数、有理数、実数、無理数に続いて複素数という新たな種類の数の概念が加わりました。マラン・メルセンヌ（1588 年～1648 年）はカトリックの神学者ですが、数学者、物理学者、哲学者でもあり、メルセンヌ素数というユニークな素数を発見しました。メルセンヌ素数については、本書の第 5 章で詳細に議論しています。フランスのルネ・デカルト（1596 年～1650 年）は、今日、私たちが函数のグラフを描画する際に、ごく当たり前に用いている二次元の$x - y$座標を、デカルト座標系と命名して初めて導入しました。デカルトは 1637 年に公刊された『方法序説』の著書として著名な哲学者ですが、数学者としても大きな仕事をしています。

さて、17 世紀の西欧に参りますと、ここで私たちは数学史の大きな転換点に遭遇します。まず、解析学の分野に於けるイギリスのアイザック・ニュートン（1643 年～1727 年）とドイツのゴットフリート・ライプニッツ（1646 年～1716 年）です。二人とも微分積分法の発見者として著名ですが、実はどちらが先かという点で深刻な争いがありました。ライプニッツは 1684 年に出版した著書「極大と極小に関する新しい方法」の中で微分法を発表。続く 1686 年に出版した「深遠な幾何学」の中で積分法を発表しました。ニュートンが微分積分法を公にしたのはライプニッツに一年遅れることの 1687 年で、このとき出版した「プリンキピア」の中で明らかにしました。しかし、ニュートンはライプニッツが書物を公にするより前に、すでに自分は微分積分法を確立しており、従って微分積分法の創始者は自分であると言い出しました。そして成果の公表についてライプニッツに遅れたのは、単に出版時期が後にずれたに過ぎないと申し立てたのです。結局、両者のうちのどちらが先かの争いには決着がつけられず、現在では両者が微積分法を同時に、そして各々が独立に発見したということにされています。

17 世紀の数論分野では、フランスのピエール・ド・フェルマー（1607 年頃～1665 年）がいます。フェルマーの本業は裁判官であり、数学は彼の趣味でした。また、氏名に「ド」を付けることが出来る者は相当に高い地位に就いていた者でしたから、フェルマーは裁判官として有能な人物だったようです。彼が数論に傾倒したのは 1630 年頃に入手したディオファントスの『算術(*Arithmetica*)』でした。彼はこれを熟読して、有名な 48 の注釈をその余白に書き込んでいきました。彼の死後、長子のサミュエルがフェルマーの注釈入りの『算術』を出版してフェルマーの業績が世に知れるところとなりました。

48 の注釈のうちの 47 までは後世の数学者らによって証明或いは反証が与えられましたが、最後の一つが、その後凡そ 360 年にわたって証明も反証もされることがありませんでした。これが有名なフェルマーの最終定理です。証明されることがなかった時期は、最終「予想」

と呼ばれるべきでしたが、証明したのはイギリスの数学者であるアンドリュー・ワイルズでした。彼は、谷山・志村・ヴェイユ予想についての半安定楕円曲線の特別な場合のみの証明を以って、フェルマーの最終定理を証明し、それを 1993 年 6 月 23 日のケンブリッジ大学の講演で発表しました。しかし、その後一点だけ明らかにされた誤りを修正するためにさらに一年余をかけ、今度は岩澤理論を適用することで誤りを克服し、1995 年に最終成果を公にしました。フェルマーの最終定理の証明は、数論の最新の学説を豊富に盛り込み、これを縦横無尽に駆使した内容となっているために、本書の内容をはるかに超える高度な数論の専門知識を要するトピックです。ですが、数論の最高峰に位置するトピックとして、いずれは読者の皆さんにも挑戦を期待したいところです。

数論史上、エポックメーキングな時期と言えば、やはり 18 世紀のフランスを中心とする西欧の数学界でしょうか。この時期に著名な数学界の巨人群を綺羅星の如くにスイス、フランス、ドイツから輩出しました。例えば、生まれはイタリアですが主たる活動がフランスだったジョゼフ・ルイ・ラグランジュ（1736 年～1813 年）、同じくフランスのアドリアン・マリ・ルジャンドル（1752 年～1833 年）とオーギュスタン・ルイ・コーシー（1789 年～1857 年）、スイスのレオンハルト・オイラー（1707 年～1783 年）、そしてドイツのカール・フリードリッヒ・ガウス（1777 年～1855 年）といった錚々たる顔ぶれに、私たちは出逢います。

本書でも群論に於けるラグランジュの定理を第 17 章で、ルジャンドルは本書第 5 章の素数定理と第 10 章の平方剰余の議論でのルジャンドル記号の節で詳細に考察しています。オイラーについては、本書の随所で言及しており、第 5 章のメルセンヌ素数、フェルマー素数、第 6 章のエウクレイデスの完全数定理、第 9 章のオイラー函数とオイラーの公式、第 10 章の平方剰余の議論についてのオイラーの規準など、各々の箇所で詳細に考察します。ガウスについてもオイラーと同様、本書の多くの箇所で彼の業績について言及していますが、特に本書第 11 章のガウスの補題、ガウスの床函数、平方剰余の相互法則の証明の箇所で詳細に論じています。

オイラーは非常に多産な数学者で、執筆した論文は現在までに 886 編が確認されており、頁にして 5 万頁を超える壮大な分量です。これらは全集にまとめられて 1911 年から刊行され続けているそうですが、刊行開始から 100 年以上を経た現在に至るも、未だ完結していないと言われています。

ガウスもオイラーと並び称せられる数学、就中、数論の分野に於ける巨人であり、素数定理の予想、最小二乗法の発見、平方剰余の相互法則の証明、正十七角形の作図など、数論のみならず数学のほぼ全ての分野にわたって膨大な業績をあげた数学者でした。

さて、並み居る数学者らの業績を連ねていけば、それだけで一冊の著書が出来上がってしまいます。上のほかにも、19 世紀には 5 次方程式の非可解性を証明し、楕円函数で顕著な業績をあげたノルウェーのニールス・アーベル（1802 年～1829 年）、彼は群論における可換群、所謂アーベル群に名を留めています。また、函数論での業績が名高いドイツのカール・グスタフ・ヤコブ・ヤコビ（1804 年～1851 年）と同じくドイツのペーター・グスタフ・ディリクレ（1805 年～1859 年）、イデアル数のエルンスト・クンマー（1810 年～1893 年）、短命だった天才的巨人でフランス人のエヴァリスト・ガロア（1811 年～1832 年）、楕円函数論と複素解析の分野で業績を上げたドイツのカール・テオドル・ヴィルヘルム・ワイエルシュトラス（1815 年～1897 年）、線形代数論の分野で名を残したフランスのシャルル・エルミート（1822 年～1901 年）、クロネッカーのデルタ、クロネッカーの青春の夢（ヒルベルトの第 12 問題）で著名なドイツのレオポルト・クロネッカー（1823 年～1891 年）、整数論で業績をあげたドイツのフェルディナント・アイゼンシュタイン（1823 年～1852 年）、リーマン幾何学のドイツ人数学者ベルンハルト・リーマン（1826 年～1866 年）、実数論と整数論のドイツ人数学者リヒャルト・デデキント（1831 年～1916 年）、素朴集合論を深度化させ、のちにツェルメロ＝フレンケルらによる公理的集合論への道を開いたドイツのゲオルク・カントール（1845 年〜1918 年）、数学上の未解決問題 23 を発表し、20 世紀の数学の方向性を決定づけて、現代数学の父と称されたドイツのダフィット・ヒルベルト（1862 年〜1943 年）、このヒルベルトに師事し、類対論を完成させた我が国の高木貞治（1875 年〜1960 年）、我が国で最初にフィールズ賞を受賞した小平邦彦（1915 年〜1997 年）、代数的整数論の分野で顕著な業績をあげ、アンドリュー・ワイルズがフェルマーの最終定理（予想）の証明の最後の仕上げ段階に貢献した岩澤理論の提唱者である岩澤健吉（1917 年〜1998 年）、全ての有理数体上に定義された楕円曲線はモジュラーであると主張し、アンドリュー・ワイルズの手になるフェルマーの最終定理（予想）の証明に大きく寄与した所謂谷山・志村予想の提唱者である谷山豊（とよ）（1927 年〜1958 年）と志村五郎（1930 年〜2019 年）など、限られた紙幅の中で書き連ねることは不可能なほど多くの傑人・巨人たちが、数学史を彩っています。

数学史にご関心を寄せる読者には、名著と呼ばれる良書が数多く出回っていますので、そちらをお薦めしたいと思います。例えば、高木貞治先生の古典的名著である『近世数学史談・数学雑談（復刻版）』が第一等の推薦図書となりますでしょうか。

本書は、古代ギリシャ時代から営々と蓄積されてきた数論分野の知的財産の上に立って、その基礎的な部分を中心に初等数論と初等抽象代数論について論述しています。対象読者層は、理数系の大学学部学生を中心に据えていますが、数論を独学で始めてみたいと考える文系の大学学部学生（例えば、経済学部で数理経済学を始めようとしている学部学生諸君）や、これまで数学に馴染みの薄かった社会人の皆様も対象読者層として視野に入れています。

そうした意味から、本書を読みこなす上での数学上の予備知識はほとんど必要とはされません。従って、本書は最初から地道に読み進めていただければ、比較的容易に最後の理解にまで到達できるように、配慮したつもりです。

なお、本書は福岡女学院大学国際キャリア学部国際英語学科の4年生のゼミでの副読本としても編まれました。執筆の段階で、私のゼミのゼミ生からいくつかの誤りや表記上の配慮についての貴重な指摘を得ることができました。ゼミ生諸氏に対して、ここに謝意を表したいと思います。

また、本書の上梓に際しましては幻冬舎ルネッサンス新書編集部の皆様より、多大なるご協力・ご配慮を賜りました。末筆ながら、ここに記して深甚なる謝意を表する次第です。

2023年6月　櫻田陽一

目　　次

1

数学的準備

1.1 自然数から複素数まで

数には様々な種類があります。まず最初に自然数が生まれます。次いで整数が、続いて有理数が、そして実数、複素数と、少しずつ数の種類が増え、カバーされる範囲が広がっていきました。

数の最初では実用的な要請が先行しました。それは、例えば農夫が家畜を数えるために、正の数を必要としたところから始まりました。これはゼロよりも大きく離散的な数、即ち、一つ二つと指折り数える用途に適した数です。こうしたニーズが、自然数を生み出しました。即ち自然数は、$\{1,2,3,\cdots,\infty\}$であり、$\mathbb{N}$という記号で表現されます。この自然数を表現する記号$\mathbb{N}$は、イタリアの数学者であるジョゼッペ・ペアノ(*Giuseppe Peano*)が、1895 年に最初に用いたと言われています。

自然数の初期段階では、足し算のみで実用上は十分、事が足りていました。そのうち、買い入れた家畜が疫病にかかって多くが死亡する事件が発生しました。農夫は疫病で死んだ家畜と、生き残った家畜の頭数のそれぞれを把握する必要に迫られました。この段階で、昨日まで生きていた家畜の全頭数から、今日になって疫病で死んだ頭数を除くという、引き算という演算が必要になりました。

やがて、事業の拡大に伴い、家畜小屋の増築のために畜産業で得た金では足らない金を、金貸しからの借金によって賄う必要が出てきました。その場合、手元にある金以上の資金を金貸しから調達しなければならなくなり、その際に所謂債務の額を把握する必要に迫られました。債務は手元資金を超える借財であることから、負の手元資金になります。つまり、（債務）＝（手元資金）−（借金）であり、このとき、負の数を把握する必要に迫られました。また、手元資金が丁度借金と同額であるときには、債務をゼロと勘定する必要が出て、自然数にゼロと負の数を加えた数、即ち整数の登場が必要となりました。即ち整数は、$\{-\infty,\cdots,-3,-2,-1,0,1,2,3,\cdots,\infty\}$であり、$\mathbb{Z}$という記号で表現されます。この記号は、ドイツの数学者でランダウの記号でも著名な、エドムント・ランダウ(*Edmund Landau*)が 1930 年に最初に用いたと言われています。整数は、整数同士で引き算した数も整数ですね。また、掛け算の答も整数です。

やがて、毎年の収益の平均額を把握する必要が出て、収益額を一定の年数毎に把握するために、割り算を新たに演算に加える必要が出てきました。このとき、整数を整数で割って、その数が整数である保証がありません。それが保証されるのは分母が1かもしくは分子が分母の倍数であるときに限られます。そこで、整数の範疇に含まれない分数の形で表現される、有理数の誕生が必要となってきました。即ち有理数は$\{-\infty,\cdots,-1,-31/137,0,7/299,1,2,\cdots,\infty\}$であり、これは$\mathbb{Q}$という記号で表現されます。この記号は、やはりイタリアのジョゼッペ・ペアノが1895年に、イタリア語で「商」を意味する$Quoziente$の頭文字をとって呼称したと言われています。

有理数から先のさらなる数の範囲の拡大は、もっぱら学術研究分野での要請から生まれてきました。例えば、有理数がカバーし切れない数、即ち分母、分子が共に整数である分数の形に表すことのできない数が、無理数として要請されました。無理数は、例えば底辺と高さの長さが各々$1cm$である直角三角形の斜辺の長さを表すときに使用され、そのときの答は$\sqrt{2}$と表記されます。また、循環しない小数である円周率π、ネイピア数e、自然対数$log_e 10$も無理数です。さらに、有理数と無理数の双方をカバーする数として、実数が生まれました。実数は$\mathbb{R}$という記号で表現されます。ここで少し無理数に戻りますが、無理数は有理数以外の実数という位置付けで、$irrational\ number$と呼ばれます。記号ですが、実数から有理数を除くという意味で、$\mathbb{R}-\mathbb{Q}$、或いは、$\mathbb{R}\setminus\mathbb{Q}$、または実数集合における有理数集合に対する補集合という意味で、$\mathbb{Q}^C$と表記されたりします。無理数には、単独の表記法がないのですね。

さらにより高度な学術分野からの要請より、$x^2=-1$の解を求める必要が出てきました。この二次式の解は$x=\pm\sqrt{-1}=\pm i$であり、iは虚数と称されました。また、虚数iと実数A、Bとの積と和で表現された数、$A+Bi$を複素数と称し、$\mathbb{C}$と表現されました。虚数を初めて定義したのは、16 世紀のイタリアの数学者ジェロラモ・カルダーノ($Gerolamo\ Cardano$)で、彼が三次方程式の解の公式の中で導入した概念であると言われています。その後、フランスの数学者のルネ・デカルト($René\ Descartes$)が、自らの著書の中で虚数を称して想像上の数($nombre\ imaginaire$)と呼んだことから、その英訳語であるところの$imaginary\ number$の頭文字のiが虚数の記号になりました。

こうして、自然数、整数、有理数、無理数、実数、複素数といった順番で、数は広がりを持つようになっていきました。

この本は数を扱う本です。特に、数そのものが持つ性質、二つ以上の数同士の関係に関する法則を深掘りするものです。ただ、第 2 章からこの本を順次読み進めて、内容を理解していただく上では、読者の皆さんにある程度数学的準備をしていただく必要があります。ここでは、まずその数学的準備についてご案内します。それは、数理論理学と集合論のごく基礎的な内容についての準備になります。

1.2 数の記法

この本では多くの数を扱います。本文中では数値の対象範囲を様々に規定しますが、多くは次のように記号で表記されます。

自然数 ($\boldsymbol{N}atural\ number$)：$\mathbb{N}=\{1,2,3,4,\cdots,\infty\}$
整数 ($\boldsymbol{Z}ahlen$)：$\mathbb{Z}=\{-\infty,\cdots,-3,-2,-1,0,1,2,3,\cdots,\infty\}$
有理数 ($\boldsymbol{Q}uotient$)：$\mathbb{Q}=\{p/q|p\in\mathbb{Z},q\in\mathbb{N}\}$
実数 ($\boldsymbol{R}eal\ number$)：$\mathbb{R}=\{-\infty,\cdots,-9.23,2.5,99.1,\cdots,\infty\}$
無理数 ($irrational\ number$)：$\mathbb{R}-\mathbb{Q}$、或いは、$\mathbb{R}\setminus\mathbb{Q}$、$\mathbb{Q}^C$
複素数 ($\boldsymbol{C}omplex\ number$)：$\mathbb{C}=\{a+bi|a,b\in\mathbb{R}\}$

自然数$\mathbb{N}$はゼロを含まず、負の符号をとることがなく、かつ小数点以下を伴わない正の符号の離散量を扱う場合に登場します。

整数の記号表記$\mathbb{Z}$は、英語の$Integer$の頭文字の I ではなく、ドイツ語の数（複数形）を意味する$Zahlen$の頭文字 Z になります。従って、整数の記号表記$\mathbb{Z}$はドイツ語由来ということになります。

有理数の英語は$Rational\ number$ですが、記号表記は R ではありません。有理数はpを分子、qを分母とする分数形式で表され、これは「商」を意味するところから$Quotient$（商）が当てられ、その頭文字の$\mathbb{Q}$が有理数記号に用いられています。

実数$\mathbb{R}$は、小数点以下を伴う数値を扱う場合に登場します。

さて、実数は正の符号の数、負の符号の数、そしてゼロを含みます。そのうち、「非負」の実数、即ち負ではない実数、これはゼロ及び正の実数を意味しますが、この場合は、$\mathbb{R}$の記号の下添字に＋を付けて、

$$\mathbb{R}_+ \qquad (1.2.1)$$

と表記します。また、「正」の実数、即ち、ゼロと負の数を含まない正の数のみからなる実数の場合には、$\mathbb{R}$の記号の下添字に＋を二つ付けて、

$$\mathbb{R}_{++} \qquad (1.2.2)$$

と表記します。正の実数の方が対象範囲が狭くなる、言い換えれば制約が厳しくなるということです。逆に「非正」の実数であるなら$\mathbb{R}_-$、「負」の実数なら$\mathbb{R}_{--}$と表記します。同じように、「非負」の整数なら$\mathbb{Z}_+$、正の有理数なら、$\mathbb{Q}_{++}$と表記します。

複数の数を扱う場合、例えばn個の実数からなる集合などといった表現を必要とする場合、n次元の実数と称します。このときの表記は、$\mathbb{R}$の記号の上添字にnを付けて、

$$\mathbb{R}^n \qquad (1.2.3)$$

とします。従って、n次元非負実数の場合は、

$$\mathbb{R}^n{}_{++} \qquad (1.2.4)$$

と表記します。

本文中ではある数が、ある集合に属するという表現を頻繁に使います。「属する」というのは集合論の表現で、記号は「∈」を使います。例えば、変数yが非負のn次元実数値集合に属するというときなどでは、

$$y \in \mathbb{R}^n{}_{++} \tag{1.2.5}$$

と表記します。さらに、n次元実数値集合の部分集合Xに属する変数yを表現する場合では、記号「⊂」を用いて、

$$y \in X \subset \mathbb{R}^n{}_{++} \tag{1.2.6}$$

のように表記します。

1.3 外延的記法と内包的記法

数論と群論では、集合の概念を頻繁に駆使します。集合というのは、特定の性質を持った複数の要素の集まりですから、含まれる変数の数は一つではありません。

このような集合の要素を表記する方法には、外延的記法と内包的記法の二つがあります。**外延的記法**($extensive\ notation$)とは、当該集合に含まれる要素を全て余すところなく列挙して記述する記法で、例えば7個の奇素数の集合Pというときには、

$$P = \{1,3,5,7,11,13,17\} \tag{1.3.1}$$

のように記されます。しかし、このような記述に馴染まない集合もあります。例えば、集合Xに含まれる要素xのうちで、条件としてある値w以下である数の集合というような場合です。このような場合は、例えば、

$$\{x \in X \subset \mathbb{R}^n{}_{++} | w \geq x\} \tag{1.3.2}$$

と表記され、これを**内包的記法**($intensive\ notation$)と称します。内包的記法では、括弧記号に{　|　}が用いられ、左側の欄に集合要素の大きな性質、例えば非負のn次元実数値空間に含まれるXに属する変数x

などと表記され、右側の欄にはさらに性質を限定的に記した条件、例えばある値w以下である変数xなどと表記されます。

外延的記法は、集合の要素の羅列に見えるのに対して、内包的記法では要素の規則性を式で明示しますので、集合の性質がより明確に示されます。本文中には、この内包的記法が多数登場します。

1.4 論理記号

数論と群論では集合や命題を記述する際に、命題論理や述語論理と呼ばれる独特の文法に準ずる言語が多数用いられます。命題論理と述語論理の区別ですが、命題と論理結合子を駆使して複雑な論理式を構成したり、その真・偽を吟味するなどの論理体系を**命題論理**(*propositional logic*)と呼び、他方、命題論理を拡張して値が定まっていないx, y, zのような変数を含む命題を扱う論理があり、これを**述語論理**(*predicate logic*)と呼びます。次に、述語論理の例を挙げましょう。

> 「任意の実数xとそれについて定義された函数fがあるとき、任意の実数a、任意の非負実数εについて、$f(a)-f(x)$の絶対値がε未満になることに対して、ある非負の実数δをとり、$x-a$の絶対値がδ未満とできるような、そのようなδを選んでくることができる」

極めて回りくどい言い回しの文章ですが、これは函数の一様連続性について述べた文章です。この類の命題については、上のように文章の形にすると冗長になり却って難解で、かつ厳密性が損なわれる場合が少なくありません。このようなときに述語論理というツールが使われます。上の文章を述語論理の形で言い換えれば、次のような表記になります。

$$\forall x, a \in \mathbb{R}, \forall \varepsilon \in \mathbb{R}_{++}, \exists \delta \in \mathbb{R}_{++}\ \ s.t.\ \ |x-a| < \delta \Rightarrow |f(x)-f(a)| < \varepsilon \qquad (1.4.1)$$

本書の本文中でも、このような述語論理を駆使した記述が多数登場します。式(1.4.1)に関連して、尤も基本的な文法を略記しておきますと、記号「∀」は「任意の」の意味です。また、記号「∃」は「ある」の意味です。「$s.t.$」は *such that* の略で、「次のとおり」のような意味です。ところで、記号「∀」についてですが、「任意の」という意味は「すべての」ということを指します。例えば、$\forall a$は任意のaという意味ですが、$\forall a > 0$とするとき、任意のaがゼロよりも大きいとなりますが、これは言い換えれば、全てのaがゼロよりも大きいということを意味しますので、注意が必要です。ちなみに、「∀」は英語の *All* の頭文字を上下逆にした表記と言われています。

また、記号「∃」は「ある」ものという意味ですが、例えば$\exists a > 0$とすると、ゼロよりも大きい数のaを少なくとも一つは選んでくることができる、という意味になります。ちなみに、「∃」は英語の *Exist* の頭文字を左方向に 180° 回転させた表記と言われています。この二つの論理記号については、「1.7 全称命題と存在命題」のところで、再度、詳しく論じます。関連する基本的な論理記号を以下に列挙します。

論理記号	意　　味
$\neg A$	命題Aの否定
$A \Rightarrow B$	AならばBである、または、AはBの十分条件であり、BはAの必要条件である、の意。この論理記号を**含意**(*implication*)と呼ぶ。
$A \Leftrightarrow \mathrm{B}$	AならばBであり、かつBならばAである、の意。または、A、Bは互いに他方の必要十分条件である、の意
$A \wedge B$	命題A、かつ、命題B
$A \vee B$	命題A、または、命題B
$A \equiv B$ または、$A \sim B$	命題Aと命題Bとは同値である、の意

上の論理結合子のうち、「または」で示される論理記号の「$\vee$」を**論理和**(*logical disjunction*)または**選言**(*disjunction*)と称しますが、これはちょっと注意を要します。これは、論理式の例のところにあるとおり、「AまたはB」という意味になります。しかし、論理式と私たちの日常用語の意味とは大きく異なってきます。日常用語としての「AまたはB」を口にするとき、私たちはAかBのどちらか片方のみを指します。今夜は「ビールまたはお酒」を飲もう、と言うとき、飲むのはビールかお酒のどちらか一方を指すのであって、両方を同時に指すことはありませんね。ですが、論理式で「または」を言うとき、どちらか一方もしくは両者を指します。お酒飲みの方にとっては、論理式の意味の方が都合が良いかも知れません。

論理和の「または」の意味を、日常用語と同じ意味で表現する場合には、別の論理結合子があります。記号は「$\veebar$」または「$\oplus$」が用いられ、これを**排他的論理和**(*exclusive disjunction*)と称します。また、日常の意味合いとは異なる論理和である「$\vee$」のことを、**両立的論理和**(*compatible disjunction*)とも称します。

1.5 必要条件と十分条件

必要条件、十分条件、必要十分条件という表現は、数論と群論の様々な式の証明に於いて頻出するターミノロジーです。

含意$A \Rightarrow B$に関連して、必要条件と十分条件について考察を加えます。「AならばBである」とするとき、どちらかが他方の十分条件であり、一方が他方の必要条件であるという言い方をします。

一般に、含意$A \Rightarrow B$（AならばBである）に関して、命題Aは命題Bが成り立つための**十分条件**(*sufficient condition*)、命題Bは命題Aが成り立つための**必要条件**(*necessary condition*)と称します。

含意：	A	$\Rightarrow$	B
	十分条件		必要条件

具体的な例を挙げてみましょう。

① $(A):X$がりんごであるならば、$(B):X$は果物である

この命題の真偽はどうでしょうか。日常用語で語られるこの言明は容易に推論できるように、Xがりんごであれば明らかにXは果物ですね。従って、この場合の命題(A)は命題(B)が成立するための十分条件であり、命題(B)は命題(A)の必要条件となりますので、①の論理式は真です。では、この逆はどうでしょう。

② $(B):X$が果物であるならば、$(A):X$はりんごである

この論理式が偽であることは明らかです。では次はどうでしょう。

③ $(A):X=\{$愛媛、香川、高知、徳島$\}$であるならば

$(B):X$は四国の各県である

上の③は、$A \Rightarrow B$が明らかに真、$B \Rightarrow A$も明らかに真です。従って、命題(A)、(B)は自分自身がともに他方が成立するための**必要十分条件** $(necessary\ and\ sufficient\ condition)$であると言います。

必要条件と十分条件をベン図で表現すれば、次の通りです。

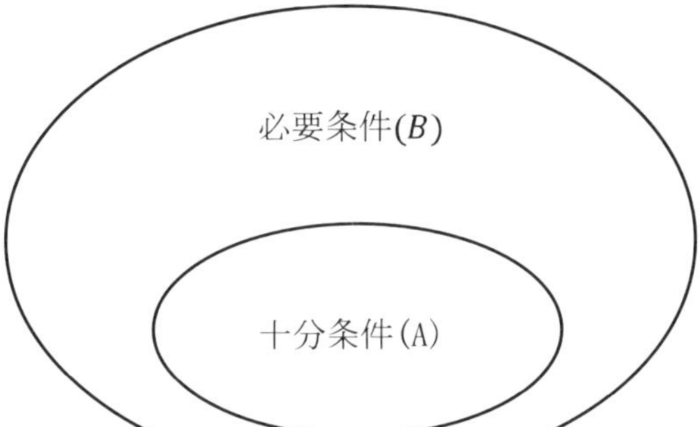

図 1.5.1 必要条件と十分条件のベン図表現

十分条件（A）	⇒	必要条件（B）
Xがインコである	ならば	Xは鳥類である
Xがキャベツである	ならば	Xは野菜である
Xが札幌である	ならば	Xは北海道である
$X=2$である	ならば	Xは$(X-2)(X+1)=0$の式の解である

必要条件と十分条件は、一般に大きくて広い範囲をカバーする命題が必要条件であり、他方、限定的で狭い範囲しかカバーしない命題が十分条件であると言えます。

1.6 論理式の「逆」、「裏」、「対偶」

数理論理学の基本的構成要素についての理解が進んだところで、より詳細な議論に進みましょう。ここでは、「含意」と「否定」の論理結合子の応用です。まず、用語ですが、論理式$A \Rightarrow B$に対して、A（前件と呼びます）とB（後件と呼びます）を逆転させた、$B \Rightarrow A$を**逆**$(converse)$と称します。また、論理式$A \Rightarrow B$に対して、前件と後件をともに否定した論理式、$\neg A \Rightarrow \neg B$を**裏**$(inverse)$と称します。そして、論理式$A \Rightarrow B$に対する裏の論理式$\neg A \Rightarrow \neg B$の逆である$\neg B \Rightarrow \neg A$を**対偶**$(contrapositive)$と称します。

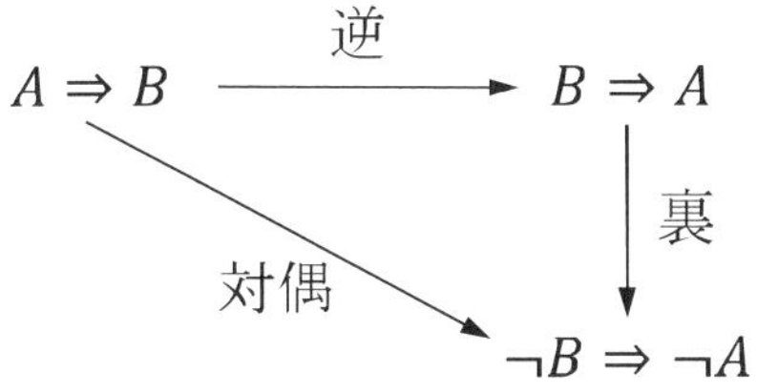

図 1.6.1 逆・裏・対偶

ここで重要なことは、論理式$A \Rightarrow B$とその対偶$\neg B \Rightarrow \neg A$の真・偽は一致するということです。即ち、論理式が真ならばその対偶も真、論理式が偽ならばその対偶も偽になります。これを以って、例えば元の論理式の真偽を確かめる手段として、その対偶の真偽を確かめても良いというわけです。対偶の具体的例を挙げてみましょう。

・原子命題A：xとyはともに奇数である

・原子命題B：$x + y$は偶数である

上の原子命題は、論理結合子の⇒（含意）で結合して論理式を構成できますから、

・論理式$A \Rightarrow B$：（xとyがともに奇数であるならば、$x+y$は偶数である）

この論理式の対偶は、その逆をとってさらに裏をとれば、

・対偶$\neg B \Rightarrow \neg A$：（$x+y$が偶数でないならば、$x$と$y$がともに奇数であることはない（$\equiv x$と$y$の少なくともどちらか一方は奇数ではない））

念のために、論理式$A \Rightarrow B$とその対偶$\neg B \Rightarrow \neg A$の真偽を確認しておきましょう。原子命題$A$を数式で表現すれば、

$$\forall n, m \in \mathbb{Z}; \quad x = 2n+1\,, y = 2m+1 \tag{1.6.1}$$

となります。原子命題Bについては、

$$\forall n, m \in \mathbb{Z}; \quad x + y = 2(n+m+1) \tag{1.6.2}$$

とできて、これは明らかに偶数になります。従って、論理式$A \Rightarrow B$は真となります。

一方、対偶を構成する原子命題$\neg B$を数式で表現すれば、$x+y$が偶数でないのですからこれに 1 を加えて

$$x + y = 2(n+m+1) + 1 = (2n+1) + 2(m+1) \tag{1.6.3}$$

とします。右辺第 2 項は偶数となり、対偶も真が確かめられました。

1.7 全称命題と存在命題

ここでは、1.4 論理記号のところで、式(1.4.1)の論理記号のうちの「∀」と「∃」について、もう一度詳しく解説します。

全ての変数に関する述語論理の言明として次のようなものがあります。即ち、「全てのxは$P(x)$である」。また、一部の限定的な変数に関する述語論理の言明として次のようなものがあります。即ち「あるyは$Q(y)$である」。この二つを論理式で表すと、次のようになります。

・全ての（任意の）xは$P(x)$である$\equiv \forall x\, P(x)$

・あるyは$Q(y)$である$\equiv \exists y\, Q(y)$

このとき、前者の「全ての〜」あるいは「任意の〜」とした命題を**全称命題**(*universal proposition*)と呼び、用いられた論理記号「∀」を**全称量化子**(*universal quantifier*)と呼びます。一方、後者の「ある」とした命題を**存在命題**(*existential proposition*)と呼び、用いられた論理記号「∃」を**存在量化子**(*existential quantifier*)と呼びます。また、これらの量化子がかかった変数を**束縛変数**(*bound variable*)と呼び、かかっていない変数を**自由変数**(*free variable*)と呼びます。上の論理式のx, yは、束縛変数になります。

全称量化子の「∀」は、1.4 でも述べた通り、Allの頭文字のAを逆転させたものであり、存在量化子の「∃」は、$Exist$の頭文字のEを 180 度回転させたものです[1]。

全称命題と存在命題は、否定の論理結合子を介して密接に結びつきます。今、全称命題「全ての（任意の）xは$P(x)$である：$\forall x\, P(x)$」について考えてみましょう。これを否定すると、「必ずしも全てのxが$P(x)$であるわけではない」、つまり、「xの中に少なくとも一つは$P(x)$ではないものが存在する」、となり、従って、「あるxは$P(x)$ではない」と同値になります。これを論理式で表現すれば、

$$\neg(\forall x\, P(x)) \equiv \exists x(\neg\, P(x)) \tag{1.7.1}$$

同様に存在命題「あるyは$Q(y)$である：$\exists y\, Q(y)$」の否定は、「どのようなyをとっても$Q(y)$であるものは一つも存在しない」であり、「全てのyは$Q(y)$ではない」となります。これを論理式で表せば、

$$\neg(\exists y\, Q(y)) \equiv \forall y(\neg\, Q(y)) \tag{1.7.2}$$

と書けます。しばしば目にする誤りですが、全称命題「全てのxは$P(x)$である」の否定が、「全てのxが$P(x)$ではない」、つまり「どのようなxをとっても$P(x)$であるものは一つも存在しない」としてしま

---

1)全称量化子を最初に導入した学者は、イタリアの数学者であるジュゼッペ・ペアノ（*Giuseppe Peano* 1858〜1932 年）であり、存在量化子を最初に導入した学者は、ドイツの論理学者であり数学者であったゲルハルト・カール・エーリヒ・ゲンツェン（*Gerhard Karl Erich Gentzen* 1909〜1945 年）です

うことです。この否定命題は、存在命題に対する否定であって、全称命題の否定ではないわけですから、注意が必要です。

なお、存在量化子の中に、「∃!」というものがあります。これは、「一意的に存在する」ということを表す記号です。即ち、$\exists!\, x \in S(P(x))$のように書かれるとき、これは集合Sの中に条件$P(x)$を満たすような元xが唯一つ存在する、という意味になります。

1.8 集合とその種類

数学で「集合」を標榜するときに指すものは、何らかの明確な基準に基づいて定められたあるものの集まりのことです。その一方で、「身長が約160cm程度の人の集まり」、「野球が得意な人たちの集まり」、「おいしい果物の集まり」などは、いずれも基準が曖昧な集まりであり、選定する者の恣意性から影響を受けます。記述では「集まり」を称していますが、このような曖昧な集まりは数学的な意味での集合と呼ばれることはありません。集合の基本的な種類を、次に示します。

・有限集合：	有限な元から成る集合
・無限集合：	有限でない元から成る集合
・空集合：	元を一つも含まない集合（∅と表記）
・和集合：	Aの元かまたはBの元であるものの全体が成す集合を、AとBの**和集合**といい、$A \cup B$と表記する 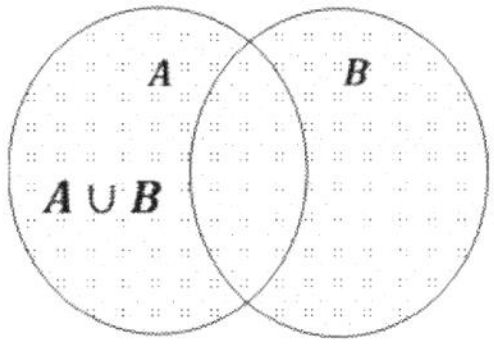
・共通部分：	Aの元であり、かつBの元でもあるものの全体が成す集合を、AとBの**共通部分**、または**交わり**といい$A \cap B$と表記する 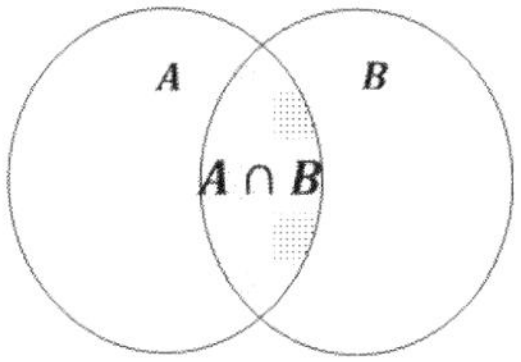
・差集合：	Aの元であり、かつBの元でないものの全体が成す集合を、AからBを除いた**差集合**と呼び、$A \setminus B$と表記する 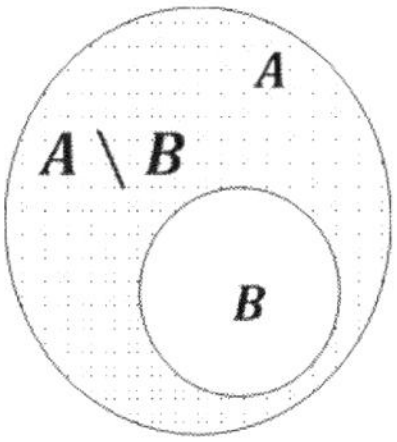
・補集合：	AがXの部分集合であるとき、Xの元であり、かつAの元でないものの全体が成す集合を、Xに於けるAの**補集合**と呼び、A^cと表記する 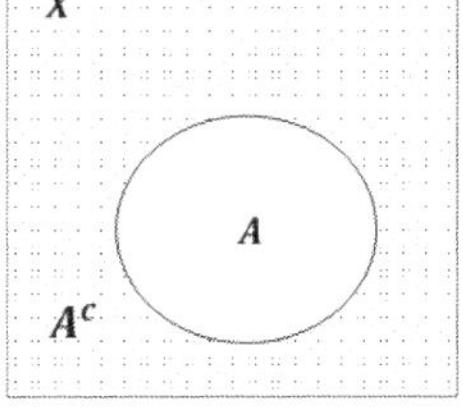

1.9 集合と集合族

集合は、A, B, Xと書き表し、この集合各々に番号を付けて並べることがあります。このような付番された集合を集めて集合とするときに、これを**集合族**($family\ of\ sets$)と呼びます。集合族は、集合を元に持つ集合であると言えます。例えば、集合族は付番された集合の並びである、$A_1, A_2, \cdots, A_n$の集合、$\{A_1, A_2, \cdots, A_n\}$という形で表現されます。

さらに、集合族は添字で表現されることもあります。即ち、集合族の添字iについて、任意の$i \in \mathbb{N}$がある集合A_iに対応していると考えるとき、この対応規則について「iを添字とする集合族」という表現をとって、$(A_i)_{i\in\mathbb{N}}$と表記します。これは、任意の$i \in \mathbb{N}$に対してある集合A_iを対応づけたとみなすこともできます。この場合、集合族はむしろ写像の解釈となります。

和集合や共通部分を集合族の記法を用いて記述すると、次のように表現できます。即ち、Xの部分集合A_iから成る集合族を$(A_i)_{i\in\mathbb{N}}$として、その元が$x \in \mathbb{R}^n$であるとき、

・和集合：

$$\bigcup_{i\in\mathbb{N}} A_i = \{x \in X | \forall x \exists i, x \in A_i\} \tag{1.9.1}$$

・共通部分：

$$\bigcap_{i\in\mathbb{N}} A_i = \{x \in X | \forall x \forall i, x \in A_i\} \tag{1.9.2}$$

と表現します。

第一部　初等数論

第一部では、初等数論と題して、整数の基本的性質について具体的な数値を交えた議論を展開します。扱うトピックスとしては、ディオファントス方程式、エウクレイデスの互除法、素数、完全数、合同式、フェルマーの小定理、オイラー函数、平方剰余の相互法則、原始根などの極めて基本的なテーマであり、数論についての初等的知見の習得と蓄積を目指します。

2

整数の基本性質

2.1 整数の整除性

約数や倍数によって表される、二つ以上の整数の間の関係を**整除関係**$(divisibility)$といいます。aがbで割り切れるときは、

$$b|a \tag{2.1.1}$$

と表記され、また、aがbによって割り切れないときは、

$$b \nmid a \tag{2.1.2}$$

と表記されます。二つの整数aとbの整除関係は、しばしば次のように表現されます。即ち、$\forall a, b \in \mathbb{Z}$について、

$$a = qb + r \quad （但し、b \neq 0） \tag{2.1.3}$$

と表記します。このときq, rは、$0 \leq r < |b|$を満たし、$q, r \in \mathbb{Z}$です。$r = 0$であれば$b|a$、即ちaはbで割り切れるといって、そのときのqのことをaをbで割った**商**$(quotient)$と呼び、aはbの**倍数**$(multiple)$、bはaの**約数**$(divisor)$と呼ばれます。

他方、$r \neq 0$であれば$b \nmid a$、即ちaはbで割り切れないといいますが、qのことは同じくaをbで割った商と呼び、rはその余りあるいは**剰余**$(remainder)$といい、この剰余のことを、$mod(a, b)$、または$a\ mod\ b$と表記します。modはラテン語の$modulo$（モジュロ）を表します。さて、ここで整数の最も基本的な性質であるところの、**除法の原理**$(division\ theorem)$について見てみましょう。

> **命題 2.1（除法の原理）**
> $\forall a, b \in \mathbb{Z}$について（但し$b > 0$）、$a = qb + r$と書けるとき、$0 \leq r < b$を満たす$q, r \in \mathbb{Z}$が存在する。また、そのときの$q, r$は一意に定まる。

この原理では、q, rが存在すること、及びそれが一意に定まるという二つのことが述べられています。順にまずは、q, rの存在証明につ

いて見てみます。まず、正の整数bに別の整数を乗じたものを小さい順に並べて、

$$\cdots,-10b,-9b,-8b,\cdots,-2b,-1b,0,1b,2b,\cdots,8b,9b,10b,\cdots$$

とします。これらは明らかに全て異なる整数です。従って、任意の整数aについて、ある整数qが存在して、

$$qb \leq a < (q+1)b \tag{2.1.4}$$

と書けます。上式の各項に$-qb$を加えると、

$$0 \leq a - qb < b \tag{2.1.5}$$

2 項目は、$r = a - qb$なので、結局、

$$0 \leq r < b \tag{2.1.6}$$

となるようなrが存在することで、q, rの存在が示されました。続いて、このようなq, rがただ一つだけ存在することを示します。今、異なる 2 組の整数、(q, r)、(q', r')があって、各々が整数a, bについて

$$a = qb + r = q'b + r' \tag{2.1.7}$$

と書けるとします。但し、$0 \leq r, r' < b$です。ここで、$q = q'$であると$r = r'$となってしまいますから、$q \neq q'$であり、さらに一般性を失うことなく$q > q'$とします。このとき、

$$qb + r = q'b + r' \tag{2.1.8}$$

ですから、変数を適当に移行して、

$$b(q - q') = r' - r \tag{2.1.9}$$

ですが、$q > q'$と置いたので左辺の$(q - q')$は、$(q - q') > 0$となるので、

$$b(q - q') > b \tag{2.1.10}$$

従って、

$$b(q-q')=r'-r>b \tag{2.1.11}$$

となります。ところで前提条件より、$0 \leq r, r' < b$なので、

$$0 \leq r < b \tag{2.1.12}$$
$$0 \leq r' < b \tag{2.1.13}$$

式(2.1.12)の各項に-1を乗ずれば、不等号の向きが逆転して

$$-b < -r \leq 0 \tag{2.1.14}$$

この式と式(2.1.13)の辺々とを加えると、

$$-b+0 < r'-r < 0+b$$
$$\therefore -b < r'-r < b \tag{2.1.15}$$

これは式(2.1.11)の$b(q-q')=r'-r>b$に矛盾。この矛盾は、$q \neq q'$としたことに依ります。従って$q=q'$、よって$r=r'$、即ち整数a, bに対して$a=qb+r$を与えるq, rは一意に決まることが証明されました。

この一意性について、一点、注意が必要です。それは、剰余を与えるrの符号です。ここでは、rを$0 \leq r < b$と置いて正の整数であるとしています。ところが、これがもしも、$-b \leq r < b$として、rを負の領域まで許してしまうと、q, rは一意に定まりません。例を挙げれば、$a=12$、$b=5$としてみると、

$$12 = 2 \cdot 5 + 2 \qquad q=2, r=2$$
$$12 = 3 \cdot 5 + (-3) \qquad q=3, r=-3$$

となってしまい、q, rは一意に定まりません。

2.2 公約数と公倍数

いくつかの整数にとっての共通の約数を**公約数**($common\ divisor$)と呼びます。公約数は複数存在します。例えば、12と6の公約数は、1,2,3,4,6と 5 つ挙げられます。これら複数の公約数のうちの最大の整数を**最大公約数**(gcd: $greatest\ common\ divisor$)と呼びます。表記の仕方ですが、例えば二つの整数$a,b$の最大公約数は、

$$gcd(a,b)\text{或いは、単に}(a,b) \tag{2.2.1}$$

と表記されます。上の例では、$gcd(12,6)=6$となります。

$gcd(a,b)=1$のとき、即ち、二つの整数a,bに共通する約数の最も大きい整数が 1 であるとき、a,bは**互いに素**($relatively\ prime$)であるといいます。そのような例は、$(3,5),(7,9),(11,13)$などに見ることができます。また、複数個の整数について共通の値をとる倍数を称して**公倍数**($common\ multiple$)と呼びます。公倍数も公約数同様に複数存在します。例えば、12と6の公倍数は、$12,24,36,\cdots$と無数に挙げられ、これらのうちの最小の整数を**最小公倍数**(lcm: $least\ common\ multiple$)と呼びます。表記ですが、例えば二つの整数a,bの最小公倍数は、

$$lcm(a,b)\text{或いは、単に}\{a,b\} \tag{2.2.2}$$

と表記されます。上の例では、$lcm(12,6)=12$となります。

3

一次の不定方程式

3.1 ディオファントス方程式

ここで言う不定方程式とは、変数の数が方程式の数よりも多いものを指します。例えば、変数x, yに関する方程式で、次のような形をとるとします。

$$ax + by = c \quad (a, b, c\text{は整数}) \tag{3.1.1}$$

変数が二つに対して方程式は 1 本である場合、解であるx, yの組み合わせは無限に取れるため、解は不定解となることから、これを**不定方程式**(*indeterminate equation*)と呼びます。また変数をx^αとしたときの次数に該当するαが 1 のとき、**一次の不定方程式**と呼び、ギリシャ時代に『算術』を著した古代エジプトの数学者であるディオファントスの名に因んで、**ディアオファントス方程式**(*Diophantine equation*)と呼ばれます。但し、ディオファントス方程式自体は整数係数の多変数高次不定方程式で、整数の係数及び変数の定数乗の加減乗算からなる次のような一般形を有します。

$$a_1 \cdot {x_1}^{e_1} + a_2 \cdot {x_2}^{e_2} + a_3 \cdot {x_3}^{e_3} + \cdots + a_n \cdot {x_n}^{e_n} = 0$$
$$(a_1, a_2, \cdots, a_n\text{は整数係数、}x_1, x_2, \cdots, x_n\text{は変数}) \tag{3.1.2}$$

変数の冪乗$e_1, e_2, \cdots, e_n$が全て 1 であるときに、一次の不定方程式、あるいは一次のディオファントス方程式と呼びます。

さて、この不定方程式の解ですが、変数x, yについて示した式(3.1.1)に戻ります。

$$ax + by = c \quad (a, b, c\text{は整数}) \tag{3.1.1}$$

この式は、整数係数a, b, cに応じて、変数x, yが無数の解を持つ場合と、解を一つも持たない場合とがあります。具体的に見てみましょう。まず、解を持たない場合とはどういう場合でしょう。整数係数a, b, cに具体的な数を代入します。

$$4x + 6y = 3 \tag{3.1.3}$$

左辺を整理します。

$$2(2x+3y)=3 \tag{3.1.4}$$

さて、左辺は明らかに偶数となるのに対して、右辺は奇数の定数です。従って、整数の変数x,yがどのような値をとっても式(3.1.4)の等式は成立しません。つまり、解がないということになります。他方、次のような場合はどうでしょう。

$$3x+5y=2 \tag{3.1.5}$$

左辺の整数係数は奇数であるのに対して、右辺は偶数の定数です。大丈夫でしょうか。しかし、左辺の変数x,yは奇数でも偶数でもとり得るわけですから、適当に試行錯誤を経て例えば、

$$(x,y)=(4,-2),(9,-5),(14,-8),\cdots$$

と、こちらの場合の解は無数に出てきます。

このように、一次の不定方程式は解を一つも持たない場合と無数に持つ場合とがあるわけですが、この状態を明確に規定するものが次の定理です。

定理 3.1（一次の不定方程式が整数解を持つ条件）
変数x,yの整数係数の一次の不定方程式$ax+by=c$が整数解を持つ必要十分条件は、cが$gcd(a,b)$によって割り切れること、即ち$gcd(a,b)|c$となることである。

この定理 3.1 に照らせば、不定方程式$4x+6y=3$は、$gcd(4,6)=2\nmid 3$であるので解を持たず、他方、$3x+5y=2$は、$gcd(3,5)=1|2$なので、解を持つことがわかります。さて、上の定理 3.1 を証明しましょう。この定理は必要十分条件について述べていますので、（条件 1）$\Leftrightarrow$（条件 2）の形に書き直しますと、

（条件 1：方程式$ax + by = c$が整数解を持つ）
⇔（条件 2：$gcd(a, b)|c$となる）

と書けます。（条件 1）⟹（条件 2）と書けば、（条件 2）は（条件 1）が成り立つための必要条件であり、逆に（条件 1）⟸（条件 2）と書けば、（条件 2）は（条件 1）が成り立つための十分条件であると言えます。証明は、この二つの矢印の向きをそれぞれ検討します。

さて、この定理 3.1 を証明する前に、まず上の不定方程式で、$c = 1$とした定理について考察しましょう。これは、**整数論の基本定理**と呼ばれる極めて重要な定理です。

3.2 整数論の基本定理

ディオファントス方程式についての定理の証明の前に、割り込むように入ってきたのが、この整数論の基本定理です。

定理 3.2（整数論の基本定理）
変数x, yに関する整数係数m, nから成る一次の不定方程式$mx + ny = 1$が整数解を持つ必要十分条件は、整数係数m, nが互いに素となることである。

この定理 3.2 も必要十分条件に関するものであり、定理 3.1 と同様に書き直して、

（条件 1：方程式$mx + ny = 1$が整数解を持つ）
⇔（条件 2：m, nが互いに素）

では、（条件 1）⟹（条件 2）、（条件 1）⟸（条件 2）をそれぞれ証明しましょう。

(1)（条件 1：不定方程式$mx+ny=1$が整数解を持つ）$\Rightarrow$（条件 2：m,nが互いに素）の証明

これは対偶をとり、対偶の証明を行います。即ち、（m,nが互いに素でない）$\Longrightarrow$ （$mx+ny=1$が整数解を持たない）、の証明です。

前提より、m,nに公約数、$d\geq 2$が存在します。なぜなら、$d=1$はm,nが互いに素のときの条件です。このとき、ある整数s,tを用いてm,nとdの関係を示せば、$m=s\cdot d$、$n=t\cdot d$と書けるので、不定方程式は

$$mx+ny=(\,s\cdot d)\cdot x+(t\cdot d)\cdot y=d\cdot(s\cdot x+t\cdot y) \qquad (3.2.1)$$

となります。これは、$mx+ny$が 2 以上の整数dの倍数となることを意味しますから、$mx+ny=1$が成り立たず、当該不定方程式は解を持ちません。従って、対偶が証明されたことで元の命題が証明されました。

(2)（条件 1：不定方程式$mx+ny=1$が整数解を持つ）$\Leftarrow$（条件 2：m,nが互いに素）の証明

整数mに、1 から$n-1$までの整数を乗じた数の列を作ります。即ち、

$$m\cdot 1, m\cdot 2, m\cdot 3,\cdots, m\cdot(n-1)$$

以下、この数の列をnで割った余りに着目します。上の数の列の中から$m\cdot i, m\cdot j$ (但し、$1\leq i<j\leq n-1$)をとります。この二つをnで割った余りが同じ値をとると仮定します。即ち、$m\cdot i$をnで割った商と余りをq,r、$m\cdot j$をnで割った商と余りをq',r'とすると、仮定より$r=r'$なので、$m\cdot i-\ m\cdot j=m\cdot(i-j)=n(q-q')$となることで、$m\cdot(i-j)$は$n$の倍数です。前提より$m,n$が互いに素なので、$m$は$n$の倍数にはなり得ず、$(i-j)$が$n$の倍数になりますが、$(i-j)$は$1\leq i<j\leq n-1$であるので、$(i-j)<n-1<n$であり、$n$未満となる$(i-j)$が、$n$の倍数にはなれず、矛盾です。従って、上記の数の列、$m\cdot 1, m\cdot 2, m\cdot 3,\cdots, m\cdot (n-1)$ をnで割った余りに同じ値はなく、全て異なった値をとります。その個数は$n-1$個であり、余りは必ずnより小さいので、その値は 0

から$n-1$までを一つずつとります。その中に余りが 1 となるものが必ず存在します。それを$m\cdot j$としてnで割った商をqとすると、

$$m\cdot j=n\cdot q+1 \qquad (3.2.2)$$

と置けますが、これは

$$m\cdot j+n\cdot(-q)=1 \qquad (3.2.3)$$

となるので、これを元の不定方程式$m\cdot x+n\cdot y=1$の各項と比べることで$(x,y)=(j,-q)$となり、これは不定方程式の整数解となっています。

ここまでで定理 3.2 が証明されました。さて、次はこの定理 3.2 を使って先の定理 3.1 を証明します。定理 3.1 を次に再掲します。

定理 3.1（一次の不定方程式が整数解を持つ条件）
変数x,yの整数係数一次不定方程式$ax+by=c$が整数解を持つ必要十分条件は、cが$gcd(a,b)$によって割り切れること、即ち$gcd(a,b)|c$となることである。

これは次の二つの条件の間の関係に翻訳できるのでしたね。

（条件 1：方程式$ax+by=c$が整数解を持つ）
$\Leftrightarrow$（条件 2：$gcd(a,b)|c$となる）

それでは、以下、定理 3.1 を順次証明していきます。

(1)（条件 1：不定方程式$ax+by=c$が整数解を持つ）$\Rightarrow$（条件 2：$gcd(a,b)|c$となる）の証明

$gcd(a,b)$はa,bの最大公約数で、a,bは$gcd(a,b)$の倍数になりますから、ある整数k,lをとってきて、$a=k\cdot gcd(a,b)$、 $b=l\cdot gcd(a,b)$と置いて、これを上の不定方程式に代入して

$$ax + by = \left(k \cdot gcd(a, b)\right) \cdot x + \left(l \cdot gcd(a, b)\right) \cdot y$$
$$= gcd(a, b) \cdot (k \cdot x + l \cdot y) = c \qquad (3.2.4)$$

この式展開で、k、lは整数、そして条件1から不定方程式の解であるx、yは整数、従って$(k \cdot x + l \cdot y)$も整数。従って、cは$gcd(a, b)$の倍数ということになり、$gcd(a, b)|c$が示されました。次は、(1)の逆向きを証明することになります。

(2)（条件 1：不定方程式$ax + by = c$が整数解を持つ）⇐（条件 2：$gcd(a, b)|c$となる）の証明

条件 2 より、ある整数p, qについて、$a = p \cdot gcd(a, b)$、$b = q \cdot gcd(a, b)$と置けます。但し、$gcd(a, b)$はa, bの最大公約数であるので、p, qは明らかに互いに素です。すると定理3.2により、互いに素な整数p, qを係数に持つ一次不定方程式、$px + qy = 1$は整数解(x, y)を持ちます。ここでこの不定方程式の両辺を$gcd(a, b)$倍して、

$$p \cdot gcd(a, b) \cdot x + q \cdot gcd(a, b) \cdot y = gcd(a, b)$$
$$\therefore ax + by = gcd(a, b) \qquad (3.2.5)$$

条件2より、$gcd(a, b)|c$なので、ある整数sについて$c = s \cdot gcd(a, b)$と置けます。ここで、式(3.2.5)の両辺にsを乗ずれば、

$$s \cdot ax + s \cdot by = s \cdot gcd(a, b) = c \qquad (3.2.6)$$

ここで、一次不定方程式、$px + qy = 1$の解(x, y)が整数であることがわかっており、sも整数なので$X = s \cdot x$、$Y = s \cdot y$と置いた(X, Y)も整数です。即ち、整数係数a, b, cから成る一次の不定方程式、

$$aX + bY = c \qquad (3.2.7)$$

は、整数解(X, Y)を持つということになり、定理3.1が証明されました。

4

エウクレイデスの互除法

4.1 整数の除法の原理についての定理

ここでは、**エウクレイデスの互除法**と呼ばれる極めて重要かつ便利な手法について考察します。エウクレイデスというのは古代ギリシャの数学者の名で、英語名ではユークリッドと呼ばれます。こちらの方が馴染みが深い名前でしょうか。さて、エウクレイデスの互除法に入る前に整数の除法の原理に関する、次の重要な定理を見てみましょう。

> **定理 4.1（整数の除法の原理についての定理）**
> $0 < b \leq a$を満たす二つの整数a,bについて、aをbで割った商をq、その余りをrとするとき、整数の除法の原理により
> $$a = bq + r \quad (\text{明らかに } 0 \leq r < b)$$
> と置けるただひとつの整数q,rが決まる。このとき、
> $$gcd(a,b) = gcd(b,r)$$
> となる。

こうした等式条件式の証明によく使われる方法が、

$$gcd(a,b) \leq gc\,d(b,r) \wedge gcd(a,b) \geq \mathrm{gcd}(b,r) \\ \Rightarrow gcd(a,b) = gcd(b,r) \tag{4.1.1}$$

です。ではまず、$gcd(a,b) \leq gcd(b,r)$を証明します。a,bは、明らかにそれぞれ$gcd(a,b)$の倍数です。従って、余りの数$r = a - bq$も$gcd(a,b)$の倍数です。ということは、bもrも$gcd(a,b)$の倍数ですから、$gcd(a,b)$はbとrの公約数です。この公約数は、bとrの最大公約数$gcd(b,r)$との関係では、

$$gcd(a,b) \leq gcd(b,r) \tag{4.1.2}$$

と置けることは明らかですね。はい。前半の証明が終了しました。

次に後半の$gcd(a,b) \geq gcd(b,r)$を証明します。bとrは明らかに$gcd(b,r)$の倍数ですから、除法の原理での式、$a = bq + r$に従うaも$gcd(b,r)$の倍数です。従って、aもbも$gcd(b,r)$の倍数ですから、

$gcd(b,r)$はaとbの公約数です。前半の証明と全く同様の流れで、この公約数はaとbの最大公約数$gcd(a,b)$との関係では、

$$gcd(a,b) \geq gcd(b,r) \tag{4.1.3}$$

と置けることは明らかで、後半の証明も終了しました。(4.1.2)と(4.1.3)から、

$$gcd(a,b) = gcd(b,r) \tag{4.1.4}$$

となります。さて、この定理 4.1 を用いることで、エウクレイデスの互除法が使えます。順を追って説明していきましょう。まず、二つの整数a,bを準備します。やりたいことは、この二つの整数の最大公約数、即ち$gcd(a,b)$を求めることです。除法の原理によって、$a = bq + r \quad (0 \leq r < b)$をここでは考えることになりますが、余りの$r$については$r = mod(a,b)$と書けます。

今、ある数の列、$d_0, d_1, d_2, \cdots, d_n$を考えていきます。まず、初期値として、$d_0 = a$、$d_1 = b$、さらに、$d_2 = r = mod(d_0, d_1)$とします。また、$d_i$を$d_{i+1}$で割った商を$q_i$と置くと、

$$\begin{aligned} d_0 &= q_0 d_1 + d_2 \\ d_1 &= q_1 d_2 + d_3 \\ d_2 &= q_2 d_3 + d_4 \\ &\vdots \\ d_{n-1} &= q_{n-1} d_n + d_{n+1} \\ d_n &= q_n d_{n+1} + 0 \end{aligned} \tag{4.1.5}$$

と書けます。ここで定理 4.1 が効いてくることになります。即ち、$gcd(a,b) = gcd(b,r)$を上の式展開に当てはめると、$gcd(d_{i-1}, d_i) = gcd(d_i, d_{i+1}) (i = 1, \cdots, n)$なる関係が成り立つので、

$$\begin{aligned} gcd(d_0, d_1) = gcd(d_1, d_2) = \cdots &= gcd(d_n, d_{n+1}) \\ &= gcd(d_{n+1}, 0) \end{aligned} \tag{4.1.6}$$

という連鎖がつくられます。ここで、d_{n+1}と 0 の関係ですが、明らかに$d_{n+1}|0$です。従って、d_{n+1}は0の約数であり、かつ0との間での最大公約数になります。従って、最大公約数$gcd(d_{n+1},0)$はd_{n+1}であり、これが求める$gcd(a,b)$になるのです。

【例】$a=874$、$b=226$として、$gcd(874,226)$をエウクレイデスの互除法によって計算してみましょう。まず、初期値として$d_0=874$、$d_1=226$として、以下、除法の原理を順次適用します。即ち、

$$
\begin{aligned}
874 &= 226\cdot 3+196\\
226 &= 196\cdot 1+30\\
196 &= 30\cdot 6+16\\
30 &= 16\cdot 1+14\\
16 &= 14\cdot 1+2\\
14 &= 2\cdot 7+0
\end{aligned}
\tag{4.1.7}
$$

余りがゼロとなった時点で、式展開は終了します。そして、最後の行のひとつ上に位置する行にある余り 2 が、$gcd(874,226)=2$を与えます。

4.2 一次の不定方程式とエウクレイデスの互除法

エウクレイデスの互除法を用いて、一次の不定方程式を解く方法があります。上の例で用いた整数a,bから成る不定方程式を考えます。即ち、$ax+by=c$を満たす整数解(x,y)を求めます。ここで、整数係数a,bについての除法の原理を考え、商と余りの連鎖をとっていきます。即ち、$a=bq+r\quad(0\le r<b)$を考え、初期値として$d_0=a$、$d_1=b$として順次展開していきます。d_iをd_{i+1}で割った商をq_iと置いて、

$$
\begin{aligned}
d_0 &= q_0 d_1 + d_2\\
d_1 &= q_1 d_2 + d_3\\
d_2 &= q_2 d_3 + d_4\\
&\vdots\\
d_{n-2} &= q_{n-2} d_{n-1} + d_n\\
d_{n-1} &= q_{n-1} d_n + d_{n+1}\\
d_n &= q_n d_{n+1} + 0
\end{aligned}
\tag{4.2.1}
$$

ここで、式(4.2.1)の各々の式の右辺にある余りを左辺に置き換えます。即ち、

$$
\begin{aligned}
d_2 &= d_0 - q_0 d_1 \\
d_3 &= d_1 - q_1 d_2 \\
d_4 &= d_2 - q_2 d_3 \\
&\vdots \\
d_n &= d_{n-2} - q_{n-2} d_{n-1} \\
d_{n+1} &= d_{n-1} - q_{n-1} d_n \\
0 &= d_n - q_n d_{n+1}
\end{aligned}
\qquad (4.2.2)
$$

余りがゼロになった最後の式を除いて、右辺の商q_iに乗ぜられている変数d_{i+1}に、前列の式の余りを遡って代入していきます。即ち、

$$
\begin{aligned}
d_{n+1} &= d_{n-1} - q_{n-1} d_n \\
&= d_{n-1} - q_{n-1} \cdot (d_{n-2} - q_{n-2} d_{n-1}) \\
&= d_{n-1} \cdot (1 + q_{n-1} \cdot q_{n-2}) + d_{n-2} \cdot (-q_{n-1})
\end{aligned}
\qquad (4.2.3)
$$

さらに、上の式(4.2.3)のd_{n-1}に、$d_{n-1} = d_{n-3} - q_{n-3} d_{n-2}$を代入して整理します。即ち、

$$
\begin{aligned}
d_{n+1} &= d_{n-1} \cdot (1 + q_{n-1} \cdot q_{n-2}) + d_{n-2} \cdot (-q_{n-1}) \\
&= (d_{n-3} - q_{n-3} d_{n-2}) \cdot (1 + q_{n-1} \cdot q_{n-2}) + d_{n-2} \cdot (-q_{n-1}) \\
&= d_{n-2} \cdot \big(-q_{n-1} - q_{n-3} \cdot (1 + q_{n-1} \cdot q_{n-2})\big) \\
&\qquad + d_{n-3} \cdot (1 + q_{n-1} \cdot q_{n-2})
\end{aligned}
\qquad (4.2.4)
$$

このように、右辺では順次、d_{n-i}とd_{n-i-1} $(i = 1, n)$の二つの係数から構成される一次式がつくられていきます。そして、最後にある整数P, Qを係数に持つ一次式、

$$
d_{n+1} = P \cdot d_0 + Q \cdot d_1 \qquad (4.2.5)
$$

に行き着きますが、$d_0 = a$、$d_1 = b$だったので、結局、式(4.2.5)は、

$$
a \cdot P + b \cdot Q = d_{n+1} \qquad (4.2.6)
$$

に帰着しました。また、d_{n+1}は定理 3.1 より$gcd(a,b)$になっています。この式と元の一次不定方程式$ax+by=c$の各項を比較します。即ち

$$a\cdot P+b\cdot Q=d_{n+1}=gcd(a,b) \tag{4.2.7}$$
$$a\cdot x+b\cdot y=c \tag{4.2.8}$$

不定方程式$ax+by=c$が整数解を持つのなら、$gcd(a,b)|c$でしたから、cは$gcd(a,b)$の倍数になります。従って、ある整数tをとって、$c=t\cdot gcd(a,b)$とできるので、式(4.2.8)は、

$$a\cdot x+b\cdot y=c=t\cdot gcd(a,b) \tag{4.2.9}$$

式(4.2.7)より、$t\cdot gcd(a,b)=t\cdot(a\cdot P+b\cdot Q)$なので、式(4.2.9)は、

$$a\cdot x+b\cdot y=a\cdot(t\cdot P)+b\cdot(t\cdot Q) \tag{4.2.10}$$

とできて、各項を比較することで不定方程式$ax+by=c$が、整数解$(x,y)=(t\cdot P,t\cdot Q)$を持つことが示されました。

【例】具体例で確かめましょう。次の不定方程式、

$$11x+8y=5 \tag{4.2.11}$$

の整数解をエウクレイデスの互除法を用いて求めてみましょう。変数(x,y)の係数、11 と 8に互除法を適用します。

$$11=8\cdot1+3$$
$$8=3\cdot2+2$$
$$3=2\cdot1+1$$
$$2=1\cdot2+0$$

余りがゼロとなった最後の行は除いて、各式の余りを左辺に置き換えて、

$$3=11-8\cdot1$$
$$2=8-3\cdot2$$
$$1=3-2\cdot1$$

下段の式の数値に、そのひとつ上の段の余りを順次代入して整理すると、

$$
\begin{aligned}
1 &= 3 - 2 \cdot 1 \\
&= 3 - (8 - 3 \cdot 2) \cdot 1 = 3 \cdot 3 + 8 \cdot (-1) \\
&= (11 - 8 \cdot 1) \cdot 3 + 8 \cdot (-1) \\
&= 11 \cdot 3 + 8 \cdot (-4)
\end{aligned}
$$

行き着いた最終形を、変数(x, y)から成る一次不定方程式(4.2.11)と比較すると、

$$11 \cdot 3 + 8 \cdot (-4) = 1 \tag{4.2.12}$$

$$11x \quad + 8y = 5 \tag{4.2.11}$$

式(4.2.12)の右辺が1となっているので、両辺を5倍すれば、

$$11 \cdot (5 \cdot 3) + 8 \cdot \big(5 \cdot (-4)\big) = 5 \cdot 1 = 5 \tag{4.2.13}$$

とできて、この式(4.2.13)と(4.2.11)の各項を比較することによって求める整数解として$(x, y) = \big(5 \cdot 3, 5 \cdot (-4)\big) = (15, -20)$を得ます。

4.3 一次の不定方程式の一般解

一次の不定方程式は、ひとたび解の存在条件を満たせば、解は無数に存在するのですが、それでもそこに一定の規則が存在します。今、次の式、

$$a \cdot x + b \cdot y = c \quad (c > 1) \tag{4.3.1}$$

について考察を始めましょう。但し、この式が解けるための条件は、$gcd(a, b) | c$ですね。まず、この式を満たす解(x_1, y_1)求めましょう。まず式（4.3.1）を解く上で、下記のもう一つ別の式を解きます。

$$a \cdot x + b \cdot y = gcd(a, b) \tag{4.3.2}$$

ここで、式（4.3.2）の解を(x_0, y_0)と置きます。この解はエウクレイデスの互除法を適用することで、容易に求めることができますね。これを再び式（4.3.2）に代入して、

$$a \cdot x_0 + b \cdot y_0 = gcd(a, b) \tag{4.3.3}$$

式（4.3.3）の両辺に$(c/gcd(a, b))$を乗ずれば、

$$a \cdot \left(\frac{c}{gcd(a,b)}\right) \cdot x_0 + b \cdot \left(\frac{c}{gcd(a,b)}\right) \cdot y_0$$
$$= gcd(a,b) \cdot \left(\frac{c}{gcd(a,b)}\right) = c \tag{4.3.4}$$

ここで、式（4.3.1）と（4.3.4）の各項を比較することで、式（4.3.1）の解は、次のように求めることができます。

$$(x_1, y_1) = \left(\left(\frac{c}{gcd(a,b)}\right) \cdot x_0, \left(\frac{c}{gcd(a,b)}\right) \cdot y_0\right) \tag{4.3.5}$$

$gcd(a,b)|c$ですから、式（4.3.5）のx_0, y_0に係る係数はいずれも整数、x_0, y_0も整数ですから、x_1, y_1も整数解です。

ところで、式（4.3.1）を幾何学的に表現すると、図 4.1 に示すように、x, y平面上に描かれる$y = -(a/b) \cdot x + (c/b)$の直線とみなすことができます。$(x_1, y_1)$はこの直線上の点ですが、この直線上であれば他の無数の点(x, y)を見出すことができます。今、図 4.1 の直線上に乗る二つ目の点(x_2, y_2)について、ある整数sをとって、

$$(x_2, y_2) = (x_1 + s, y_1 - \left(\frac{a}{b}\right) \cdot s) \tag{4.3.6}$$

と置きます。

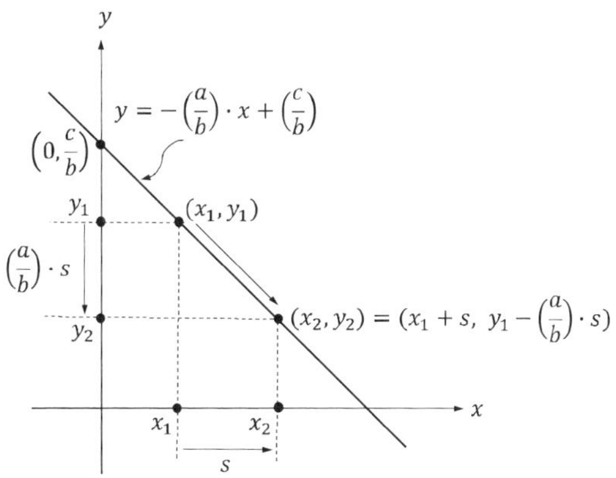

図 4.1 一次の不定方程式の幾何学的意味

但し、新たな解(x_2, y_2)が整数解であるためには、$y_2 = y_1 - (a/b) \cdot s$が整数である必要があり、従って$s$が$b$の倍数である必要があります。そこで、ある整数$k$をとって、$s = k \cdot b$と置くことで、式(4.3.6)は、

$$(x_2, y_2) = (x_1 + k \cdot b, y_1 - k \cdot a) \qquad (4.3.7)$$

と書けます。これは最初の解(x_1, y_1)さえ求められれば、これに対して整数kをパラメータとする、即ち、$k = 1,2,3, \cdots$と代入していくことで、式 (4.3.1) の整数解を一般解として無数に得ることができるわけです。

【例】式（4.2.11）と同じ一次の不定方程式で確かめましょう。

$$11x + 8y = 5 \qquad (4.2.11)$$

まず、右辺を$gcd(11,8)$で置き換えます。この場合$gcd(11,8) = 1$になりますね。解を、(x_0, y_0)と置きます。

$$11x_0 + 8y_0 = gcd(11,8) = 1 \qquad (4.3.8)$$

$a = 11$、$b = 8$としてエウクレイデスの互除法を用います。即ち、

$$\begin{aligned}
11 &= 8 \cdot 1 + 3 &\rightarrow\quad 3 &= 11 - 8 \cdot 1 \\
8 &= 3 \cdot 2 + 2 &\rightarrow\quad 2 &= 8 - 3 \cdot 2 = 8 - (11 - 8 \cdot 1) \cdot 2 \\
3 &= 2 \cdot 1 + 1 &\rightarrow\quad 1 &= 3 - 2 \cdot 1 \\
& & &= (11 - 8 \cdot 1) \\
& & &\quad -(8 - (11 - 8 \cdot 1) \cdot 2)
\end{aligned}$$

上の式で、11 をa、8 をbと置いて整理すれば、

$$1 = 3a + (-4)b$$
$$\therefore (x_0, y_0) = (3, -4)$$

式(4.2.11)の解(x_1, y_1)は、(x_0, y_0)に$(5/gcd(11,8)) = 5$を乗じて得られるので、

$$(x_1, y_1) = (5 \cdot x_0, 5 \cdot y_0) = (15, -20)$$

さらに式(4.2.11)の一般解(x_2, y_2)は、$(x_2, y_2) = (15 + k \cdot 8, -20 - k \cdot 11)$に整数$k = 1,2,3, \cdots$と代入していくことで、

$$(x_2, y_2) = (15, -20), (23, -31), (31, -42), \cdots$$

のように、無数の解を得ることができました。

5

素数

5.1 素数の定義

整数の中の素数とは、1 と自分自身以外に割り切れる数を持たない整数を指します。具体的には、3、5、7、11、13 が素数と呼ばれる数です。素数の定義を述べれば、次のとおりです。即ち、

定義 5.1（素数）
整数$p > 1$が**素数**$(prime\ number)$であるとは、pの約数が 1 及び自分自身であるpのみであるときのことをいう。また、pが 1 でもなく素数でもない正の整数であるとき、pを**合成数**$(composite\ number)$と呼ぶ。

再び素数の例を挙げれば、

$$2,3,5,7,11,13,17,19,\cdots$$

です。いずれの数も約数は 1 と自分自身の数のみですね。また、素数は 2 を除いて全て奇数です。合成数の例も以下に挙げます。合成数は、その約数として 1 と自分自身のほかに一つ以上持っていますね。

$$4,6,8,9,12,15,18,20,\cdots$$

5.2 素数の整除性

さて、ここで重要な定理である素数の整除性定理をみてみましょう。

定理 5.1（素数の整除性定理）
素数pは整数$a_1, a_2, \cdots, a_n$の積、$a_1 \cdot a_2 \cdot \cdots \cdot a_n$を割り切るとする。このとき、$p$は整数$a_1, a_2, \cdots, a_n$のうちの、少なくとも一つを割り切る。

この定理で、素数pが二つの整数の積である数、$a \cdot b$を割り切るとします。(但しa, bは、素数か合成数かを問いません) このとき、a, bの少なくとも一方は必ずpで割り切れるということを示しています。この定理を以下で証明してみましょう。まず、

$$p = a_1 \cdot a_2 \cdot \cdots \cdot a_n \tag{5.2.1}$$

と置きます。$p|a_1$であれば、証明は終わりなので、$p \nmid a_1$として、

$$p = a_1 \cdot (a_2 \cdot \cdots \cdot a_n) \tag{5.2.2}$$

となって、pは$(a_2 \cdot \cdots \cdot a_n)$を割り切らなくてはなりません。このとき、$p|a_2$であれば、証明は終わりです。なので、$p \nmid a_2$とします。すると、

$$p = a_1 \cdot a_2 \cdot (a_3 \cdot \cdots \cdot a_n) \tag{5.2.3}$$

と整理できるので、pは$(a_3 \cdot \cdots \cdot a_n)$を割り切らなくてはなりません。この操作を、$p \nmid a_{n-1}$となるまで繰り返します。すると、

$$p = a_1 \cdot a_2 \cdot \cdots \cdot a_{n-1} \cdot (a_n) \tag{5.2.4}$$

となります。この場合、最後に残されたa_nは、pによって必ず割り切れなければなりません。もし、$p \nmid a_n$だと、$a_1 \cdot a_2 \cdot \cdots \cdot a_n$が$p$によって割り切れません。従って、$p|a_n$でなければならず、結局$p$は整数$a_1, a_2, \cdots, a_n$のうちの一つの$a_n$を割り切ることが示されて定理は証明されました。

5.3 算術の基本定理

　さて、素数についてのもうひとつの重要な定理があります。

定理 5.2（算術の基本定理）

任意の正の整数$n > 1$は、次のように素数$p_i^{m_i}$の積によって表される。

$$n = p_1^{m_1} \cdot p_2^{m_2} \cdot \cdots \cdot p_k^{m_k} = \prod_{i=1}^{k} p_i^{m_i} \tag{5.3.1}$$

(但し、$p_1^{m_1} \le p_2^{m_2} \le \cdots \le p_k^{m_k}$で、$m_i$は正の整数)

このような素数の積によって表される正の整数の表記を、**素因数分解**$(prime\ factorization)$と呼ぶ。全ての整数の素因数分解は、素数の並びの順序の違いを除いて、ただひと通りに表すことができる。

整数の約数は**因数**($factor$)とも呼ばれます。また、因数のうちの素数であるものを**素因数**($prime\ factor$)と呼び、この素因数の積で整数を表すことを素因数分解と呼びます。この定理には二つのことが述べられています。一つ目は任意の正の整数について素因数分解ができること、二つ目にはその素因数分解が一意であることです。

ではまず一つ目の素因数分解についての証明を見ていきましょう。これは数学的帰納法によって証明できます。即ち、整数nについてまず$n = 1$についてみてみます。$n = 1$の場合は明らかに、任意の正の整数m_iと、同じく任意の正の整数kに関する式(5.3.1)の形で、

$$1 = \prod_{i=1}^{k} 1^{m_i} \tag{5.3.2}$$

が成立するので、定理は容易に証明されます。

次に、$n = N$についてこの定理が成立しているものと仮定して、$n = N + 1$としたときにも成立するかどうかを吟味します。つまり、$n = N$についてある素数$1 < p_1^{m_1}, p_2^{m_2}, \cdots, p_k^{m_k} < N$が存在して、$n = p_1^{m_1} \cdot p_2^{m_2} \cdot \cdots \cdot p_k^{m_k}$というように、素数の掛け算で表されるものと仮定します。このとき、n=N+1 の場合を考えます。N+1 がもし素数であれば、これは素数の定義により、1 と自分自身であるN+1 の積に表せますから、定理 5.2 が示す式(5.3.1)の形になります。N+1 が合成数の場合はどうでしょうか。この場合は、ある整数$2 \leq n_1, n_2 < N + 1$が存在して、(但し、n_1, n_2は素数であるか合成数であるかを問いません。)$N + 1 = n_1 \cdot n_2$の形に表すことができます。ところで、$n_1, n_2 < N + 1$であるということは、n_1, n_2はいずれもN以下の数です。従って、上の$n = N$の場合の素数の掛け算の分解ができるという前提が適用できます。即ち、複数の素数、$q_1, q_2, \cdots, q_n, q_{n+1}, \cdots, q_m$をとってきて、

$$n_1 = q_1 \cdot q_2 \cdot \cdots \cdot q_n \tag{5.3.3}$$

$$n_2 = q_{n+1} \cdot q_{n+2} \cdot \cdots \cdot q_m \tag{5.3.4}$$

の形に分解することができます。$N+1=n_1\cdot n_2$でしたから、式(5.3.3)、(5.3.4)から、

$$
\begin{aligned}
N+1&=n_1\cdot n_2\\
&=q_1\cdot q_2\cdot\cdots\cdot q_n\cdot q_{n+1}\cdot q_{n+2}\cdot\cdots\cdot q_m
\end{aligned}
\tag{5.3.5}
$$

と、素数の積の形に書くことができます。もちろん、これらの素数の並びに重複が許されます。その場合は例えば式(5.3.5)は、

$$N+1=q_1^4\cdot q_5\cdot q_6^2\cdot\cdots\cdot q_{m-3}^3$$

のような形で表せますが、この場合でも定理 5.2 の式(5.3.1)の形を満たします。よって、n=N+1 の場合にも成立することが示され、定理 5.2 のうちの一つ目の素因数分解の部分が証明されました。

次に、定理 5.2 が主張する二つ目の素因数分解の一意性についての証明もみておきましょう。即ち、全ての正の整数は、素数によってただ一通りの素因数分解ができると、定理 5.2 は主張しています。今、任意の正の整数$n>1$の素因数分解が二通りの仕方でできると仮定してみましょう。即ち、二種類の素数の列、$p_i>1\ (i=1,\cdots,n)$、及び、$q_j>1\ (j=1,\cdots,m)$について、

$$n=\prod_{i=1}^{n}p_i=\prod_{j=1}^{m}q_j \tag{5.3.6}$$

であるものと仮定します。このとき、$p_1|n$なので同時に、$p_1|(q_1\cdot q_2\cdot\cdots\cdot q_m)$ですね。定理 5.1 の素数の整除性より、$p_1$は$q_i(i=1,\cdots,m)$の少なくとも一つを割り切ります。それを例えば$q_j$の順序を適当に並び替え、番号を付け替えて$p_1|q_1$とします。しかし、$q_1$は素数なのでその約数は 1 もしくは自分自身の$q_1$でなければなりません。前提より、$q_j>1$なので$q_1$の約数は自分自身の$q_1$であり、従って$p_1=q_1$となります。ここで、式（5.3.6）の両辺から$p_1,q_1$を除して除きます。即ち、

$$n = \prod_{i=2}^{n} p_i = \prod_{j=2}^{m} q_j$$
(5.3.7)

式（5.3.7）についても式（5.3.6）のときと同じ操作を繰り返せば、やがて

$$p_n = q_n \cdot q_{n+1} \cdot \cdots \cdot q_m \quad (5.3.8)$$

となって、さらに素数の整除性よりq_jの番号付け替えによって$p_n = q_n$が得られます。式（5.3.8）の両辺から$p_n = q_n$を除して除けば、

$$1 = q_{n+1} \cdot \cdots \cdot q_m \quad (5.3.9)$$

となります。素数$q_{n+1}, \cdots, q_m$は結局全て 1 とならなければなりませんが、前提より$q_j > 1$であることから式（5.3.9）の等式は成立しません。従って、$n = m$とならなければならず、しかもp_i、q_jの各項は適当に付け替えられた番号の下に、$p_i = q_j$となります。従って、任意の正の整数$n > 1$の素因数分解はただひと通りにのみ表すことができることが証明されました。

この定理 5.2 の例を見てみましょう。例えば、正の整数 120 をとってきます。これはまず複数の素数の積による素因数分解ができます。

$$120 = 2 \cdot 2 \cdot 2 \cdot 3 \cdot 5$$

3 種類の素数、2,3,5の積によって表され、同じ値の重複を許せば、素因数分解はただひと通りにしか表すことができません。

5.4 素数の無限性

ところで、この素数というものは無限に存在するものなのでしょうか。実は、素数の無限性に関する定理が存在します。

定理 5.3 （素数の無限性定理）
素数は無限に存在する。

この素っ気ない定理は、古代ギリシャ時代に既にエウクレイデスによって証明されています。以下に証明してみましょう。まず、素数は有限であり、その個数をn個であると前提します。そのような有限なn個の素数を全て集めてきたものを$p_1, p_2, \cdots, p_n$とします。この存在する全ての有限個の素数の積をとり、それをある正の整数$q > 1$に等しいと置きます。即ち、

$$q = p_1 \cdot p_2 \cdot \cdots \cdot p_n \tag{5.4.1}$$

今、$q' = q + 1$として、

$$q' = p_1 \cdot p_2 \cdot \cdots \cdot p_n + 1 \tag{5.4.2}$$

を考えます。もしもq'が素数であれば、明らかに$\forall p_i, 1 \leq i \leq n \ s.t. \ q' > p_i$ですから、$q'$は$p_i$の中のどの素数よりも大きく、従って等しくない新たな素数だと言うことができます。以降、$q'' = q' + 1$、$q''' = q'' + 1$、…としていくたびに、新たな素数$q'', q''', q'''', \cdots$が無限に現れます。

次にq'が合成数の場合はどうでしょう。そのときは$t|q'$とできるようなある素数$t > 1$が存在します。この素数tは式（5.4.1）の示された$p_1, p_2, \cdots, p_n$の中のどれかに等しいものなのでしょうか。もし等しいものが見つかるとして、それを$t = p_i$とするならば、$t|p_i \cdot (p_1 \cdot p_2 \cdot \cdots \cdot p_{i-1} \cdot p_{i+1} \cdot \cdots \cdot p_n)$となるので、$t|q'$より $t|((p_1 \cdot p_2 \cdot \cdots \cdot p_i \cdot \cdots \cdot p_n) + 1)$となります。しかし、この関係が成立するためには、$t|1$でなければなりません。これは前提より$t > 1$ですからあり得ません。従って、$q'$を合成数とした場合に$q'$を割り切る素数$t > 1$は、式（5.4.1）に示されたどの素数とも等しくない新しい素数だと言うことになります。以降、$q'' = q' + 1$、$q''' = q'' + 1$、…と無限に続けていくと、そのたびに新たな素数$q'', q''', q'''', \cdots$が無限に出現します。以上より、素数の無限性が証明されました。

5.5 素数定理

素数は無限に存在することを、先の定理 5.3（素数の無限性定理）で見ましたが、では素数はいったいどのくらいたくさん存在するのでしょうか。この問いに答えるべく、自然数の中に素数がどのくらいの割合で含まれているのかを示した定理があります。まず、ここで次のような素数の個数函数を定義します。

$$\pi(x) = \#\left\{\text{素数}p \middle| 1 < p \leq x\right\} \qquad (5.5.1)$$

式（5.5.1）の$\pi(x)$が意味することは、素数pのうち、整数x以下となるものの個数です。但しこのときの素数pには、1 は含まれません。また、記号の#は個数を示します。例を挙げれば、$\pi(5)$は 5 以下の素数の個数ですから 2、3 の 2 つで、$\pi(5) = 2$となります。$\pi(10)$は 10 以下の素数の個数で 2、3、5、7 の 4 つで、$\pi(10) = 4$となります。同様に少し大きなxについて$\pi(x)$をとってみると、$\pi(50) = 15$、$\pi(100) = 25$、$\pi(500) = 95$、$\pi(1000) = 168$、$\pi(5000) = 669$となります。このようにxの値に沿って増えていく$\pi(x)$ですが、その増え方が気になります。そこで、xの増え方との比較をとって見ましょう。そして、$\pi(x)/x$がxの増加とともにどうなっていくかを見てみます。即ち、

$$\pi(5)/5 = 2/5 = 0.4$$
$$\pi(10)/10 = 4/10 = 0.4$$
$$\pi(50)/50 = 15/50 = 0.3$$
$$\pi(100)/100 = 25/100 = 0.25$$
$$\pi(500)/500 = 95/500 = 0.19$$
$$\pi(1000)/1000 = 2/5 = 0.168$$
$$\pi(5000)/5000 = 669/5000 = 0.1338$$

となっていくのですが、値がどんどん小さくなっていってある値に収束します。この収束を定式化したものが次の定理になるのですが、これは 18 世紀末にガウスとルジャンドルによって予想され、19 世紀中盤にチェビシェフやリーマンによって部分的に証明され、最終的には

1896 年にプーサンとアダマールがそれぞれ独立に証明しました。これを**素数定理**($prime\ number\ theorem$)と称します。

> **定理 5.4（素数定理）**
> 整数xが十分に大きいとき、$\pi(x)$は近似的に$x/log_e x$に等しい。即ち、
>
> $$\lim_{x\to\infty}\frac{\pi(x)}{(x/log_e x)}=1 \tag{5.5.2}$$
>
> が成り立つ。

プーサンとアダマールの素数定理証明には複素解析という高度な手法が用いられており、その説明は本書のレベルを遥かに超えるため、ここで示すことはできません。

5.6 様々な素数

ここで、素数に関連する著名なトピックスをご紹介します。

(1)メルセンヌ素数

今、2 以上の整数aとnについて、a^n-1の形をとる整数について考えてみます。まず、a^n-1の形で表される算術式は幾何級数の和の公式が適用できて、次のように因数分解することができます。

$$a^n-1=(a-1)(a^{n-1}+a^{n-2}+\cdots+a^2+a+1) \tag{5.6.1}$$

ここでは、式（5.6.1）で表される数が素数になる場合について考えます。まずaが奇数のとき、$a-1$は偶数になるので素数にはなりません。また異なる整数nとmについて、a^n-1とa^m-1との関係を見てみます。即ち、$n>m$としたときに、$m|n$ならば$(a^m-1)|(a^n-1)$という関係は言えるのでしょうか。例えばある整数pをとって$n=p\cdot m$としたときに、

$$\begin{aligned}a^n-1&=(a^m)^p-1\\&=(a^m-1)((a^m)^{p-1}+\cdots+(a^m)^2+a^m+1)\end{aligned} \tag{5.6.2}$$

とできるので、nがmで割り切れるとき、a^n-1はa^m-1で割り切れるという関係が示されました。このことは、nが合成数であるならば、a^n-1が合成数となることを示しています。この対偶をとると、次の重要な命題を得ます。

命題 5.1（a^n-1の形をした素数）
ある整数$a\geq 2$及び$n\geq 2$について、a^n-1が素数ならば、nは合成数ではない。即ち、素数である。

上の命題のうち、特に$a=2$のときに2^n-1が素数となるとき、これを**メルセンヌ素数**(*Mersenne prime*)と呼びます。このような命名は、この素数を発見したマラン・メルセンヌに因みます。2 の冪乗数nのメルセンヌ素数は、M_nと表記されるので命題 5.1 の対偶に関連して、$m|n$ならば$M_m|M_n$であると表記できます。M_nの例を挙げれば、

$$M_2=3, M_3=7, M_5=31, M_7=127, M_{13}=8191, \cdots$$

となります。しかしこの命題の逆は必ずしも成立しません。例えば、

$$2^{11}-1=2047=23\cdot 80$$
$$2^{29}-1=536870911=233\cdot 1103\cdot 2089$$

となって、2 の冪乗数の 11、29 はいずれも素数ですが、これを用いたメルセンヌ数はいずれも合成数です。

マラン・メルセンヌは1644年に、素数nで2^n-1が素数となるのは、$n\leq 257$の場合で、$n=2,3,5,7,13,17,19,31,67,127,257$の 11 通りのみとの予想を立てましたが証明されるのは、メルセンヌ予想の公表から 128 年のちの 1772 年に、オイラーが$n=31$についての$2^{31}-1$が素数であることを証明し、さらに 104 年後の 1876 年にリュカによって$n=67$の$2^{67}-1$は素数ではなかったこと、及び$n=127$の場合では$2^{127}-1$は素数であることを証明しました。その後、リュカが考案した素数判定法リュカ・テストが改良され、メルセンヌが予想しなかっ

た新たな素数、$n = 61, 89, 107$の 3 つが加えられました。メルセンヌ予想最後の$n = 257$について素数であるかどうかの結論は 1922 年に、$2^{257} - 1$は合成数であったことが証明されました。2021 年現在までに発見されたメルセンヌ素数は 51 個で､最大が$n = 82589933$のものです。

(2)フェルマー数とフェルマー素数

非負の整数nを用いて表される、自然数$2^{2^n} + 1$を**フェルマー数**($Fermat\ number$)と呼び、F_nと表記します。また、特に素数となる場合を**フェルマー素数**($Fermat\ prime$)と呼びます。フェルマーは、全ての非負整数nで表されるフェルマー数は素数であるとの予想を立てましたが、1732 年にオイラーが$n = 5$のときに、フェルマー数が合成数となることを示して、フェルマーの誤りを発見しました。実際にフェルマー数を計算してみると、

$$F_1 = 2^{2^1} + 1 = 3$$
$$F_2 = 2^{2^2} + 1 = 17$$
$$F_3 = 2^{2^3} + 1 = 257$$
$$F_4 = 2^{2^4} + 1 = 65537$$
$$F_5 = 2^{2^5} + 1 = 4294967297$$

となります。フェルマー数は 2 の冪乗数に 1 を加えた形のため、全てが奇数となります。また、オイラーはフェルマー数の因数が、$k \cdot 2^{n+1} + 1$の形を取ることを証明しました。これにより、$n = 5$のときにF_5の因数が$64k + 1$となることを利用し､$k = 10$としたときにF_5の因数 641 を発見しました。そこで、$F_5 = 2^{2^5} + 1 = 4294967297 = 641 \cdot 6700417$が因数分解されたことで､$F_5$が合成数であることを示しました。

(3)双子素数

素数pに対して、$p + 2$も素数となる、差が 2 となる二つの素数の組を構成するそれぞれの素数を**双子素数**($twin\ prime$)と呼びます。双子素数の例を挙げれば、次の通りです。

$$(3,5),(5,7),(11,13),(17,19),(29,31),\cdots$$

また、各組の二つの素数の平均値、即ち二つの素数の間に入る偶数をとっていくと、(3,5)の素数の組の間に入る 4 以外については、全て 6 の倍数になります。即ち、

$$4, 6, 12, 18, 30, \cdots$$

このことから、6 の倍数の両側に位置する双子素数の組は、ある自然数kについて、(3,5)を除いて$(6k-1, 6k+1)$と表されるので、(3,5)を除く双子素数の和は 12 の倍数となります。この双子素数については無限に存在するという、所謂双子素数予想は現在までに証明されておらず、数ある素数の未解決問題の一つになっています。

ちなみに、2020 年現在で知られている双子素数の最大のものは、388,342 桁の$2996863034895 \cdot 2^{1290000} \pm 1$となっています。

6

完全数

6.1 完全数の定義

自分自身が自分自身を除く正の約数の和に等しくなる自然数のことを、**完全数**($perfect\ number$)と呼びます。完全数の具体的な例を以下に挙げます。

$$6 = 1 + 2 + 3$$
$$28 = 1 + 2 + 4 + 7 + 14$$
$$496 = 1 + 2 + 4 + 8 + 16 + 31 + 62 + 124 + 248$$

上の完全数のうち、6 と 28 が特別の意味を持つことが、中世より議論されてきました。即ち、6 は旧約聖書の中で神が天地を創造した 6 日間と符合すること、28 は月の公転周期であることです。

今、自然数nについて自分自身を含んだ約数の総和を表す**約数函数**($divisor\ function$)を、$\sigma(n)$で定義します。約数函数とは、自然数nの約数の総和であり、これには自分自身も約数に含まれます。また、複数の自然数があって、その積を$p = n_1 \cdot n_2 \cdot \cdots \cdot n_m$としたとき、自然数$p$の約数函数は$\sigma(p)$と表記されますが、このとき複数の自然数$n_1, n_2, \cdots, n_m$が全て互いに素であるとき、$\sigma(p)$は次のように表記できます。

$$\sigma(p) = \sigma(n_1 \cdot n_2 \cdot \cdots \cdot n_m) = \sigma(n_1) \cdot \sigma(n_2) \cdot \cdots \cdot \sigma(n_m) \qquad (6.1.1)$$

完全数は約数函数を用いて次のように示されます。

$$\sigma(n) = 2n \qquad (6.1.2)$$

即ちnが完全数のとき、自分自身の値を含んだ約数の総和である約数函数の値は、nを 2 倍した数値に等しいということです。

6.2 メルセンヌ数と完全数

完全数という命名を行ったのは、万物は数であると考えたギリシャの哲人、ピタゴラスであると言われています。またメルセンヌ素数との関連から完全数を研究したエウクレイデスは、『原論』の中で次の完全数定理を証明しています。

定理 6.1（エウクレイデスの完全数定理）
自然数nについて、メルセンヌ数2^n-1が素数であるとき、$2^{n-1}\cdot(2^n-1)$は完全数である。

この定理を以下で証明してみましょう。$M_n=2^n-1$は明らかに奇数ですね。$2^{n-1}\cdot M_n$の正の約数の総和である約数函数$\sigma(2^{n-1}\cdot M_n)$は、偶数である2^{n-1}と奇数であるM_nが互いに素であるため、約数函数の公式$\sigma(nm)=\sigma(n)\cdot\sigma(m)$に従って、次のようにできます。即ち、

$$\sigma(2^{n-1}\cdot M_n)=\sigma(2^{n-1})\cdot\sigma(M_n) \tag{6.2.1}$$

式（6.2.1）の2^{n-1}の自分自身を含めた約数は、$1,2^1,2^2,2^3,\cdots,2^{n-1}$、他方、メルセンヌ数$M_n$は前提より素数であるので、自分自身を含む約数は 1 とM_nのみですね。従って、式（6.2.1）は、

$$\begin{aligned}\sigma(2^{n-1}\cdot M_n)=\sigma(2^{n-1})\cdot\sigma(M_n)&=\sum_{r=0}^{n-1}2^r\cdot(1+M_n)\\&=\frac{2^{(n-1)+1}-1}{2-1}\cdot(1+M_n)\\&=(2^n-1)\cdot(1+M_n)\\&=(2^n-1)-M_n+2^n\cdot M_n\\&=2^n\cdot M_n\\&=2\cdot(2^{n-1}\cdot M_n)\end{aligned} \tag{6.2.2}$$

となりました。式（6.2.2）は式（6.1.2）に従うので、$2^{n-1}\cdot M_n$は完全数です。従って、定理 6.1 で示されている$2^{n-1}\cdot(2^n-1)=2^{n-1}\cdot M_n$は完全数であることが証明されました。

エウクレイデスが証明した完全数定理に拠れば、全ての完全数は$2^{n-1}\cdot(2^n-1)$という形をしており、その場合に2^n-1が素数であると言い切れるのでしょうか。この問題の解答は、実にエウクレイデスの没後 2000 年の経過ののちに、オイラーが導きました。ですが、オイ

ラーは少なくとも完全数が偶数である場合についてのみ、エウクレイデスの完全数定理が成立することを示しました。この定理をオイラーの完全数定理と呼びます。即ち、

定理 6.2（オイラーの完全数定理）
完全数qが偶数である場合に限り、qはメルセンヌ素数M_nを用いて、

$$q = 2^{n-1} \cdot (2^n - 1) = 2^{n-1} \cdot M_n \tag{6.2.3}$$

と書き表すことができる。

この定理を証明していきましょう。まず、完全数qが偶数であるという点に着目します。これを二つの正の整数の積で表します。即ち、$m > 0, k \geq 1$をとり、$q = 2^k \cdot m$とします。このとき、mを奇数としましょう。ここで、qの約数函数を考えます。即ち、

$$\sigma(q) = \sigma(2^k \cdot m) \tag{6.2.4}$$

mを奇数と置いたので、2^kは偶数のためmとは互いに素になりますね。すると、式（6.2.4）に約数函数の定義が適用できて、

$$\sigma(q) = \sigma(2^k \cdot m) = \sigma(2^k) \cdot \sigma(m) \tag{6.2.5}$$

と書けます。2^kの約数は自分自身を含めれば、$1, 2^1, 2^2, \cdots, 2^{k-1}, 2^k$なので、これは初項が 1、公比が 2 で末項が$2^k$の等比級数ですから、その総和は、

$$\sigma(2^k) = 1 + 2^1 + 2^2 + \cdots + 2^k = \frac{1 \cdot (1 - 2^{k+1})}{1 - 2} = 2^{k+1} - 1 \tag{6.2.6}$$

となるので式（6.2.5）は、

$$\sigma(q) = \sigma(2^k) \cdot \sigma(m) = (2^{k+1} - 1) \cdot \sigma(m) \tag{6.2.7}$$

と書けます。一方、qは前提より完全数なので約数函数を用いて次のように書けます。

$$\sigma(q) = 2 \cdot q = 2 \cdot (2^k \cdot m) = 2^{k+1} \cdot m \tag{6.2.8}$$

式(6.2.7)と（6.2.8）より、

$$\sigma(q) = 2^{k+1} \cdot m = (2^{k+1} - 1) \cdot \sigma(m) \tag{6.2.9}$$

式（6.2.9）から、$2^{k+1} - 1$は明らかに奇数、そして$(2^{k+1} - 1) \cdot \sigma(m)$は$2^{k+1}$の倍数であることから、偶数である$2^{k+1}$は$\sigma(m)$を割り切らなければならないということです。そこで、ある正の整数$t > 0$をとって、

$$\sigma(m) = 2^{k+1} \cdot t \tag{6.2.10}$$

と置きます。これを式（6.2.9）に代入して、

$$2^{k+1} \cdot m = (2^{k+1} - 1) \cdot 2^{k+1} \cdot t$$
$$\therefore m = (2^{k+1} - 1) \cdot t \tag{6.2.11}$$

ここで$k \geq 1$なので、

$$m = (2^{k+1} - 1) \cdot t \geq (2^{1+1} - 1) \cdot t = 3 \cdot t \tag{6.2.12}$$

従って、$m > t$が言えます。

ここで、$t > 0$について、$t > 1$と置くことで矛盾が生じることを示します。背理法の適用です。さて、式（6.2.11）を見ると、左辺のmは少なくとも 1、t、及び自分自身のmで割り切れます。また式(6.2.12)より$m > t$ですから、mとtは異なる二つの数です。そこでmの約数（自分自身を含む）の総和である約数函数$\sigma(m)$は、

$$\sigma(m) \geq 1 + t + m \tag{6.2.13}$$

とできます。式（6.2.10）を適用して、さらに式展開を進めると、

$$\begin{aligned} \sigma(m) = 2^{k+1} \cdot t &\geq 1 + t + m \\ &= 1 + t + (2^{k+1} - 1) \cdot t \\ &= 1 + 2^{k+1} \cdot t \end{aligned} \tag{6.2.14}$$

式（6.2.14）の右辺の$2^{k+1} \cdot t$を左辺に移動すれば、

$$0 \geq 1 \tag{6.2.15}$$

式（6.2.15）はあり得ない不等式です。ここで矛盾が生じたので、$t > 1$の前提が誤りであることがわかりました。すると$t \leq 1$だということになりますが、前提条件より$t > 0$、従って$1 \geq t > 0$となりかつtは整数なので、$t = 1$と置けることが明らかになりました。よって、式（6.2.10）と（6.2.11）より、

$$\sigma(m) = 2^{k+1} \tag{6.2.16}$$

$$m = 2^{k+1} - 1 \tag{6.2.17}$$

式（6.2.17）より、

$$2^{k+1} = 1 + m \tag{6.2.18}$$

これを式（6.2.16）に代入すれば、

$$\sigma(m) = 1 + m \tag{6.2.19}$$

式(6.2.19)が示すことは、mの約数が 1 と自分自身であるmのみであるということですが、これはmが素数であることを示しています。また、ある整数pをとって、$p = k + 1$と置いて式（6.2.17）に代入すれば、

$$m = 2^p - 1 = M_p \tag{6.2.20}$$

と書けますが、これは次数がpのメルセンヌ数ですね。そして、式（6.2.19）よりmが素数であることが示されたので、式（6.2.20）のメルセンヌ数$m = M_p$も素数であることが示されました。また、完全数$q = 2^k \cdot m$は、

$$q = 2^k \cdot (2^p - 1) = 2^k \cdot M_p = 2^{p-1} \cdot M_p \tag{6.2.21}$$

と表されることが示されました。

オイラーの完全数定理は、完全数が偶数である場合について、その含意を能弁に物語っています。しかし、完全数が奇数である場合については何も語っておらず、またオイラー以降、この問題に解を与えられた研究者は一人も居りません。現在までででは、10^{15000}よりも小さい奇数の完全数が存在しないことは明らかになっていますが、証明はされていません。整数論の中の数ある未解決問題の一つになっています。

6.3 不完全数の例

先述の通り正の整数mについて、ピタゴラスは$\sigma(m)=2m$となるときにmを完全数と呼んだわけですが、この完全数の要件を満たさない不完全数について、古代ギリシャ人は$\sigma(m)>2m$となるmを**過剰数**(*abundant number*)と呼び、また$\sigma(m)<2m$となるmを**不足数**(*deficient number*)と命名しました。また、二つの正の整数m,nについて、mの自分自身を含まない約数（これを**真の約数**と呼びます）の和がnに等しく、同時にnの真の約数の和がmに等しいとき、m,nを**友愛数**(*amicable number*)と命名しました。大変、興味深い数ですが、一例を示しましょう。下記は、友愛数 220 と 284 の例です。

$$\sigma(220)-220=1+2+4+5+10+11+20+22+44+55+110$$
$$=284$$
$$\sigma(284)-284=1+2+4+71+142=220$$

面白いですね。また、余談ついでに申せば、日本プロ野球史上初めての完全試合が達成されたのは、1950 年の、月・日ともに完全数である 6 月 28 日であったそうです。

7

合同式

7.1 合同式のかたちと性質

(1)剰余・剰余系

整数の整除性、即ち整数が割り切れるかどうかは、数論の主要なテーマです。同時に、ある整数を別の整数で割ったときの余りが幾つになるかという、ごく基本的な問いもまた数論の大きなテーマを提起します。この、ある数を割ったときの余り、つまり剰余と呼ばれる言葉には、いくつかの関連する重要な用語が、数論の中ではたびたび用いられます。ここでは、合同式の考察に入る前に、この剰余という言葉に関連するいくつかの用語、あるいは概念という言ってもよいと思いますが、これらについて整理しておきます。

1)剰余

ある整数を別の整数で割った余りを、**剰余**($remainder$)と呼びます。例えば、ある整数Aを別の整数pで割ることを考えます。このとき、Aは次のように表現することができます。

$$A = bp + r \tag{7.1.1}$$

ここでb, rは整数、特にrについて、Aを別の整数pで割ったときの余り、即ち剰余であるといいます。例えば$A = 13$を$p = 2,3,5,11$で割ってみましょう。それぞれを式(7.1.1)の形で表せば、次のように書き表せます。

$$\begin{aligned} 13 &= 6 \cdot 2 + 1 \\ 13 &= 4 \cdot 3 + 1 \\ 13 &= 2 \cdot 5 + 3 \\ 13 &= 1 \cdot 11 + 2 \end{aligned} \tag{7.1.2}$$

2)剰余系

ある条件の下で一つの塊として扱われる剰余について考察しましょう。まずある整数を割る方の側の整数、これは式(7.1.1)で言えばpに相当する整数ですが、例えば、$p = 7$とします。今、任意の整数$A > p$を$p = 7$で割った余りを列挙してみます。

$$\begin{aligned} 8 &= \ \ 1 \cdot 7 + 1 \\ 13 &= \ \ 1 \cdot 7 + 6 \\ 26 &= \ \ 3 \cdot 7 + 5 \\ 32 &= \ \ 4 \cdot 7 + 4 \\ 59 &= \ \ 8 \cdot 7 + 3 \\ 65 &= \ \ 9 \cdot 7 + 2 \\ 89 &= 12 \cdot 7 + 5 \end{aligned} \tag{7.1.3}$$

式(7.1.3)の上に並んだ剰余rは、$r = 1,6,5,4,3,2,5$ですが、当然ながらいずれの値も$p = 7$未満です。このように、どのような整数を取ってきても、$p = 7$で割った余りは、$r = 1,2,3,4,5,6 \ \ (r < p = 7)$のどれかに該当します。このようなひと塊の剰余の組のことを、pを法とする**剰余系**($residue\ system$)と呼びます。剰余系は、剰余の集合としても表現できますので、pを法として次のように書き表すことができます。

$$剰余系： \quad \mathbb{r} = \{1,2,3,\cdots,p-1\} \tag{7.1.4}$$

$\mathbb{r}$という記号は、集合を表記する記号で、rは集合$\mathbb{r}$の要素を表します。また、ここで「pを法とする」という表現を用いましたが、これは後述の合同式のところで詳しく解説します。回りくどい言い方をしているかも知れませんが、要は「pを法とする」というのは「pで割り算をする」という意味だということでご理解下さい。

3)既約剰余系

式(7.1.4)で集合の形式で記された剰余系のうち、法pと互いに素となる数だけを集めるとします。このように集められた剰余系のことを、**既約剰余系**($irreducible\ residue\ system$)と呼びます。例えば$p = 8$を法とする剰余系は、$p - 1$個、即ち7個の要素から成る剰余系を構成します。

$$\mathbb{r} = \{1,2,3,4,5,6,7\} \tag{7.1.5}$$

これら 7 個の要素のうち、$p=8$と互いに素となる要素だけを取り出して並べます。

$$\mathbb{r}' = \{1,3,5,7\} \tag{7.1.6}$$

要素rの数は 4 つに減りました。これらは全て$p=8$と互いに素になっています。これを、$p=8$を法とする既約剰余系と呼びます。

4)剰余類

　整数の割り算を行う側の、いわゆる「法」を決めることで、剰余系は割られる側の整数には拠らずに決定されることがわかりました。繰り返すならば、pを法とする剰余系は、割られる整数には依存せずに、次の数の集合から構成されます。（式(7.1.4)を再掲）

$$\text{剰余系：}\quad \mathbb{r} = \{1,2,3,\cdots,p-1\} \tag{7.1.4}$$

逆に、全ての任意の整数は法とするpのもとで構成される剰余系によって分類することができます。具体的には、任意の整数に対してpで割った余りrが 1 になる整数の集合、余りrが 2 になる整数の集合、…、余りrが$p-1$になる整数の集合といったものです。具体的に列挙すれば、次の通りです。

・$p=8$（法が 8）：

余り（r）が 1　　$\{1,9,17,25,\cdots\}$

余り（r）が 2　　$\{2,10,18,26,\cdots\}$

⋮

余り（r）が 7　　$\{7,15,23,31,\cdots\}$

上に示したような剰余を用いることで、分類された整数の集合を、**剰余類**(*residue class*)と呼び、「余りがr」のように剰余系の中から取り出された各々のrを、**代表元**(*representative element*)と呼びます。

(2)合同と合同式

二つの整数a, bを別の同じ整数mで割ったときの余り、即ち剰余が等しいとき、そのときの二つの整数a, bは互いに**合同**($congruent$)であると称します。

この整数a, bとそれらを割る別の整数mの三者の関係を式で表したものを**合同式**($congruence$)と称し、次のように表されます。

$$a \equiv b \pmod m \tag{7.1.7}$$

そして三者の関係を、「整数aはmを**法**($modulus$)としてbと合同である」と称します。式（7.1.7）のmodはラテン語の$modulus$を語源とする英語表記$modulo$の略称で、「モジュロ」と読みます。和訳を当てるならば、(1)でも述べた剰余になります。つまり、$(mod\ m)$とは整数mで割ったときの余り、即ち剰余を意味します。式（7.1.7）は、ガウスが最初に導入しました。この式について、幾つか例を示しましょう。

今、aをmで割ったときの商をx、余りをrとすれば、

$$a = mx + r \tag{7.1.8}$$

と書けますね。ここで、$m = 3$、$r = 2$と置くと、$a = 3x + 2$と書けます。この式に$x = 1,2,3,\cdots$を代入することで、対応する複数のaが得られます。つまり、$m = 3$を法として同じ剰余$r = 2$を得る整数がとれて、それらは、5、8、11、14、…になります。これらの数値は、皆、$m = 3$を法として合同な数であるということになります。合同式で表せば、

$$5 \equiv 8 \pmod 3$$
$$5 \equiv 11 \pmod 3$$
$$8 \equiv 14 \pmod 3$$
$$11 \equiv 14 \pmod 3$$

と書けます。同時に、式（7.1.8）からaは、mを法としてrとも合同です。即ち、

$$a \equiv r \pmod m \tag{7.1.9}$$

が言えます。また、合同式は和・差・積について、通常の方程式と同じ振る舞いを見せます。即ち、

$$a \equiv b \pmod m、c \equiv d \pmod m$$

のとき、

$$\begin{gathered} a \pm c \equiv b \pm d \pmod m \\ a \cdot c \equiv b \cdot d \pmod m \end{gathered} \tag{7.1.10}$$

が成り立ちます。ですが、割り算の場合は必ずしも上の関係が成り立つとは限りません。その例を挙げれば、

$$15 \cdot 2 \equiv 20 \cdot 2 \pmod{10}$$

は、10 で割ったときの両辺の剰余がいずれもゼロなので、合同式は成り立っています。そこで今、この両辺の共通因子である 2 に着目し、両辺を同じ 2 で割ると、

$$15 \not\equiv 20 \, (mod\ 10)$$

になってしまい、合同ではなくなってしまいます。あるいは、もう一つの合同式、

$$6 \cdot 4 \equiv 0 \pmod{12}$$

ですが、両辺を 6 で割ると、

$$4 \not\equiv 0 \, (mod\ 12)$$

となって合同式ではなくなります。また、両辺を 4 で割ると、

$$6 \not\equiv 0 \, (mod\ 12)$$

となってしまいます。従って、割り算に関しては、

$$a \cdot c \equiv b \cdot c \pmod m$$

のとき、両辺の共通因子cで等しく割ったとしても、

$$\frac{(a \cdot c)}{c} \not\equiv \frac{(b \cdot c)}{c} \ (mod\ m) \tag{7.1.11}$$

のように合同式では無くなってしまう場合が出てくることに注意が必要です。このことを、もう少し一般論に即して確認しておきましょう。今、次の合同式を考えます。即ち、

$$A \equiv B \ \ (mod\ m) \tag{7.1.12}$$

ここでA, B各々が、$gcd(A, B) = k$を持つとします。このとき、ある整数a, bをとって、$A = ka,\ B = kb$として、合同式(7.1.12)を次のように置き換えます。

$$ka \equiv kb \ \ (mod\ m) \tag{7.1.13}$$

このとき、合同式(7.1.13)の両辺に共通にかかるkで両辺を割っても良い条件を考察します。まず、式(7.1.13)は合同式の定義より、ある整数kをとって、

$$k(a - b) \equiv 0 \ \ (mod\ m) \tag{7.1.14}$$

と置けます。ここでk, mが互いに素の場合（$gcd(k, m) = 1$）と、k, mが1 よりも大きい最大公約数$d > 1$を持つ場合（$gcd(k, m) = d$）の各々について、考察します。

(1) k, mが互いに素の場合

即ち$gcd(k, m) = 1$のとき、式(7.1.14)の左辺の$a - b$はmで割り切れなければならず、従って合同式の定義より、

$$a \equiv b \ \ (mod\ m) \tag{7.1.15}$$

と書けます。即ち、k, mが互いに素の場合では合同式(7.1.11)の両辺を共通のkで割っても、合同式(7.1.12)と(7.1.15)のmodの値は変わりません。

(2) $\boldsymbol{k, m}$が最大公約数$\boldsymbol{d > 1}$を持つ場合

即ち$gcd(k, m) = d$のとき、ある整数k', m'をとって、$k = k'd,\ m = m'd$と置きます。このとき、k'とm'は互いに素です。すると式(7.1.14)は次のように書けます。即ち、

$$k'd(a-b) \equiv 0 \pmod{m'd} \tag{7.1.16}$$

式(7.1.16)は、左辺の$k'd(a-b)$が、$m'd$で割り切れることを示すので、ある整数tをとって、

$$k'd(a-b) = m'd \cdot t \tag{7.1.17}$$

と書けます。ここで、式(7.1.17)の両辺に共通でかかっているdで両辺を割ると、

$$k'(a-b) = m' \cdot t$$

これは、$k'(a-b)$がm'の倍数であること、言い換えればm'で割り切れることを示すので、合同式の定義より

$$k'(a-b) \equiv 0 \pmod{m'} \tag{7.1.18}$$

となります。k'とm'は互いに素なので、$a-b$は、m'で割り切れなければなりません。従って、再び合同式の定義より

$$a-b \equiv 0 \pmod{m'}$$
$$\therefore a \equiv b \pmod{m'} \tag{7.1.19}$$

さて、上記の(1)の場合、即ちkとmが互いに素の場合は、合同式(7.1.13)のmodはmであり、これは元の合同式(7.1.10)と同じであったのに対し、(2)でkとmが互いに素ではない場合に、合同式(7.1.19)のmodはm'になってしまい、元の合同式(7.1.10)とは異なってしまいます。即ち、

$$a \not\equiv b \pmod{m} \tag{7.1.20}$$

となってしまいます。

このように、合同式の除法は普通の等式とは異なり、式(7.1.13)に於いてkとmが互いに素でなければ、両辺の最大公約数で両辺を割ってはいけません。

7.2 合同式を解く

さて、合同式には未知数を含み、当該未知数を解く問題として提示されるものもあります。例えば、次のような合同式を満たす未知数xを解くような問題です。

$$x + 9 \equiv 2 \pmod{13} \tag{7.2.1}$$

式（7.2.1）は、13 を法として 2 と合同な$x+9$を求める問題です。つまり、13 で割って余りが 2 になるような数を求めれば良いので、例えば、15 がそうですね。従って、$x+9=15$となって$x=6$となります。さて、式（7.2.1）のような合同式は、常に解を持つのでしょうか。このことを確かめるために、式（7.1.7）に示された考え方に着目してみましょう。即ち、式（7.1.7）に示された合同式であるところの、$a \equiv b \pmod{m}$が成立するためには、$a-b$がmで割り切れるということ、即ち、$m|(a-b)$であることが条件でした。つまり、式（7.2.1）の合同式が成り立つことと、$13|((x+9)-2)$であることとは同値であり、$x+7$が 13 の倍数となるようにxをとってくることができれば、式（7.2.1）は解けることになります。

しかしxをどのようにとってきても合同式が成り立たない場合があります。例えば、

$$2x + 9 \equiv 2 \pmod{14} \tag{7.2.2}$$

はどうでしょう。解があるかどうかは、合同式の右辺を左辺に移行して、それが 14 で割り切れるかどうかを確かめれば良いですね。これは偶数と奇数に着目すればすぐにわかります。つまり合同式の左辺の$2x+9$はxをどのようにとっても奇数にしかなりません。従ってここから偶数の 2 を引いた値、$(2x+9)-2=2x+7$は、やはりxをどのようにとってきても常に奇数です。これを割ろうとしている 14 は偶数

です。奇数は偶数では割り切れない即ち、$14 \nmid (2x+7)$なので、式(7.2.2)は解を持ちません。これを一般論で示せば整数a, b, mと整数の未知数xに関する合同式、

$$ax \equiv b \pmod{m} \tag{7.2.3}$$

が解を持つための条件は、$m|(ax-b)$ということになります。つまり、$ax-b$がmの倍数であることが求められ、ある整数yをとってきて、

$$(ax-b) = my \tag{7.2.4}$$

が成り立つことが、合同式(7.2.3)が解を持つための条件になります。この条件を定理として次に示します。

定理 7.1（一次合同式定理）
整数a, b, m、(但し$m \geq 1$)と整数の未知数xに関する合同式、

$$ax \equiv b \pmod{m} \tag{7.2.3}$$

について、xが解を持つ条件は$gcd(a, m)|b$であること、即ち、mを法とする剰余bがa, mの最大公約数で割り切れることである。

さて、式（7.2.4）を簡単に整理すると、次の式を得ます。

$$ax + (-m)y = b \tag{7.2.5}$$

この式(7.2.5)は、以前どこかでみたものと同じ形をしていませんか。そうです。x, yを未知数とする一次の不定方程式、またの名を一次のディオファントス方程式です。つまり、一次の未知数を持つ合同式を解くということは、一次の不定方程式を解くことと同じことになるのです。一次の不定方程式は、エウクレイデスの互除法を用いれば容易に解くことができました。従って、一次の未知数から成る合同式は、ここでもまたエウクレイデスの互除法を用いて解くことができるのです。ここで、合同式（7.2.3）を解いてみましょう。

合同式（7.2.3）は簡単な変形で、一次の不定方程式（7.2.5）のようになります。この式が解を持つためには、$gcd(a,m)|b$であることが条件です。このとき、係数mに負の符号がついていますが、条件は正のmについて満たされていれば大丈夫です。ここで、式（7.2.5）の右辺のbを、$gcd(a,m)$に置き換えた次の式の解を求めます。

$$ax + (-m)y = gcd(a,m) \tag{7.2.6}$$

エウクレイデスの互除法によって、解は容易に求められて、それを(x^*, y^*)とします。式（7.2.6）の両辺に$b/gcd(a,m)$を乗じて

$$a \cdot \left(\frac{b}{gcd(a,m)}\right) \cdot x^* + (-m) \cdot \left(\frac{b}{gcd(a,m)}\right) \cdot y^* = b \tag{7.2.7}$$

式（7.2.7）と（7.2.5）の各項を比較して、式（7.2.5）の解(x_0, y_0)は

$$(x_0, y_0) = \left(\left(\frac{b}{gcd(a,m)}\right) \cdot x^*, \left(\frac{b}{gcd(a,m)}\right) \cdot y^*\right) \tag{7.2.8}$$

として求まりました。式（7.2.8）より、$x_0 = (b/gcd(a,m)) \cdot x^*$が求まりましたが、繰り返しになりますが$x_0$は合同式（7.2.3）の解なので、下記を満たします。

$$ax_0 \equiv b \pmod m \tag{7.2.9}$$

さて、合同式（7.2.3）はx_0以外にも解を持つのでしょうか。今、それを仮にx_1とします。x_1はやはり合同式（7.2.3）を満たしますから、

$$ax_1 \equiv b \pmod m \tag{7.2.10}$$

合同式の差は、同じく合同式の関係を満たしますから、式（7.2.9）と（7.2.10）を各々引いて

$$\begin{aligned} ax_1 &\equiv ax_0 \pmod m \\ \therefore a(x_1 - x_0) &\equiv 0 \pmod m \end{aligned} \tag{7.2.11}$$

式（7.2.11）より、$a(x_1 - x_0)$はmで割り切れますね。このことは、$a(x_1 - x_0)/gcd(a,m)$が$m/gcd(a,m)$で割り切れることを意味します。また、$a/gcd(a,m)$と$m/gcd(a,m)$は共通因子を持たない、即ち、互いに素であります。従って、$(x_1 - x_0)$が$m/gcd(a,m)$で割り切れなければなりません。ここで、ある整数kをとって

$$x_1 - x_0 = k \cdot \left(\frac{m}{gcd(a,m)}\right) \tag{7.2.12}$$

と書けます。従って、合同式（7.2.11）のもう一つの解x_1は、

$$x_1 = x_0 + k \cdot \left(\frac{m}{gcd(a,m)}\right) \tag{7.2.13}$$

と置けます。さて、x_1は$k = 0,1,2,3,\cdots$に応じて無数に解をとることができるのでしょうか。ここで、合同式ならではの注意が必要です。式（7.2.13）に於いて、$k = gcd(a,m)$と置くとき、$x_1 = x_0 + m$となりますね。このとき、合同式（7.2.3）で$ax_1 = a(x_0 + m)$をmで割った余りは、ax_0をmで割った余りに等しくなります。つまり、このときのx_1とx_0は同じ解とみなされます。従って、$k \geq gcd(a,m)$では、$k = 0,1,2,3,\cdots,gcd(a,m) - 1$で得られる解$x_0, x_1, x_2, x_3, \cdots, x_{gcd(a,m)-1}$と同じ解が繰り返し現れることになります。従って、合同式（7.2.3）の異なる解は、$0 \leq k \leq gcd(a,m) - 1$までの間の$gcd(a,m)$個だけとることができるのです。

【例 1】実際の数値を代入した合同式を解いてみましょう。

$$5x \equiv 3 \ (mod\ 7) \tag{7.2.14}$$

を解いてみます。この合同式の両辺から 3 を引いて、

$$5x - 3 \equiv 0 \ (mod\ 7) \tag{7.2.15}$$

であること、即ち、$5x - 3$を7で割った余りがゼロであること、即ち、7で割り切れるということです。今、ある整数yをとると、式（7.2.15）は、

$$5x - 3 = 7y \qquad (7.2.16)$$

と置けますから、x, yに関する一次の不定方程式の形に書き直せて、

$$5x + (-7)y = 3 \qquad (7.2.17)$$

となります。さてここで、x, y各々の係数である、5と7（-7ですが、7について考えて大丈夫です）の最大公約数、$gcd(5,7)$を求めます。5と7とは各々が素数なので、互いに素ですね。従って、$gcd(5,7) = 1$、従って解は一つだけです。式（7.2.14）の右辺の3を$gcd(5,7) = 1$と置き替えて、そのときの解(x^*, y^*)を求めましょう。即ち、

$$5x^* + (-7)y^* = 1 \qquad (7.2.18)$$

今、$a = 5$、$b = -7$として、$ax^* + by^* = 1$を満たす解(x^*, y^*)を求めます。エウクレイデスの互除法を適用します。

$$\begin{aligned} 7 &= 5 \cdot 1 + 2 \quad \rightarrow \quad 2 = 7 - 5 \cdot 1 \\ 5 &= 2 \cdot 2 + 1 \quad \rightarrow \quad 1 = 5 - 2 \cdot 2 \\ & \qquad\qquad\qquad\quad = 5 - 2 \cdot (7 - 5 \cdot 1) \end{aligned}$$

上の式に、$a = 5$、$b = -7$を代入すれば、

$$\begin{aligned} & 1 = a - 2 \cdot (-b - a \cdot 1) \\ \therefore\ & 1 = 3a + 2b = ax^* + by^* \\ \therefore\ & (x^*, y^*) = (3,2) \end{aligned}$$

x^*を用いて、式(7.2.17)の解、x_0を求めるには、式（7.2.8）より、

$$x_0 = \left(\frac{3}{gcd(5,7)}\right) \cdot x^* = \left(\frac{3}{1}\right) \cdot 3 = 9$$

但し、合同式に於いては、割られる数が割る数よりも大きいときは、割られる数から割る数の倍数を引いて、（割られる数）<（割る数）となったところで解とします。つまり、7 を法とした場合、9 と 2 は合同となります。即ち、

$$9 \equiv 2 \ (mod\ 7)$$

よって、合同式(7.2.14)の解はただ一つ決まって、$x = 2$となります。

【例 2】もう一つ解いてみましょう。

$$35x \equiv 15 \ (mod\ 20) \tag{7.2.19}$$

この合同式では、ある整数yを用いて、

$$35x - 20y = 15 \tag{7.2.20}$$

となる一次の不定方程式を解く問題になります。このとき、$gcd(35,20) = 5$であるので、解は 5 つ存在します。ここで、

$$35x - 20y = 1 \tag{7.2.21}$$

を満たす解(x^*, y^*)を、エウクレイデスの互除法から求めます。

$$\begin{aligned} 35 &= 20 \cdot 1 + 15 \quad \rightarrow \quad 15 = 35 - 20 \cdot 1 \\ 20 &= 15 \cdot 1 + 5 \quad \rightarrow \quad 5 = 20 - 15 \cdot 1 \\ &\qquad\qquad\qquad\qquad\ \ = 20 - (35 - 20 \cdot 1) \cdot 1 \end{aligned}$$

上の式で、35 をa、20 をbと置けば、

$$\begin{aligned} &5 = b - (a - b \cdot 1) \\ \therefore\ &5 = (-1)a + 2b = ax^* + by^* \\ \therefore\ &(x^*, y^*) = (-1,2) \end{aligned}$$

x^*を用いて、式(7.2.20)の解x_0を求めるべく、

$$x_0 = \left(\frac{15}{gcd(35,20)}\right) \cdot x^* = \left(\frac{15}{5}\right) \cdot (-1) = -3$$

但し、

$$x_0 = -3 \equiv 17 \ (mod\ 20)$$

なので、$x_0 = 17$とします。求める合同式(7.2.19)の解x_kは 5 つ存在するので、

$$x_k = x_0 + k \cdot \left(\frac{20}{gcd(35,20)}\right) = x_0 + k \cdot 4$$

より、$k = 0 \sim (5-1) = 0 \sim 4$として、

$$\begin{aligned} x_0 &= x_0 + 0 \cdot 4 = x_0 = 17 \\ x_1 &= x_0 + 1 \cdot 4 = 17 + 4 = 21 \equiv 1 \quad (mod\ 20) \\ x_2 &= x_0 + 2 \cdot 4 = 17 + 8 = 25 \equiv 5 \quad (mod\ 20) \\ x_3 &= x_0 + 3 \cdot 4 = 17 + 12 = 29 \equiv 9 \quad (mod\ 20) \\ x_4 &= x_0 + 4 \cdot 4 = 17 + 16 = 33 \equiv 13 \ (mod\ 20) \end{aligned}$$

よって、求める解は、1,5,9,13,17 の 5 つとなりました。ちなみにここで$k = 5$を計算すると、

$$x_5 = x_0 + 5 \cdot 4 = 17 + 20 = 37 \equiv 17 \pmod{20}$$

となって、x_5はx_0と重複します。あとは$k = 6,7,8,\cdots$と、どこまで行っても$x_0,\cdots,x_4$のどれかと重複します。

7.3 合同多項式

合同式には、1 次合同式に加えて、2 次合同式、3 次合同式というように高次の合同式を考えることもできます。一般論で示せば、最高次数がn次の多項式$f_n(x)$がpで割り切れる、即ち、多項式がpを法としてゼロと合同になるとき、合同式では次のように書き表せます。

$$f_n(x) = a_0x^n + a_1x^{n-1} + \cdots + a_{n-1}x + a_n \equiv 0 \pmod{p} \qquad (7.3.1)$$

このような形の多項式をn次合同式、または次数がnの**合同多項式**($congruential\ polynomial$)と呼びます。さて、多項式には代数学の基本定理と呼ばれる重要な定理があります。それは、

【代数学の基本定理】
最高次数がn次で実数係数$b_0, b_1, \cdots, b_n$を持つ多項式、$b_0x^n + b_1x^{n-1} + \cdots + b_{n-1}x + b_n = 0$は、$n$個の解を持つ

というものでした。そして、この定理に似た形のものはある条件のもとで、合同多項式についても当てはまります。即ち、合同多項式の解の個数についての次の重要な定理が存在します。

定理 7.2（合同多項式に於ける代数学の基本定理）
素数pを法として、このpがn次の合同多項式$f_n(x)$の最高次数をとるx^nの係数a_0と互いに素、即ち、$p \nmid a_0$のとき、$f_n(x) \equiv 0 \pmod{p}$は高々n個の解、即ちn個以下の解を持つ。

この定理中に示された条件ですが、pが素数でなければならない理由は、この定理の証明の中ほどで表れてきます。また、$p \nmid a_0$でなければならない理由は、もし$p|a_0$だとa_0x^nがpで割り切れることになってしまって$a_0x^n \equiv 0\ (mod\ p)$となってこの項が消えてしまい、最高次数が$n-1$に減ってしまうからです。この定理の証明には数学的帰納法を用います。即ち、n次の多項式$f_n(x)$について、まず、$n=0,1$の場合について解の個数がそれぞれ0個、1個であることを確認します。次いで、$n=k$のときに解が高々k個存在することを仮定したときに、$n=k+1$の場合を考えたときでも、解が高々$k+1$個存在することを示します。

i) $n=0$

$f_{n=0}(x) = a_0x^0 = a_0 \cdot 1 = a_0 \equiv 0\ (mod\ p)$ですが、式中から$x$が消滅してしまっており、このような合同式を満たす解は存在しません。つまり、解は0個です。

ii) $n=1$

$f_{n=1}(x) = a_0x + a_1 \equiv 0\ \ (mod\ p)$ですが、これは一次合同式ですから、解は一つ、つまり、解は1個です。

ここまでで、$n=0,1$の場合については定理が成り立つことが示されました。次に、$n=k$について定理が成立すると仮定します。

iii) $n=k$のときに解は高々k個存在すると仮定

即ち、次数がkの合同多項式$f_k(x)$について、

$$f_k(x) = a_0x^k + a_1x^{k-1} + \cdots + a_{k-1}x + a_k \equiv 0\ \ (mod\ p) \qquad (7.3.2)$$

高々k個の解が存在すると仮定します。ここで、次数が$k+1$の合同多項式$f_{k+1}(x)$を考え、そのうちの一つの解として、$x=\alpha$を考えます。

すると、一つの項$(x-\alpha)$が$f_{k+1}(x)$の因数になります。ここで、次数が$k+1$から一つ落ちたkの、ある多項式$g_k(x)$を考えれば、

$$f_{k+1}(x)=(x-\alpha)\cdot g_k(x)\equiv 0 \pmod p \tag{7.3.3}$$

とできます。次にもう一つの解として$x=\beta\neq\alpha$を考え、式(7.3.3)に代入します。即ち、

$$f_{k+1}(\beta)=(\beta-\alpha)\cdot g_k(\beta)\equiv 0 \pmod p \tag{7.3.4}$$

です。ところで、定理 7.2 はpが素数であることを明示していました。$(\beta-\alpha)\cdot g_k(\beta)$を素数$p$が割り切るとき、定理 5.1（素数の整除性定理）により、$(\beta-\alpha)$もしくは$g_k(\beta)$の少なくともどちらか一方は素数pで割り切れなければなりません。このうち、前提より$\beta\neq\alpha$なので、$\beta-\alpha\neq 0$、即ち、

$$\beta-\alpha\not\equiv 0 \pmod p \text{ あるいは、} p\nmid(\beta-\alpha) \tag{7.3.5}$$

となります。ということは、定理 5.1（素数の整除性定理）により、$g_k(\beta)$はpで割り切れなければなりません。つまり、

$$g_k(\beta)\equiv 0 \pmod p \tag{7.3.6}$$

分かりましたか。法pが素数であるという条件は、ここで活用されているのですね。さらにここで仮定されている、「次数がkの合同多項式$f_k(x)$は高々k個の解をもつ」ということから、合同式(7.3.6)を満たす解βは高々k個あるということができます。従って、次数が$k+1$の合同多項式$f_{k+1}(x)=(x-\alpha)\cdot g_k(x)$の解は、1 個の解$x=\alpha$と高々$k$個の、合わせて高々$k+1$個の解を持つことが示されました。

以上より、次数がkの合同多項式は、高々k個の解を持つという定理 7.2（合同多項式に於ける代数学の基本定理）が証明されました。

8

フェルマーの小定理

8.1 フェルマーの小定理

素数pを法として整数aをとり、$p-1$でその冪乗をとります。このとき、素数pの下で次の重要な定理が成り立ちます。

定理 8.1（フェルマーの小定理）

素数pを法として、整数aが$a \not\equiv 0 \ (mod\ p)$であるとき、次の合同式が成り立つ。

$$a^{p-1} \equiv 1 \pmod{p} \qquad (8.1.1)$$

この定理は実に実用性が高く、かつ強力な定理です。どのくらい強力かを、次の例でみてみましょう。即ち、次の合同式を解く問題が与えられたとします。

$$x^{103} \equiv 4 \pmod{11} \qquad (8.1.2)$$

xに気の遠くなるような冪乗が施されていますよね。しかし、フェルマーの小定理を知っている私たちなら、恐れるに足りません。まず、式（8.1.1）より、

$$x^{11-1} = x^{10} \equiv 1 \pmod{11}$$

が、すぐにわかります。式（8.1.2）の左辺の冪乗を、指数法則を使って整理すれば、

$$x^{103} = x^{100+3} = x^{10\cdot10+3} = (x^{10})^{10} \cdot x^3$$

さて、$x^{10} \equiv 1 \ (mod\ 11)$がわかっていますから、

$$x^{103} \equiv (1)^{10} \cdot x^3 \equiv x^3 \pmod{11}$$

と、簡単な形に変換されます。従って、合同式（8.1.2）の解は、

$$x^3 \equiv 4 \pmod{11} \qquad (8.1.3)$$

の解であることに帰着します。下記のように順次、手順を踏みます。

$x\ (mod\ 11)$	0	1	2	3	4	5	6	7	8	9	10
$x^3\ (mod\ 11)$	0	1	8	5	9	4	7	2	6	3	10

下段で$x^3\ (mod\ 11)$が 4 をとっているところの$x\ (mod\ 11)$を見れば、$x \equiv 5\ \ (mod\ 11)$が解となります。こうして、膨大な数の冪乗が施された合同式が、いともた易く解けてしまいました。

8.2 フェルマーの小定理の証明

さて、この便利なフェルマーの小定理の証明に取り掛かりましょう。まず、全体の証明の前に、その足場とも言うべき補題の証明から進めましょう。

補題 8.1（フェルマーの小定理の補題）

素数pを法として、整数aが$a \not\equiv 0\ (mod\ p)$であるとき、一連の数から成るリスト、

$$a, 2a, 3a, \cdots, (p-1)a \quad (mod\ p) \qquad (8.2.1)$$

は、順番は異なるかも知れないものの、

$$1, 2, 3, \cdots, (p-1) \quad (mod\ p) \qquad (8.2.2)$$

の各々と合同である。

補題 8.1 を証明します。まずリスト(8.2.2)について議論しましょう。リスト（8.2.2）に並ぶ数の意味ですが、これは素数pによって割られる整数の余りの全てを列挙したものになっています。

次にリスト（8.2.1）に並ぶ数について、整数aは$a \not\equiv 0\ (mod\ p)$ですからaとpとは互いに素、即ちaはpでは割り切れません。そのaに乗ぜられている$i = 1, 2, 3, \cdots, (p-1)$は、いずれも$p$より小さい数ですから、$p$では割り切れません。つまり、$a$も$i = 1, 2, 3, \cdots, (p-1)$も共に$p$とは互いに素ですから、例の定理 5.1（素数の整除性定理）により、それ

ら各々の積iaもまたpとは互いに素になります。従って、$ia \not\equiv 0\ (mod\ p)$です。

さて、リスト（8.2.1）に並ぶ数の列は、全て異なる数であると言えるでしょうか。それが言えれば、$(p-1)$個の数の列iaは、pを法とする$(p-1)$個の余りの並びと合同であることになります。つまり、リスト（8.2.1）に並ぶ数の列は、リスト（8.2.2）の数の列とpを法として合同であることになります。

今、リスト（8.2.1）からiaにpを法として等しいと仮定するもうひとつの数jaを取り出し、これがiaに等しいこと、即ちリスト（8.2.1）に並ぶ数の列の中に重複するものが存在するとして、そのときの条件を調べます。即ち、

$$ia \equiv ja\ \ (mod\ p) \qquad (8.2.3)$$

が成り立っているとします。右辺を左辺に移項して、

$$a(i-j) \equiv 0\ \ (mod\ p) \qquad (8.2.4)$$

となるので、$p|a(i-j)$です。aは$a \not\equiv 0\ (mod\ p)$ですから、aはpでは割り切れません。すると、再び定理 5.1（素数の整除性定理）より、$p|(i-j)$が成り立たなければなりません。しかし、i, jはいずれも$1 \le i, j \le p-1$なので、$1 \le i-j \le p-1$となります。これは、下の図に照らせば明らかです。

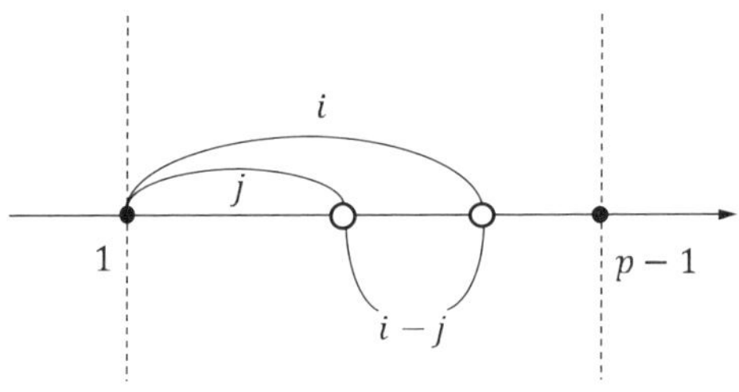

図 8.1 i, jと$i-j$

この状態で$p|(i-j)$が成り立つためには、$p|0$が成り立たなければなりません。即ち、$i-j=0$、よって、$i=j$です。従って、リスト（8.2.1）に並ぶ数が各々等しくなるペアは自分自身を置いて他になく、このことは即ち、全ての数が異なることを意味します。つまり、素数pを法とする整数$ia(a \not\equiv 0\ (mod\ p))$から成るリスト（8.2.1）に並ぶ数は、全て異なる数の並びになっています。従って、リスト（8.2.1）と（8.2.2）に並ぶ全ての異なる数は、並びの順序は異なるかも知れませんが、各々が素数pを法として合同であるということ、即ち両者は集合として一致します。

【例】例えば、素数$p=7$、整数$a \not\equiv 0\ (mod\ p)$を$a=3$として、リスト（8.2.1）、（8.2.2）を作ってみます。

リスト（8.2.1）：

$$
\begin{aligned}
a, 2a, 3a, \cdots, (p-1)a &= 1\cdot 3, 2\cdot 3, 3\cdot 3, 4\cdot 3, 5\cdot 3, 6\cdot 3\ \ (mod\ 7) \\
&= 3, 6, 9, 12, 15, 18\ \ (mod\ 7) \\
&= 3, 6, 2, 5, 1, 4\ \ (mod\ 7) \\
&= 1, 2, 3, 4, 5, 6\ \ (mod\ 7)
\end{aligned}
$$

リスト（8.2.2）：

$$1, 2, 3, \cdots, (7-1)\ \ (mod\ \ 7)$$

リスト（8.2.1）は、並びを修正すればリスト（8.2.2）に等しくなりました。

こうして、補題 8.1（フェルマーの小定理の補題）が証明されました。この補題を用いて、本丸であるフェルマーの小定理の証明に入ります。

補題 8.1 より、リスト（8.2.1）と（8.2.2）はpを法として合同な数の並びであることが判明しました。従って、各々のリストに挙げられている数の積も、pを法として合同になります。即ち、

$$a \cdot 2a \cdot 3a \cdot \cdots \cdot (p-1)a \equiv 1 \cdot 2 \cdot 3 \cdot \cdots \cdot (p-1) \pmod p \qquad (8.2.5)$$

式（8.2.5）の左辺からaを抽出し、両辺に於いて、$1 \cdot 2 \cdot 3 \cdot \cdots \cdot (p-1) = (p-1)!$と置くと、

$$a^{p-1} \cdot (p-1)! \equiv (p-1)! \pmod p \qquad (8.2.6)$$

リスト（8.2.2）の数の並び、$1,2,3,\cdots,(p-1)$の中には、pで割り切れる数が一つも存在しないことが明らかですから、その積である$(p-1)!$はpでは割り切れません。つまり、合同式の両辺に共通にかかる$(p-1)!$とpとは互いに素でありますから、除法を適用しても元の合同式が成り立ちます。従って、式（8.2.6）の両辺は$(p-1)!$で割ることができて、

$$a^{p-1} \equiv 1 \pmod p \qquad (8.2.7)$$

これで、フェルマーの小定理が証明されました。

9

オイラー函数と
オイラーの公式

9.1 オイラーの公式

フェルマーの小定理に関連する重要な公式に、オイラーの公式があります。その前に、**オイラー函数**$(Euler'sfunction)$というものを定義しましょう。オイラー函数は、またの名をオイラーのφ函数、或いはオイラーのトーシェント函数と呼ばれます。今、1 とmの間にあって、mとは互いに素となる整数の個数を考えます。例えば、$m = 10$としたとき、これと素となる 1 以上の整数は、1、3、7、9 の 4 つですね。このときmに関するオイラー函数$\varphi(m)$を次のように定義します。即ち、

$$\varphi(m) = \#\{a|1 \le a \le m, gcd(a, m) = 1\} \qquad (9.1.1)$$

$m = 10$の場合であれば、$\varphi(10) = 4$となります。

さて、mが素数のとき、$1 \le a \le m$である整数aは、全てmとは素となっていて、その数は$m - 1$個です。例えば、$m = 3$なら 1、2 の二つ、$m = 5$なら 1、2、3、4 の四つ、$m = 7$なら 1、2、3、4、5、6 の六つが、それぞれmとは素となっています。このときオイラー函数は、

$$\varphi(m) = m - 1 \qquad (9.1.2)$$

となります。今、このオイラー函数を用いて、フェルマーの小定理を表現してみましょう。まずは例として具体的な数をもとに考察します。互いに素な二つの数、7 と 5 をとりましょう。1 以上の整数で 7 と素な整数を考えます。7 は素数ですから、1、2、3、4、5、6 の 6 つ挙げられます。これらの数の各々に 5 を乗じて、7 を法とする合同式を考えます。すなわち、

$$5 \cdot 1 = 7 \cdot 0 + 5 \equiv 5 \pmod 7$$
$$5 \cdot 2 = 7 \cdot 1 + 3 \equiv 3 \pmod 7$$
$$5 \cdot 3 = 7 \cdot 2 + 1 \equiv 1 \pmod 7$$
$$5 \cdot 4 = 7 \cdot 2 + 6 \equiv 6 \pmod 7$$
$$5 \cdot 5 = 7 \cdot 3 + 4 \equiv 4 \pmod 7$$
$$5 \cdot 6 = 7 \cdot 4 + 2 \equiv 2 \pmod 7$$

合同式の右辺には、1、2、3、4、5、6 が得られ、これらの数に 5 を乗じても 7 を法とする合同式で考えると元の数と同じになるのです。従って、右辺の数の列と左辺の数の列のそれぞれの積は等しくなりますから、

$$(5\cdot 1)\cdot(5\cdot 2)\cdot\cdots\cdot(5\cdot 6)\equiv 1\cdot 2\cdot\cdots\cdot 6\ \ (mod\ 7)$$

$$\therefore 5^{7-1}\cdot(7-1)!\equiv(7-1)!\ \ (mod\ 7) \qquad (9.1.3)$$

合同式（9.1.3）では、$gcd\big((7-1)!,7\big)=1$なので、合同式の両辺は$(7-1)!$で割っても同じ合同式の関係が保たれるので、

$$5^{7-1}\equiv 1\ \ (mod\ 7) \qquad (9.1.4)$$

とできます。ところで、左辺の 5 の冪乗を成している指数、7−1 は素数 7 に関するオイラー函数で表すことができますね。すなわち、

$$\varphi(7)=7-1 \qquad (9.1.5)$$

よって、合同式（9.1.4）は、

$$5^{\varphi(7)}\equiv 1\ \ (mod\ 7) \qquad (9.1.6)$$

式（9.1.6）を一般式で表すと、次の定理 9.1 になります。

定理 9.1（オイラーの公式）
$gcd(a,m)=1$のとき、次の合同式が成り立つ。

$$a^{\varphi(m)}\equiv 1\ \ (mod\ m) \qquad (9.1.7)$$

証明します。今、bを$\varphi(m)$個とります。bは$1\leq b_1,b_2,\cdots,b_{\varphi(m)}\leq m-1$です。また、$b_i$は$m$とは互いに素であるとします。さらにもうひとつ、$m$とは互いに素な整数$a$をとって、二組の数のリストを作ります。即ち、

$$(b_1 \cdot a), (b_2 \cdot a), \cdots, (b_{\varphi(m)} \cdot a) \ (mod\, m) \qquad (9.1.8)$$

$$b_1, b_2, \cdots, b_{\varphi(m)} \ (mod\, m) \qquad (9.1.9)$$

この二組の数のリストは、ともに$m-1$個並んでいます。また、リスト(9.1.8)に並ぶ数、$(b_i \cdot a)$はどれもmとは互いに素です。というのも、b_iとaのそれぞれがmとは素ですから、定理 1.6.1（素数の整除性定理）より、その積$(b_i \cdot a)$もまたmとは素になるからです。ここで、リスト(9.1.8)に並ぶ数、$(b_i \cdot a)$が全てmを法として重複することなく、異なる$m-1$個の数の並びであれば、並びの順序は変わるとしてもリスト(9.1.9)に並ぶ数と、一つ一つが合同になります。この議論は、先の補題 8.1（フェルマーの小定理の補題）のときの議論と全く同じです。

今、リスト(9.1.8)から二つを取り出し、仮に各々が合同であったとします。即ち、

$$b_i \cdot a \equiv b_j \cdot a \ (mod\, m)$$

$$\therefore a \cdot (b_i - b_j) \equiv 0 \ (mod\, m) \qquad (9.1.10)$$

従って、$a \cdot (b_i - b_j)$はmで割り切れることになりますが、前提よりaとmとは互いに素であるので、$(b_i - b_j)$はmで割り切れることになります。しかし$1 \leq b_i, b_j \leq m-1$なので、$0 \leq b_i - b_j \leq m-1$、になります。$(b_i - b_j)$が$m$で割り切れるためには、$b_i - b_j = 0$ であること、即ち$b_i = b_j$でなければなりません。従って、合同式（9.1.10）を満たすb_i, b_jは、$i = j$の場合のみということになります。即ち、リスト(9.1.8)に並ぶ数は、mを法として全て異なる数であるということになります。

リスト(9.1.8)と(9.1.9)に並ぶ数は全て異なる$m-1$個の数の列で、各々は並ぶ順序は異なってもmを法として合同な数の並びです。従ってこの二つのリストに並ぶ数の積は各々mを法として合同です。即ち、

$$(b_1 \cdot a) \cdot (b_2 \cdot a) \cdot \cdots \cdot (b_{\varphi(m)} \cdot a)$$
$$\equiv b_1 \cdot b_2 \cdot \cdots \cdot b_{\varphi(m)} \ \ (mod\, m) \qquad (9.1.11)$$

合同式(9.1.11)の左辺から$\varphi(m)$個のaを括り出して、

$$a^{\varphi(m)}(b_1 \cdot b_2 \cdot \cdots \cdot b_{\varphi(m)})$$
$$\equiv (b_1 \cdot\ b_2 \cdot \cdots \cdot b_{\varphi(m)}\ )\ \ (mod\ m) \qquad (9.1.12)$$

前提条件より、$b_i(i = 1, \cdots, \varphi(m))$は$m$とは互いに素ですから、$(b_1 \cdot\ b_2 \cdot \cdots \cdot b_{\varphi(m)}\ )$も$m$とは互いに素ですね。従って、合同式(9.1.12)の両辺を$(b_1 \cdot\ b_2 \cdot \cdots \cdot b_{\varphi(m)}\ )$で割っても、合同式の関係は維持されるので、

$$a^{\varphi(m)}\ \equiv 1 \quad (mod\ m) \qquad (9.1.13)$$

となって、オイラーの公式を得ます。

9.2 素数pの冪乗に関連するオイラーの公式

さて、オイラーの公式にはもう一つ重要なものがあります。上で、フェルマーの小定理に付随する形でのオイラーの公式について考察を加えました。即ち、

$$a^{\varphi(m)} \equiv 1\ \ (mod\ m)$$
$$（但し、gcd(a, m) = 1） \qquad (9.2.1)$$

この公式は非常に強力な式ですが、難点は$\varphi(m)$の計算が易しくない場合があることです。つまり、$m = 10$程度であれば、少々の時間を費やして$\varphi(m) = 4$を見出すのは容易ですが、これが$m = 1256^{4529}$などになると$\varphi(m)$の計算は不可能です。但しmが素数のときは$\varphi(m) = m - 1$です。実は、mが素数の冪乗のときも$\varphi(m)$の計算が容易であることがわかっています。即ち、素数pをとってこのkによる冪乗、即ちp^kについて$\varphi(p^k)$を考えるとき、これは1からp^kまでの数のうち、p^kと互いに素である数の個数です。1からp^kまでの数の総数がp^k個なので、ここからp^kと互いに素ではない数の個数、即ちp^kの約数の個数を引けば良いわけです。p^kの約数の個数を調べてみましょう。p^kの約数はpの倍数なので、整数kについて、$k \cdot p$と表される数の個数を数えれば良いのです。このことは、つまり$p \leq k \cdot p \leq p^k$の範囲での$k \cdot p$を、従っ

て、$1 \le k \le p^{k-1}$の範囲でのkを順に数え上げていけば良いということで、

$$1,2,\cdots,p,p+1,p+2,\cdots,2p,2p+1,2p+2,\cdots,3p,\cdots,4p,\cdots,(p-1)p$$
$$,p^2,p^2+1,\cdots,p^2+p,\cdots,p^2+2p,\cdots,2p^2,2p^2+1,\cdots,3p^2,\cdots,4p^2$$
$$,\cdots,(p-1)p^2,p^3,p^3+1,\cdots,p^3+p,\cdots,2p^3,\cdots,3p^3\cdots,p^4\cdots,p^5\cdots,p^{k-1}$$

になります。つまり、kを 1 から順に数え上げていってp^{k-1}まで数えたときの個数が、求める数です。これは即ちp^{k-1}個ですね。従って、もう一つのオイラーの公式が次のように導かれました。

定理 9.2（素数pの冪乗に関連するオイラーの公式）
素数p、$k \ge 1$について、次の式が成り立つ。

$$\varphi(p^k) = p^k - p^{k-1} \tag{9.2.2}$$

9.3 オイラー函数の乗法公式

さて、オイラーの公式にはさらにもう一つ重要なものがあります。それは次の乗法公式です。

定理 9.3（オイラー函数の乗法公式）
m,nを互いに素な整数とするとき、次の式が成り立つ。

$$\varphi(mn) = \varphi(m)\cdot\varphi(n) \tag{9.3.1}$$

この公式を以下に証明します。まず、整数を 1 からmnまで順に並べてみましょう。

$$\begin{array}{lllll}
1, & 2, & \cdots,r, & \cdots,m-1, & m, \\
1+m, & 2+m, & \cdots,r+m, & \cdots,m-1+m, & 2m, \\
\vdots & \vdots & \vdots & \vdots & \vdots \\
1+(n-1)m, & 2+(n-1)m, & \cdots,r+(n-1)m, & \cdots,m-1+(n-1)m, & nm
\end{array} \tag{9.3.2}$$

さて、第一行目には 1 からmまでの整数が並んでいます。このうちmと互いに素となる数の個数はオイラー函数を用いて、$\varphi(m)$個あります。そのうちの一つを、例えばrとして取り出しましょう。rはmと互いに素な整数です。今度は、rを最上段の数として数の並びを縦に見ていきます。即ち$r, r+m, r+2m, \cdots, r+(n-1)m$の並びです。この数は$r+i \cdot m\ (0 \leq i \leq n-1)$と表せる$n$個の並びであり、かつ、$m$とは互いに素の関係にあります。この並びの数は、実はnを法として互いに合同になる数は存在せず、即ち、これらn個の数をnで割った余りは全て異なります。今仮に 2 つの数、$r+i \cdot m$、$r+j \cdot m$をとり、この二つがnを法として互いに合同であるとしてみましょう。つまり、

$$r+i \cdot m \equiv r+j \cdot m\ (mod\ n) \tag{9.3.3}$$

式（9.3.3）を適当に変形すれば、

$$m \cdot (i-j) \equiv 0\ (mod\ n) \tag{9.3.4}$$

式(9.3.4)は、$m \cdot (i-j)$がnで割り切れることを示していますが、m, nは互いに素であるので、$(i-j)$ がnで割り切れなければなりません。しかし、$0 \leq i, j \leq n-1$より、$0 \leq i-j \leq n-1$なので、$a \nmid (i-j)$となります。従って、式（9.3.4）は成り立ちません。このことは、数の並び（9.3.3）のrを最上段の数とするn個の縦の並びの数の中に、nを法として合同になる数のペアが存在しないこと、言い換えればn個の数はnを法として、全て余りが異なる数の並びになっているということを示します。このようなn個の数の並びについてnと互いに素となる数の個数には、オイラー函数を適用することができて、$\varphi(n)$個と表すことができます。

【補足】上の説明について、以下に例を示して追加で説明します。例えば、$n=10$として、$1 \leq a_i \leq 10$を満たす数の列a_iを考えましょう。しかし、a_iの中にはnを法として互いに合同な数、つまり、$n=10$で割った余りが同じになる数が複数含まれるとします。即ち、次のようにします。

$$a_i = \{1,2,3,3,3,4,5,6,7,8,9,10\}$$

このa_iのうち 10 と互いに素な数b_iを抽出すると、

$$b_i = \{1,3,3,3,7,9\}$$

となり、その個数は 6 個になってしまいます。しかし、オイラー関数で数えられる数は、10 を法として互いに合同ではない数のみになりますから、$\varphi(10) = 4$となります。このように、オイラー関数$\varphi(n)$が適用できる数の列には、nを法として互いに合同な数が含まれていてはいけません。

数を 1 からmnまで順に並べた数の並び(9.3.2)の横の並びではm個並び、mと互いに素となる数は$\varphi(m)$個でした。$\varphi(m)$個のうちの任意の一つを含む数、即ちこの数はmとは互いに素なのですが、この並びを縦に見ていくと、そこにn個の数が並んでおり、nと互いに素となる数の個数は$\varphi(n)$個ありました。この縦の列に含まれる$\varphi(n)$個のnと互いに素となる数は、同時にmとも互いに素となっています。nと互いに素であり、かつmとも互いに素となっている数は、定理 5.1 の素数の整除性定理よりmnとも互いに素となっています。従って、$\varphi(mn)$は数の並び(9.3.2)の縦と横のオイラー函数の値を乗じた$\varphi(m)\cdot\varphi(n)$に等しいことになります。これでオイラー函数の乗法公式が証明されました。

9.4 オイラー函数の一般形

さて、オイラー函数の乗法公式を用いて、次のオイラー函数の一般形を得ます。

命題 9.1（オイラー函数の一般形）

正の整数nがk個の素数p_i $(i = 1, k)$によって素因数分解されるとき、nに関するオイラー函数$\varphi(n)$は次のように表される。

$$\varphi(n) = n \cdot \prod_{i=1}^{k} \left(1 - \frac{1}{p_i}\right) \tag{9.4.1}$$

命題 9.1 は、定理 9.3 のオイラー函数の乗法公式を適用すれば、導くことができます。今、正の整数nがk個の素数p_iによって、次のように素因数分解されるとします。

$$n = {p_1}^{\alpha_1} \cdot {p_2}^{\alpha_2} \cdot \cdots \cdot {p_k}^{\alpha_k} \tag{9.4.2}$$

素数p_iの右肩に乗っているα_iは冪乗の数で、素因数分解において素数p_iが重複して登場する際の冪数です。さて、このnのオイラー函数は、

$$\varphi(n) = \varphi({p_1}^{\alpha_1} \cdot {p_2}^{\alpha_2} \cdot \cdots \cdot {p_k}^{\alpha_k}) \tag{9.4.3}$$

と書けますが、この式（9.4.3）にオイラー函数の乗法公式を適用します。即ち、

$$\begin{aligned} \varphi(n) &= \varphi({p_1}^{\alpha_1} \cdot {p_2}^{\alpha_2} \cdot \cdots \cdot {p_k}^{\alpha_k}) \\ &= \varphi({p_1}^{\alpha_1}) \cdot \varphi({p_2}^{\alpha_2}) \cdot \cdots \cdot \varphi({p_k}^{\alpha_k}) \end{aligned} \tag{9.4.4}$$

オイラー函数の中身の${p_i}^{\alpha_i}$は、素数p_iの冪乗であるから、定理 9.2 の素数pの冪乗に関連するオイラーの公式が適用できて、

$$\begin{aligned} \varphi(n) &= \varphi({p_1}^{\alpha_1}) \cdot \varphi({p_2}^{\alpha_2}) \cdot \cdots \cdot \varphi({p_k}^{\alpha_k}) \\ &= ({p_1}^{\alpha_1} - {p_1}^{\alpha_1 - 1}) \cdot ({p_2}^{\alpha_2} - {p_2}^{\alpha_2 - 1}) \cdot \cdots \cdot ({p_k}^{\alpha_k} - {p_k}^{\alpha_k - 1}) \\ &= {p_1}^{\alpha_1} \cdot (1 - {p_1}^{-1}) \cdot {p_2}^{\alpha_2} \cdot (1 - {p_2}^{-1}) \cdot \cdots \cdot {p_k}^{\alpha_k} \cdot (1 - {p_k}^{-1}) \\ &= ({p_1}^{\alpha_1} \cdot {p_2}^{\alpha_2} \cdot \cdots \cdot {p_k}^{\alpha_k}) \cdot (1 - {p_1}^{-1}) \cdot (1 - {p_2}^{-1}) \cdot \cdots \cdot (1 - {p_k}^{-1}) \\ &= n \cdot \left(1 - \frac{1}{p_1}\right) \cdot \left(1 - \frac{1}{p_2}\right) \cdot \cdots \cdot \left(1 - \frac{1}{p_k}\right) \\ &= n \cdot \prod_{i=1}^{k} \left(1 - \frac{1}{p_i}\right) \end{aligned}$$

となって、式(9.4.1)を得ます。

9.5 合同式に於ける冪乗根を求める

さて、ここでは次の形を持つ解xを求めます。

$$x^k \equiv a \pmod p \tag{9.5.1}$$

つまり、整数a,p,xと自然数kに於いて、pを法としてaに合同なx^k、及びそのときのxを求めるという問題です。少し、頭の体操が必要ですね。この問題もオイラー函数を適用します。とりわけ、kやmが大きな値をとるときには、試行錯誤でxを求めるのはほぼ不可能で、そのような場合にもオイラー函数が威力を発揮します。まず、式（9.5.1）の変数に具体的数値を当てはめて考えていきましょう。いま、$k=131$、$p=1073$、$a=758$として式（9.5.1）に代入します。

$$x^{131} \equiv 758 \pmod{1073} \tag{9.5.2}$$

式（9.5.2）はもはや手計算で解くことは叶わない合同式になっています。まずこの式を解く最初のステップは、法$p=1073$のもとでのオイラー函数$\varphi(p=1073)$を求めることです。1073は29×37と素因数分解ができて、かつ29と37は素数なので、オイラー函数の乗法公式より、

$$\varphi(1073)=\varphi(29)\cdot\varphi(37)=(29-1)\cdot(37-1)=1008 \tag{9.5.3}$$

とできます。さて次のステップでは、$\varphi(p)$を法として 1 と合同なku及びそのときのuを求めます。即ち、解くべき合同式は次のとおりです。

$$k\cdot u \equiv 1 \pmod{\varphi(p)} \tag{9.5.4}$$

式（9.5.4）はやや唐突に現れた感があるかも知れません。しかし、この式の意味はのちに明らかになります。まずはステップに沿って順に解いていきましょう。式（9.5.4）は、$(ku-1)$が$\varphi(p)$で割り切れることを意味して、次のように変形された変数(u,v)に関する一次の不定方程式を解く問題に変換されます。即ち、

$$k\cdot u+(-\varphi(p))\cdot v=1 \tag{9.5.5}$$

式（9.5.5）に具体の数値を代入して、

$$131\cdot u+(-1008)\cdot v=1 \tag{9.5.6}$$

この式(9.5.6)に於いては、変数(u,v)の各々に掛かる係数の最大公約数、$gcd(131,1008)=1$から解を持ちます。エウクレイデスの互除法を適用して、$(u,v)=(731,95)$を得ます。

【補足】ここで、実際に(u,v)を求めてみます。一次の不定方程式(9.5.6)の(u,v)に係る係数を、$a=131$、$b=-1008$として、

$$a \cdot u + b \cdot v = 1 \tag{9.5.7}$$

とします。以下、エウクレイデスの互除法を順に展開していきます。即ち、

$1008 = 131 \cdot 7 + 91$	$91 = 1008 - 131 \cdot 7$ $= -b - 7 \cdot a$
$131 = 91 + 40$	$40 = 131 - 91 = a - (-b - 7 \cdot a)$ $= 8 \cdot a + b$
$91 = 40 \cdot 2 + 11$	$11 = 91 - 40 \cdot 2$ $= (-b - 7 \cdot a) - 2 \cdot (8 \cdot a + b)$ $= -23 \cdot a - 3 \cdot b$
$40 = 11 \cdot 3 + 7$	$7 = 40 - 11 \cdot 3$ $= (8 \cdot a + b) - 3 \cdot (-23 \cdot a - 3 \cdot b)$ $= 77 \cdot a + 10 \cdot b$
$11 = 7 + 4$	$4 = 11 - 7$ $= (-23 \cdot a - 3 \cdot b) - (77 \cdot a + 10 \cdot b)$ $= -100 \cdot a - 13 \cdot b$
$7 = 4 + 3$	$3 = 7 - 4$ $= (77 \cdot a + 10 \cdot b) - (-100 \cdot a - 13 \cdot b)$ $= 177 \cdot a + 23 \cdot b$
$4 = 3 + 1$	$1 = 4 - 3$ $= (-100 \cdot a - 13 \cdot b) - (177 \cdot a + 23 \cdot b)$ $= -277 \cdot a - 36 \cdot b$
$3 = 1 \cdot 3 + 0$	

計算の結果、

$$a \cdot (-277) + b \cdot (-36) = 1 \tag{9.5.8}$$

が得られました。この式（9.5.8）と（9.5.7）の辺々を比較して、解$(u_0, v_0) = (-277, -36)$を得ます。この解は、幾何学的に見れば図 4.1 に示されるように、直線$v = -(a/b) \cdot u + (1/b)$上の一点になります。直線上には解は無数にあって、その一

般解は式（4.2.20）で与えられます。再掲すれば、整数mについて、

$$(u, v) = ((u_0 + m \cdot (b/\mathrm{gcd}(a, b)), v_0 - m \cdot (a/gcd(a, b)) \quad (9.5.9)$$

今の場合、$a = 131$、$b = -1008$、$gcd(a, b) = gcd(a, |b|) = 1$なので、正の整数解$(u, v)$を得るべく、$m = -1$を代入すれば、

$$\begin{aligned}(u, v) &= ((-277 + (-1) \cdot ((-1008)/1), -36 - (-1) \cdot (131/1) \\ &= (731{,}95) \quad (9.510)\end{aligned}$$

を得ます。

解$(u, v) = (731{,}95)$を、式(9.5.6)に代入すると、

$$131 \cdot 731 + (-\ 1008) \cdot 95 = 1 \quad (9.5.11)$$

の関係式を得ます。ここで、式（9.5.2）の左辺のx^{131}について、これをu乗、つまり 731 乗します。即ち、$(x^{131})^{731}$について考えます。この値は、式（9.5.11）も考慮すると次のように変形できます。

$$(x^{131})^{731} = x^{131 \cdot 731} = x^{1+1008 \cdot 95} = x \cdot (x^{1008})^{95} \quad (9.5.12)$$

式（9.5.12）のうち、1008 は式(9.5.3)より、$\varphi(1073) = 1008$を満たすので、オイラーの公式を適用すれば次の合同式が成り立ちます。

$$x^{1008} = x^{\varphi(1073)} \equiv 1 \pmod{1073} \quad (9.5.13)$$

すると、式(9.5.12)は、

$$x \cdot (x^{1008})^{95} = x \cdot (x^{\varphi(1073)})^{95} \equiv x \cdot 1^{95} \pmod{1073}$$

$$\therefore (x^{131})^{731} \equiv x \pmod{1073} \quad (9.5.14)$$

と簡単化できました。再び、式(9.5.2)に戻り、両辺を 731 乗して

$$(x^{131})^{731} \equiv x \equiv 758^{731} \pmod{1073} \quad (9.5.15)$$

ここで、式（9.5.15）を解く問題に行き着きました。右辺は非常に大きな数となっていますが、この計算には**繰り返し自乗法**[2]を用いて、

$$x \equiv 905 \quad (mod\ 1073) \qquad (9.5.16)$$

となって、解を得ます。

【補足】ここで、繰り返し自乗法を用いて、758^{731} $(mod\ 1073)$を求めてみましょう。まず、1073 を法とする 758 の2^k乗の値を示します。$731 = 2^9 + 219$であり、$2^{10} = 1024 > 731$なので、2^kのkをゼロから 9 までとって計算します。

$$\begin{aligned}
758^{2^0} &\equiv 758 && (mod\ \ 1073)\\
758^{2^1} &\equiv (758)^2 \equiv 509 && (mod\ \ 1073)\\
758^{2^2} &\equiv \left(758^{2^1}\right)^2 \equiv (509)^2 \equiv 488 && (mod\ \ 1073)\\
758^{2^3} &\equiv \left(758^{2^2}\right)^2 \equiv (488)^2 \equiv 1011 && (mod\ \ 1073)\\
758^{2^4} &\equiv \left(758^{2^3}\right)^2 \equiv (1011)^2 \equiv 625 && (mod\ \ 1073)\\
758^{2^5} &\equiv \left(758^{2^4}\right)^2 \equiv (625)^2 \equiv 53 && (mod\ \ 1073)\\
758^{2^6} &\equiv \left(758^{2^5}\right)^2 \equiv (53)^2 \equiv 663 && (mod\ \ 1073)\\
758^{2^7} &\equiv \left(758^{2^6}\right)^2 \equiv (663)^2 \equiv 712 && (mod\ \ 1073)\\
758^{2^8} &\equiv \left(758^{2^7}\right)^2 \equiv (712)^2 \equiv 488 && (mod\ \ 1073)\\
758^{2^9} &\equiv \left(758^{2^8}\right)^2 \equiv (488)^2 \equiv 1011 && (mod\ \ 1073)
\end{aligned}$$

続いて、758^{731} の指数である 731 を 2 の冪乗の和に展開します。この展開を**二進展開**と呼びます。即ち、

$$731 = 2^9 + 219 = 2^9 + 2^7 + 2^6 + 2^4 + 2^3 + 2^1 + 1$$

従って、758^{731} は、

$$758^{731} \equiv 758^{(2^9+2^7+2^6+2^4+2^3+2^1+1)} \qquad (mod\ \ 1073)$$

上の式のうち758^{2^9} 、758^{2^7}、758^{2^6}、758^{2^4}、758^{2^3} $(mod\ \ 1073)$は既に繰り返し自乗法によって値が得られているので、これを代入して、

$$758^{731} \equiv 1011 \cdot 712 \cdot 663 \cdot 625 \cdot 1011 \cdot 509 \cdot 758 \quad (mod\ \ 1073)$$

が得られました。さて、この計算ですが、1011 から 758 までをまともに掛け算してから、それを 1073 で割って剰余を求め

2）繰り返し自乗法は、繰り返し二乗法、バイナリー法とも呼ばれています。

るという方法もありますが、非常に大きな数を扱うことになってしまいます。合同式の特性を活かすことで、もう少し簡易な方法に依りましょう。まず、最初の 2 項を掛け算します。即ち、$1011 \times 712 = 719832$を得ます。これを 1073 で割って余りを求めれば 922 です。次に、この値を第 3 項目の 663 と掛け算します。即ち、$922 \times 663 = 611286$を得ます。これを 1073 で割って余りを求めると、749 を得ます。続いてこれを第 4 項目の 625 と掛け算して、得られた値を再び 1073 で割って余りを求めます。この操作を順に行なっていくと、最後の剰余として 905 を得ます。即ち、

$$758^{731} \equiv 905 \qquad (mod\ \ 1073)$$

式(9.5.15)では$x \equiv 758^{731}\ \ (mod\ 1073)$であり、1073 を法として 905 と合同な$x$が解ですから、解は 905 となります。

解を得るまでの道のりがやや長かったですね。ここで、これまでの手順を命題としてまとめます。

命題 9.2（pを法とするk乗根の求積）

次の合同式が、$gcd(a,p) = 1$、$gcd(k,\varphi(p)) = 1$を満たすとする。

$$x^k \equiv a\ \ (mod\ p) \tag{9.5.17}$$

このとき、次の手順を経て得られるxはこの合同式の解である。

(1)オイラー函数$\varphi(p)$を求める。

(2)もう一つの合同式$k \cdot u \equiv 1\ \ (mod\ \varphi(p))$を解く。これは、言い換えれば、$(k \cdot u - 1)$が$\varphi(p)$で割り切れることを表すので、次のように変形された変数(u,v)に関する一次の不定方程式を解く問題に帰着される。

$$k \cdot u + (-\varphi(p)) \cdot v = 1$$
$$\therefore k \cdot u = \varphi(p) \cdot v + 1 \tag{9.5.18}$$

ここで、式（9.5.17）の両辺をu乗すれば、

$$(x^k)^u \equiv a^u\ \ (mod\ p) \tag{9.5.19}$$

式（9.5.19）の左辺は、式（9.5.18）より、

$$(x^k)^u = x^{ku} = x^{\varphi(p)\cdot v+1} = x \cdot x^{\varphi(p)\cdot v}$$

オイラーの公式から、$x^{\varphi(p)} \equiv 1 \pmod p$が言えるので、

$$x \cdot x^{\varphi(p)\cdot v} = x \cdot (x^{\varphi(p)})^v \equiv x \pmod p$$

$$\therefore (x^k)^u \equiv x \pmod p$$

これを式（9.5.19）に代入して、

$$x \equiv a^u \pmod p \qquad (9.5.20)$$

(3) a^uを繰り返し自乗法で計算し、式（9.5.20）の解xを得る。

上の命題は、$x \equiv a^u \pmod p$の解が、$x^k \equiv a \pmod p$の解でもあることを主張しています。これを改めて以下で確かめてみましょう。式(9.5.20)の両辺をk乗し、式(9.5.18)の関係式を適用します。

$$x^k \equiv (a^u)^k \equiv a^{k\cdot u} \equiv a^{\varphi(p)\cdot v+1} \equiv a \cdot (a^{\varphi(p)})^v \pmod p \qquad (9.5.21)$$

オイラーの公式より、$a^{\varphi(p)} \equiv 1 \pmod p$が言えるので、

$$x^k \equiv a \cdot (a^{\varphi(p)})^v \equiv a \cdot 1^v \equiv a \pmod p \qquad (9.5.22)$$

ここで、$x^k \equiv a \pmod p$の合同式が導かれました。

9.6 オイラー函数の和公式

ある合成数nについて、nの約数を考えます。このとき、オイラー函数を用いた次の定理が成立します。

定理 9.4（オイラー函数の和公式）

ある合成数nの約数の全体を、$r_1, r_2, \cdots, r_n$とするとき、オイラー函数についての次の等式が成り立つ。

$$\sum_{i=1}^{n} \varphi(r_i) = n \qquad (9.6.1)$$

この公式を順を追って証明します。

(i) $n = p$ (pは素数)のとき

素数pの約数は、1とpですね。定義より、$\varphi(1) = 1,\ \varphi(p) = p - 1$になりますから、$\varphi(1) + \varphi(p) = p = n$となって、定理は証明されました。

(ii) $n = p^k$ (pは素数、kはある整数)のとき

$n = p^k$の約数は$1, p, p^2, \cdots, p^{k-1}$で、定義より$\varphi(p^k) = p^k - p^{k-1}$なので、

$$\begin{aligned}&\varphi(1) + \varphi(p) + \cdots + \varphi(p^{k-1}) + \varphi(p^k)\\&\quad = 1 + (p^1 - p^0) + (p^2 - p^1) + \cdots + (p^k - p^{k-1})\\&\quad = p^k = n\end{aligned} \tag{9.6.2}$$

素数nについて証明されました。しかし、定理はnが素数ではなく合成数であるときの関係式です。この場合を、以下に見ていきましょう。

(iii) $n = pq$ (p, qは素数)のとき

$n = pq$の約数は、$1, p, q, pq$です。また、$m \nmid n$のときのオイラー函数の性質、$\varphi(mn) = \varphi(m)\varphi(n)$により、

$$\begin{aligned}&\varphi(1) + \varphi(p) + \varphi(q) + \varphi(p)\varphi(q)\\&= 1 + (p - 1) + (q - 1) + (p - 1) \cdot (q - 1)\\&= pq = n\end{aligned} \tag{9.6.3}$$

定理は成立しました。ここで、さらに一般論としてnが素数か合成数かに関わらない、任意の整数である場合に進みます。

(iv) $n = p_1{}^{k_1} \cdot p_2{}^{k_2} \cdot \cdots \cdot p_l{}^{k_l}$ (p_i ($i = 1 \sim l$)は素数、k_i ($i = 1 \sim l$)は整数)のとき

ここで互いに素となる$\forall a, b \in \mathbb{Z}$をとり、各々の約数を$a_1, a_2, \cdots, a_r$及び$b_1, b_2, \cdots, b_s$とします。今、$a, b$に関する、約数函数を定義します。

$$f(a) = \varphi(a_1) + \varphi(a_2) + \cdots + \varphi(a_r)$$
$$f(b) = \varphi(b_1) + \varphi(b_2) + \cdots + \varphi(b_s) \tag{9.6.4}$$

さて積$a \cdot b$の約数は、a, b各々の約数の積ですから、$a_1 \cdot b_j\ (j = 1, s)$, $a_2 \cdot b_j\ (j = 1, s), \cdots, a_r \cdot b_j\ (j = 1, s)$となります。また$\forall i, j\ s.t.\ a_i \nmid b_j$なので、オイラー函数の定義により、$\varphi\left(a_i \cdot b_j\right) = \varphi(a_i) \cdot \varphi\left(b_j\right)$と表せますから、この性質と式(9.6.3)より、次の関係式が導かれます。

$$\begin{aligned} f(ab) = \ & \varphi(a_1 b_1) + \varphi(a_1 b_2) + \cdots + \varphi(a_1 b_{s-1}) + \varphi(a_1 b_s) \\ & +\varphi(a_2 b_1) + \varphi(a_2 b_2) + \cdots + \varphi(a_2 b_{s-1}) + \varphi(a_2 b_s) \\ & \vdots \\ & +\varphi(a_r b_1) + \varphi(a_r b_2) + \cdots + \varphi(a_r b_{s-1}) + \varphi(a_r b_s) \\ = \ & \left(\varphi(a_1) + \varphi(a_2) + \cdots + \varphi(a_{r-1}) + \varphi(a_r)\right) \\ & \cdot (\varphi(b_1) + \varphi(b_2) + \cdots + \varphi(b_{s-1}) + \varphi(b_s)) \\ = \ & f(a) \cdot f(b) \end{aligned} \tag{9.6.5}$$

同様に、任意の整数c_iとその約数${c_i}^j$を考え、$\forall i, j, k, l\ \ s.t.\ {c_i}^j \nmid {c_k}^l$を考慮すれば、函数$f$について次の関係が成立します

$$\begin{aligned} & f(c_1 \cdot c_2 \cdot \cdots \cdot c_m) \\ & \quad = \left(\varphi({c_1}^1) + \varphi({c_1}^2) + \cdots + \varphi({c_1}^{j-1}) + \varphi({c_1}^j)\right) \\ & \quad\ \cdot \left(\varphi({c_2}^1) + \varphi({c_2}^2) + \cdots + \varphi({c_2}^{k-1}) + \varphi({c_2}^k)\right) \\ & \qquad \vdots \\ & \quad\ \cdot (\varphi({c_m}^1) + \varphi({c_m}^2) + \cdots + \varphi({c_m}^{l-1}) + \varphi({c_m}^l)) \\ & \quad = f(c_1) \cdot f(c_2) \cdot \cdots \cdot f(c_m) \end{aligned} \tag{9.6.6}$$

今、任意の整数nをとりあげます。nは素数、合成数を問いません。一般形として素数${p_i}^{k_i}\ \ (i = 1 \sim l)$による素因数分解の形をとります。即ち、

$$n = {p_1}^{k_1} \cdot {p_2}^{k_2} \cdot \cdots \cdot {p_l}^{k_l}$$
$$\left(p_i\ \ (i = 1 \sim l)\text{は素数}\right) \tag{9.6.7}$$

このnについて函数$f(n)$を当てはめます。即ち、

$$f(n) = f({p_1}^{k_1} \cdot {p_2}^{k_2} \cdot \cdots \cdot {p_l}^{k_l}) \tag{9.6.8}$$

式(9.6.6)を適用して、

$$\begin{aligned} f(n) &= f({p_1}^{k_1} \cdot {p_2}^{k_2} \cdot \cdots \cdot {p_l}^{k_l}) \\ &= f({p_1}^{k_1}) \cdot f({p_2}^{k_2}) \cdot \cdots \cdot f({p_l}^{k_l}) \end{aligned} \tag{9.6.9}$$

p_iは素数であり、その冪乗である${p_i}^{k_i}$の約数は、$1, p_i, {p_i}^2, \cdots, {p_i}^{k_i}$ですから式(9.6.2)より、

$$\begin{aligned} f({p_i}^{k_i}) &= \varphi(1) + \varphi(p_i) + \varphi({p_i}^2) + \cdots + \varphi({p_i}^{k_i}) \\ &= 1 + (p_i - 1) + ({p_i}^2 - p_i) + \cdots + ({p_i}^{k_i} - {p_i}^{k_i - 1}) = {p_i}^{k_i} \end{aligned} \tag{9.6.10}$$

従って、式(9.6.9)は次のように簡単化されます。

$$\begin{aligned} f(n) &= f({p_1}^{k_1} \cdot {p_2}^{k_2} \cdot \cdots \cdot {p_l}^{k_l}) \\ &= f({p_1}^{k_1}) \cdot f({p_2}^{k_2}) \cdot \cdots \cdot f({p_l}^{k_l}) \\ &= {p_1}^{k_1} \cdot {p_2}^{k_2} \cdot \cdots \cdot {p_l}^{k_l} = n \end{aligned} \tag{9.6.11}$$

また、式(9.6.4)よりnとその約数について、式(9.6.1)が示されます。

$$\begin{aligned} f(n) &= \varphi({p_1}^{k_1}) + \varphi({p_2}^{k_2}) + \cdots + \varphi({p_l}^{k_l}) \\ &= \sum_{i=1}^{l} \varphi({p_i}^{k_i}) \quad = n \end{aligned} \tag{9.6.12}$$

10

平方剰余と平方非剰余

10.1 定義

ここでは、新たに平方剰余という概念の定義について考察します。まず、平方剰余というターミノロジーが意味するところを次のように示します。即ち、ゼロではないある数が、pを法として平方数について合同であると言えるとき、この数を称してpを法とする**平方剰余**$(quadratic\ residue: QR)$ と呼び、他方、pを法として平方数に合同ではない場合については、この数のことをpを法とする**平方非剰余**$(quadratic\ non-residues: NR)$と呼びます。式で示せば、

$$x^2 \equiv a \quad (mod\ p) \tag{10.1.1}$$

が解xを持つとき、aをpを法とする平方剰余、解を持たないときにはpを法とする平方非剰余と称します。どうでしょう。この説明だけでは、もうひとつピンと来ないかもしれません。以下に具体例を示します。

今、pとして 5 を考えます。5 を法とするとき、あり得る剰余の値はゼロを除いて、1、2、3、4 の 4 種類です。なんとなれば、これ以外の 5 を超える剰余はそこから 5 の倍数を引いた値でなければならず、それは結局、上で挙げた 4 つのどれかと同じ値になるからです。

この 4 つの剰余の平方、即ち二乗をとり、さらにそれをpで割った余り、即ち 5 で割った余りを並べます。4 種類の剰余をxとして、

x	1	2	3	4	
x^2	1	4	4	1	$(mod\ p = 5)$

上の表の下段の数値の 1 と 4 は、式(10.1.1)に当てはめて考えれば、それぞれaに該当します。即ち、1 と 4 は 5 を法とする平方剰余です。他方、表の上段にあがっている数値のうち、下段に現れていない 2 と 3 は、5 を法とする平方非剰余ということになります。

もう一つ、今度は$p = 11$を考えましょう。即ち、

x	1	2	3	4	5	6	7	8	9	10	
x^2	1	4	9	5	3	3	5	9	4	1	$(mod\ p = 11)$

同様に表の下段に表れている数値{1,3,4,5,9}が 11 を法とする平方剰余、上段の数値のうち下段に表れている数値以外の数{2,6,7,8}が、11 を法とする平方非剰余になります。

ところで、下段に登場している平方剰余は、どうやら二度、重複して現れているようですね。さらにこのことは、平方剰余の個数と平方非剰余の個数が等しいことを示します。このことを定理として整理しておきましょう。

定理 10.1（pを法とする平方剰余・平方非剰余の個数）
pを 2 以外の奇素数としたときに、pを法とする平方剰余、平方非剰余、それぞれの個数は共に$(p-1)/2$個である。

上の定理 10.1 を証明しましょう。ここで、奇素数pを法とする平方剰余とは、次のような数のリストです。

$$1^2, 2^2, \cdots, (p-1)^2 \quad (mod\ p) \tag{10.1.2}$$

しかし、リスト(10.1.2)に現れる数は二度ずつ同じものが現れます。従って、異なる平方剰余を並べると、

$$1^2, 2^2, \cdots, ((p-1)/2)^2 \quad (mod\ p) \tag{10.1.3}$$

となるはずです。即ち、奇素数pを法とする平方剰余は、リスト(10.1.3)によって全て列挙し尽くされるはずです。このことを示すためには、リスト(10.1.3)の数が全て異なることを示せばよいのです。今、1 から$(p-1)/2$の間にある二つの数、a, bをとります。そして、仮定としてこの二つが等しいと置いたときに、そのための条件を導きます。即ち、

$$a^2 \equiv b^2 \quad (mod\ p) \quad (1 \leq a, b \leq \frac{p-1}{2}) \tag{10.1.4}$$

とします。合同式(10.1.4)の右辺を左辺に移項して整理すると、

$$a^2 - b^2 = (a-b)(a+b) \equiv 0 \quad (mod\ p) \tag{10.1.5}$$

このことは、$p|(a-b)(a+b)$を意味しますが、これが成立するためには、pは$(a-b)$または$(a+b)$のどちらかを割り切らなければなりません。このうち、$(a+b)$は明らかに、$2 \leq a+b \leq p-1$であるため、pで割り切ることは不可能です。他方、$(a-b)$の方ですが、下図 10.1 に見るように$|a-b| < (p-1)/2$なので、pで割り切れるためには$a-b=0$であること、即ち$a=b$であることが必要です。

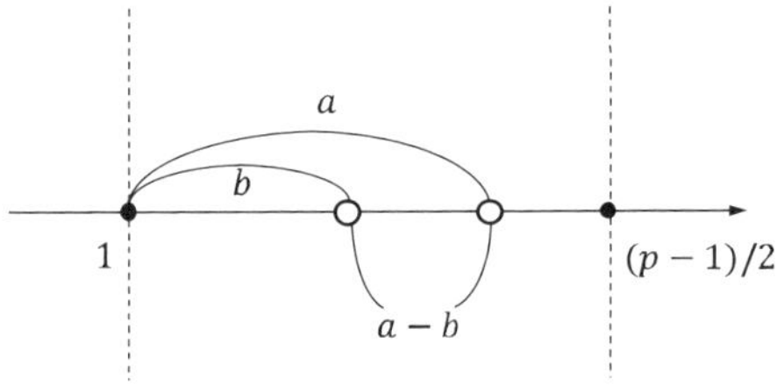

図 10.1 a, bと$a-b$

このことは、1 から$(p-1)/2$の間にある二つの数a, bが互いに等しくなることがあるとしたら、それは自分自身と等しくなる以外にないことを意味します。即ち、二つの数は全て互いに異なることを意味します。従って、リスト(10.1.3)の数は全て異なることが示されました。

10.2 平方剰余の積法則

ここでは、二つの平方剰余の積について平方剰余の条件を吟味します。まず、先ほど 11 を法とする平方剰余について考察しました。そこでは、{1,3,4,5,9}が 11 を法とする平方剰余、{2,6,7,8}が平方非剰余でしたね。では、11 を法とする平方剰余各々を掛けた場合、平方非剰余各々を掛けた場合、平方剰余と平方非剰余とを掛け合わせた場合の三つのパターンについて、それぞれが平方剰余の性質を満たすかどうかを吟味してみましょう。今、11 を法とする平方剰余のリストを$a_i = \{1,3,4,5,9\}$、平方非剰余のリストを$b_i = \{2,6,7,8\}$とします。まず、$a_i \times a_i$をみてみましょう。

a_i	1	3	4	5	9	
a_i	1	3	4	5	9	
$a_i \times a_i$	1	9	5	3	4	$(mod\ 11)$

$a_i \times a_i = \{1,9,5,3,4\} = \{1,3,4,5,9\} = a_i$で、平方剰余相互の掛け合わせは平方剰余となりました。$a_i \times a_j (i \neq j)$についても吟味は可能です。例えば$4 \times 9 \equiv 3 \pmod{11}$は平方剰余のリスト$a_i = \{1,9,5,3,4\}$に含まれます。次に、平方非剰余$b_i = \{2,6,7,8\}$相互を掛け合わせた数をみてみましょう。

b_i	2	6	7	8	
b_i	2	6	7	8	
$b_i \times b_i$	4	3	5	9	$(mod\ 11)$

となり、$b_i \times b_i$は平方剰余のリスト$a_i = \{1,9,5,3,4\}$の中に含まれます。$b_i \times b_j (i \neq j)$についても同じことが言えます。さらに、平方剰余と平方非剰余相互を掛け合わせた数をみてみましょう。即ち、

a_i	1	3	4	5	9	
b_i	2	6	7	8	2	
$a_i \times b_i$	2	7	6	7	7	$(mod\ 11)$

平方非剰余$b_i = \{2,6,7,8\}$のリストに含まれる結果が得られました。これらの限られたサンプル数値の操作から、次の定理が予想されます。

定理 10.2（平方剰余の積法則）

① 奇素数pを法とする平方剰余相互の積は平方剰余になる。

② 奇素数pを法とする平方非剰余相互の積は、平方剰余になる。

③ 奇素数pを法とする平方剰余と平方非剰余の積は、平方非剰余になる。

さて、これを一般論として成立せしむるためには、証明が必要です。以下に順を追って証明していきましょう。まず、定理 10.2 のうちの①

は明らかです。なぜなら、二つの平方数の積はまた平方数です。しかし、②と③についての吟味は慎重さを要します。まず、③について、平方剰余と平方非剰余の積が平方非剰余となることを証明します。

ここで、二つの数a_1, a_2をとり、a_1は平方剰余、a_2は平方非剰余であるとし、この二つの数の積$a_1 \cdot a_2$が平方剰余であると仮定したときに、矛盾を導きます。a_1は平方剰余なので、ある数$b_1 > 0$について、

$$a_1 \equiv {b_1}^2 \quad (mod\ p) \qquad (10.2.1)$$

と置けますね。また、$a_1 \cdot a_2$が平方剰余であると仮定したときには、この積は別の数$b_2 > 0$の平方数と合同になります。即ち、

$$a_1 \cdot a_2 \equiv {b_2}^2 \quad (mod\ p) \qquad (10.2.2)$$

さて、前提より式(10.2.1)に於いて$b_1 > 0$であるということは、a_1をpで割った剰余がゼロより大きいということ、つまりa_1はpで割り切れないことを意味します。従って、$p \nmid a_1$であり、式(10.2.1)の${b_1}^2$はa_1をpで割った剰余ですから、明らかに${b_1}^2 < p$、従って$0 < b_1 < p$となるので、$p \nmid b_1$となります。言い換えれば、$gcd(b_1, p) = 1$となります。定理 7.2の一次合同式定理を参照すれば、$gcd(b_1, p)\,|1$となるとき次の合同式、

$$b_1 x \equiv 1 \quad (mod\ p) \qquad (10.2.3)$$

が解xを持ちます。式(10.2.2)の両辺にこのxの平方数x^2を掛けて、

$$x^2 \cdot a_1 \cdot a_2 \equiv\ x^2 \cdot {b_2}^2 \quad (mod\ p) \qquad (10.2.4)$$

式(10.2.1)より左辺のa_1に${b_1}^2$を代入して、

$$x^2 \cdot a_1 \cdot a_2 \equiv x^2 \cdot {b_1}^2 \cdot a_2 \equiv (b_1 x)^2 \cdot a_2 \quad (mod\ p) \qquad (10.2.5)$$

式(10.2.3)より$b_1 x \equiv 1 \quad (mod\ p)$であるので、式(10.2.4) 、(10.2.5)は

$$x^2 \cdot {b_2}^2 \equiv a_2 \quad (mod\ p)$$
$$\therefore a_2 \equiv (x \cdot b_2)^2 \quad (mod\ p) \qquad (10.2.6)$$

となりました。この式(10.2.6)の意味するところはa_2は平方剰余であるということですが、前提ではa_2は平方非剰余としていましたからこれは矛盾です。この矛盾の原因は、$a_1 \cdot a_2$を平方剰余であるとした仮定にあります。従って、$a_1 \cdot a_2$は平方非剰余でなければなりません。こうして、③が証明されました。

続いて、②を証明してみましょう。まず、奇素数pを法とする剰余の数のリストを考えます。それらは、

$$1,2,3,\cdots,p-1 \quad (mod\ p) \qquad (10.2.7)$$

で与えられます。次に、このリストに並んだ各々の数にaを掛けたもう一つの数のリストを考えます。但し、aはpを法とする平方非剰余であるとします。

$$1 \cdot a, 2 \cdot a, 3 \cdot a, \cdots, (p-1) \cdot a \quad (mod\ p) \qquad (10.2.8)$$

この二つのリストは、並ぶ順序は異なるかも知れませんが、各々が合同の関係になっています。これは、補題 8.1 のフェルマーの小定理の補題のところで考察しました。さてリスト(10.2.7)には、定理 10.1 のpを法とする平方剰余・平方非剰余の個数に関する定理より、$(p-1)/2$個ずつの平方剰余と平方非剰余が含まれます。

まずその中から、$(p-1)/2$個の平方剰余$b_i \in \{1,2,3,\cdots,p-1\}$を取り出し、各々に平方非剰余$a$を掛けた数$b_i \cdot a$のリストを作ります。このリストは、リスト(10.2.8)に含まれる数のいずれかと合同であり、かつその個数は$(p-1)/2$個です。このとき、先に証明した③より平方剰余と平方非剰余の積は平方非剰余となりますから、ここで作った積$b_i \cdot a$は全て平方非剰余となり、その個数は$(p-1)/2$個です。

次に、リスト(10.2.7)から平方剰余b_iを除いた数c_iを取り出すのですが、明らかにc_iは全て平方非剰余です。この平方非剰余c_iに同じく平方非剰余であるaを掛けた数、$c_i \cdot a$のリストを作ると、これはリスト(10.2.8)に含まれる数のいずれかと合同であり、かつその個数は$(p-1)/2$個です。さらに、リスト(10.2.8)のうちから平方非剰余であ

る$b_i \cdot a$を除いた$c_i \cdot a$は全て平方剰余となります。従って、各々が平方非剰余であるc_iとa相互を掛け合わせた数のリストは全て平方剰余となり、②が証明されました。

10.3 ルジャンドル記号

さて、ここで定理 10.2 の平方剰余の積法則をもう一度整理すると、奇素数pを法として、

- （平方剰余）　×（平方剰余）　≡（平方剰余）
- （平方非剰余）×（平方非剰余）≡（平方剰余）
- （平方剰余）　×（平方非剰余）≡（平方非剰余）

ということになるのでしたね。上の関係式を、例えば数のフラグで表現するとどうなるでしょうか。即ち、（平方剰余）=+１、（平方非剰余）=−１と置いて機械的に代入すると、

- （+１）×（+１）＝（+１）
- （−１）×（−１）＝（+１）
- （+１）×（−１）＝（−１）

となって、これらは通常の数の掛け算のように振る舞います。この性質を定義化したものが次のルジャンドル記号です。

定義 10.1（ルジャンドル記号）

奇素数pを法とする整数aのルジャンドル記号は、次のように定義される。

$$\left(\frac{a}{p}\right)=\begin{cases} 1 & a\text{は}p\text{を法として平方剰余} \\ -1 & a\text{は}p\text{を法として平方非剰余} \end{cases} \tag{10.3.1}$$

また、このルジャンドル記号は、次の積法則に従う。

$$\left(\frac{a}{p}\right)\cdot\left(\frac{b}{p}\right)=\left(\frac{ab}{p}\right) \tag{10.3.2}$$

さらに、このルジャンドル記号に関連して、次のオイラーの規準についての定理が重要です。

定理 10.3（オイラーの規準）

奇素数pを法とする数aについて、次の合同式が成立する。

$$a^{\frac{p-1}{2}} \equiv \left(\frac{a}{p}\right) = \begin{cases} 1 & a\text{は}p\text{を法として平方剰余} \\ -1 & a\text{は}p\text{を法として平方非剰余} \end{cases} \tag{10.3.3}$$

オイラーの規準は、任意の数aが奇素数pを法として平方剰余か非剰余かの判定を与える上で、非常に強力な威力を発揮しますが、まずは証明を与えましょう。

まず、整数aを奇素数pを法とする平方剰余とします。つまり、ある整数bについて、

$$a \equiv b^2 \pmod p \tag{10.3.4}$$

が成立します。このとき、定理 8.1 のフェルマーの小定理より、

$$a^{\frac{p-1}{2}} \equiv (b^2)^{\frac{p-1}{2}} \equiv b^{p-1} \equiv 1 \pmod p \tag{10.3.5}$$

が成立します。この合同式の右辺 1 は整数aが奇素数pを法として平方剰余であることを示す、ルジャンドル記号の値$(a/p) = 1$とする、オイラーの規準そのものです。

今度は整数aを奇素数pを法とする平方非剰余とします。同様に、定理 8.1 のフェルマーの小定理により$a^{p-1} \equiv 1 \pmod p$なので、

$$a^{p-1} - 1 \equiv 0 \equiv \left(a^{\frac{p-1}{2}} - 1\right) \cdot \left(a^{\frac{p-1}{2}} + 1\right) \pmod p \tag{10.3.6}$$

とできます。さて、合同式(10.3.6)の右辺ですが、$\left(a^{(p-1)/2} - 1\right)$は$p$を法としてゼロと合同になることはありません。なぜなら、この項がゼロと合同になるときは式(10.3.5)より、整数aが奇素数pを法とする平

方剰余であるときに限られます。今、整数aは奇素数pを法とする平方非剰余と前提されていますから、ゼロになりません。すると、合同式(10.3.6)が成立するためには、$\left(a^{(p-1)/2}+1\right)$が$p$を法としてゼロと合同にならなければなりません。即ち、

$$a^{\frac{p-1}{2}}+1\equiv 0 \pmod p$$

$$\therefore a^{\frac{p-1}{2}}\equiv -1 \pmod p \qquad (10.3.7)$$

合同式(10.3.7)は、奇素数pを法とする平方非剰余aに対するルジャンドル記号の値$(a/p)=-1$とする、オイラーの規準そのものとなります。こうして、定理 10.1 のオイラーの規準が証明されました。

オイラーの規準は、数aが奇素数pを法として平方剰余か非剰余であるかの判定を与える強力な規準となります。

【例】実際にオイラーの規準を適用して、数aの平方剰余判定を行ってみましょう。まず、$a=19$について法$p=7$のもとで平方剰余判定を行います。

$a^{(p-1)/2}$に、$a=19$、$p=7$を代入すると、

$$19^{(7-1)/2}=19^3 \pmod{7}$$

この合同式で、19^3を直接計算し、それを 7 で割って剰余を求めても良いですが、段階的に解く方法もあります。即ち、$19^3\equiv 19\cdot 19\cdot 19 \pmod{7}$のうち、第 1 項の 19 を 7 で割るとその剰余は 19-2×7=5 より 5。次に、この 5 と第 2 項の 19 を掛けて 95 を得るので、これを再び 7 で割ってそのときの剰余は 95−13×7=4 より 4 を得ます。この 4 を第 3 項の 19 に掛けて 76 を得て、これを 7 で割ると剰余は 6 となりますが、これは 6-7=−1 に合同。従って、

$$19^{(7-1)/2}=19^3\equiv 6\equiv -1\equiv (19/7) \pmod{7}$$

となり、19は法3のもとで平方非剰余であると判定されました。

次に、$a=17$について法$p=23$のもとで平方剰余判定を行ってみましょう。$a^{(p-1)/2}$に、$a=17$、$p=23$を代入し、上と同様に段階的に解いていけば、

$$17^{(23-1)/2}=17^{11}\equiv 22\equiv -1\equiv (17/23) \pmod{23}$$

となって、17もまた法 23のもとで平方非剰余であると判定されました。

もうひとつ、$a = 17$について法$p = 13$のもとで平方剰余判定を行ってみましょう。$a^{(p-1)/2}$に$a = 17$、$p = 13$を代入すると、

$$17^{(13-1)/2} = 17^6 \equiv 1 \equiv (17/13)\ (mod\ \ 23)$$

となって、17は法 13のもとで平方剰余であると判定されました。なお、言うまでもないことですが、上の三つの合同式の右辺、(19/7)、(17/23)、(17/13)は(a/p)の形のルジャンドル記号を表しています。

10.4 ヤコビ記号

ルジャンドル記号(a/p)には、実は法pについての大きな制約条件があって、それが整数aの平方剰余判定の手続きを複雑にしていました。それは、法pは奇素数であって合成数であってはならないという条件でした。従って、ルジャンドル記号を用いる場合は、法pが奇素数であることの判定を行うとともに、合成数であった場合は素因数分解を行う必要があります。法pが小さい数であれば素因数分解の負担は比較的軽微ですが、大きくなるほど明らかに素因数分解は困難な作業となっていきます。

これを改良したものが**ヤコビ記号**($Jacobi\ symbol$)です。ヤコビ記号はルジャンドル記号と同様に、法nと整数aを用いて、

$$\left(\frac{a}{n}\right)$$

と表されます。このとき、ルジャンドル記号の法pが奇素数であったのに対して、ヤコビ記号の法nは正の奇整数でさえあれば良く、素数であるか合成数であるかを問わないという点が特徴です。ヤコビ記号はルジャンドル記号を一般化したものだとも言われます。もちろん法nが奇素数であれば、ヤコビ記号はルジャンドル記号に完全に一致します。法nが合成数のとき、nを素数、$q_1, q_2, \cdots, q_k$で素因数分解すれば、$n = q_1 \cdot q_2 \cdot \cdots \cdot q_k$になります。このとき整数$a$に対するヤコビ記号とルジャンドル記号双方の関係は次のように表されます。即ち、

$$\left(\frac{a}{n}\right)=\left(\frac{a}{q_1}\right)\cdot\left(\frac{a}{q_2}\right)\cdot\cdots\cdot\left(\frac{a}{q_k}\right) \tag{10.4.1}$$

上のように、ヤコビ記号(a/n)は複数のルジャンドル記号(a/q_i)の積で表されます。また、ヤコビ記号は次の重要な性質を持ちます。

(1) 正の奇整数nに対し$m \equiv m' \pmod n$のとき、次の関係が成立する。

$$\left(\frac{m}{n}\right)=\left(\frac{m'}{n}\right) \tag{10.4.2}$$

(2) 正の奇整数nを法とし、二つの整数m, m'間に次の関係が成立する。

$$\left(\frac{mm'}{n}\right)=\left(\frac{m}{n}\right)\left(\frac{m'}{n}\right) \tag{10.4.3}$$

(3) 正の奇整数n, mが、互いに素であるとき、次の関係が成立する。

$$\left(\frac{m}{n}\right)\left(\frac{n}{m}\right)=(-1)^{\left(\frac{m-1}{2}\right)\left(\frac{n-1}{2}\right)}=\begin{cases}1 & n\equiv 1 \pmod 4 \text{ または } m\equiv 1 \pmod 4\\ -1 & n\equiv 3 \pmod 4 \text{ かつ } m\equiv 3 \pmod 4\end{cases} \tag{10.4.4}$$

(4) 正の奇整数a, nに関するヤコビ記号が

$$\left(\frac{a}{n}\right)=-1$$

となるとき、aはnを法として平方非剰余である。

(5) 正の奇整数a, nに関するヤコビ記号が

$$\left(\frac{a}{n}\right)=1$$

となるとき、aはnを法として平方剰余かも知れないし、平方非剰余かも知れない。

上の(4)と(5)は法nが奇素数の場合は、ルジャンドル記号と全く同じ扱いになりますから、問題はありません。ですが、法nが合成数であ

るときは注意が必要です。まず、(4)ですが法nが合成数の場合、nは素数$q_1, q_2, \cdots, q_k$によって$n = q_1 \cdot q_2 \cdot \cdots \cdot q_k$のように素因数分解されますね。このとき、ヤコビ記号(a/n)は、式(10.4.1)に示されるように、複数のルジャンドル記号(a/q_i)の積で表されます。ヤコビ記号が-1を取るということは、ルジャンドル記号(a/q_i)の中に少なくとも一つの$(a/q_i) = -1$が含まれていることを示しています。aがnを法として平方剰余であるためには、nの全ての素因数を法としてaが平方剰余であることが必要です。従って、(4)の主張は明らかです。問題は(5)です。同じように、法nが合成数の場合、nが素因数分解されたのち、各々の素数を法とするaの平方剰余を判定するルジャンドル記号の積ができます。このとき、全てのルジャンドル記号について$(a/q_i) = 1$であれば、aはnを法として平方剰余であると言えます。ところが、$(a/q_i) = -1$となるルジャンドル記号が偶数個存在すると、やはり$(a/n) = 1$となってしまうことから、平方剰余と非剰余の区別がつかなくなってしまうのです。

11

平方剰余の相互法則

11.1 第一補充法則

さて、ここで次の合同式を考えてみましょう。

$$x^2 \equiv -1 \pmod{p} \qquad (11.1.1)$$

この合同式のxが解を持つためには、-1 がpを法として平方剰余でなければなりません。これは、オイラーの規準を用いれば容易に判定できますね。例えば、$p = 173$を法とする場合はどうでしょう。式(11.1.1)に$a = -1$、$p = 173$を代入します。

$$(-1)^{\frac{173-1}{2}} = (-1)^{\frac{172}{2}} = (-1)^{86} = 1 \qquad (11.1.2)$$

式(11.1.2)より、-1 は 173 を法として平方剰余となり、従って合同式(11.1.1)は解を持ち、それは$x \equiv 80 \pmod{173}$、$x \equiv 92 \pmod{173}$になります。

オイラーの規準は着目する数がある整数pを法として平方剰余か非剰余かの判定を与えてはくれますが、平方剰余と判定されたときの合同式の解は与えてくれません。実は、上で示した二つの解は、xを 1 から始めて 172 までひとつずつ 1 を加えていってそれら各々を二乗し、173 を法とした剰余のうち、$172 \equiv -1 \pmod{173}$となるときのxを地道に手計算で探索して求めたものでした。

オイラーの規準は-1 が平方剰余となるときの奇素数pを決定するときの判定を与えてくれます。そして、実は-1 が平方剰余となるときの奇素数pには、エレガントな規則性が認められるのです。それが次に示す、平方剰余の第一補充法則と呼ばれるものです。

定理 11.1（平方剰余の第一補充法則）

奇素数pを法として、-1 は次の法則に従う。

$$\left(\frac{-1}{p}\right) = (-1)^{\frac{p-1}{2}} = \begin{cases} 1 & p \equiv 1 \pmod{4} \\ -1 & p \equiv 3 \pmod{4} \end{cases} \qquad (11.1.3)$$

式(11.1.3)の左辺$(-1/p)$はルジャンドル記号です。つまり、-1 は法pが 4 で割って 1 余るときに平方剰余を成し、他方、法pが 4 で割って 3 余るときには平方非剰余を成すと、この定理は主張しているのです。証明は容易です。まず、$p \equiv 1 \pmod 4$のときに-1 がpを法として平方剰余となることを示しましょう。pはある整数mを用いて、$p = 4m + 1$と表せます。オイラーの規準の式(11.1.3)について、$a = -1$、$p = 4m + 1$を代入して、

$$\left(\frac{-1}{p}\right) = \left(\frac{-1}{4m+1}\right) = (-1)^{\frac{(4m+1)-1}{2}} = (-1)^{2m} = 1 \qquad (11.1.4)$$

次に、$p \equiv 3 \pmod 4$のときに-1 がpを法として平方非剰余となることを示しましょう。pはある整数mを用いて、$p = 4m + 3$と表せます。オイラーの規準の式(11.1.3)について、$a = -1$、$p = 4m + 3$を代入して、

$$\left(\frac{-1}{p}\right) = \left(\frac{-1}{4m+3}\right) = (-1)^{\frac{(4m+3)-1}{2}} = (-1)^{2m+1} = -1 \qquad (11.1.5)$$

合同式(11.1.4)、(11.1.5)は、定理 11.1 の合同式を表しています。

11.2 ガウスの補題

第一補充法則では、剰余が-1 のときについて平方剰余・平方非剰余を与える奇素数pの法としての条件を考察しました。では、剰余が-1以外のときはどうでしょう。例えば、2 の場合はどうでしょう。実はこの問題を考える前に、しっかりと理解しておきたい補題があります。これはガウスの補題と呼ばれる次の補助定理です。

補題 11.1（ガウスの補題）

奇素数pに対して、整数aをpで割り切れない数、即ち、$p \nmid a$とする。このとき、数の集合A, Bを次のように考える。

$$A = \left\{1,2,3,4,\cdots,\frac{1}{2}(p-1)\right\}$$

$$B = \left\{\frac{1}{2}(p-1)+1,\frac{1}{2}(p-1)+2,\cdots,p-1\right\}$$

集合AとBは、奇素数pに素な任意の整数kをpで割った最小の剰余を全て網羅した数の集合である。このうち、集合Aはそのような剰余のうち、1から小さい順に$(p-1)/2$までを網羅した集合であり、他方、集合Bは同じ剰余を$(p-1)/2+1$から小さい順に$p-1$までを網羅した集合である。今、集合Aの各要素にaを乗じた数の集合Cを次のように考える。

$$C = \left\{1\cdot a, 2\cdot a, 3\cdot a, 4\cdot a,\cdots,\frac{1}{2}(p-1)\cdot a\right\}$$

集合Cの各要素をpで割った余りの中で、集合Bに属する数の個数を$\mu(a,p)$とすると、ルジャンドル記号(a/p)は次の等式を満たす。

$$\left(\frac{a}{p}\right) \equiv (-1)^{\mu(a,p)} \tag{11.2.1}$$

これだけだと、かなり抽象度の高い補題かも知れません。この補題の意味するところをまずは具体的に示していきたいと思います。

今、$a=3$、$p=17$とします。明らかに$p \nmid a$ですよね。このとき、補題が示すように、集合A,Bを作ります。

$$A = \{1,2,3,4,5,6,7,8\}$$
$$B = \{9,10,11,12,13,14,15,16\}$$

もしもこの集合A,Bを合わせた集合を作れば、それは任意の整数を奇素数pで割ったときに得られる最小の余りを全て余すところなく網羅した数の集合になります。奇素数pで割った最小の余りというのは、例えば$a=3$を$p=17$で割った余りは一つしかなく、それは3ですね。では、$a=37$を$p=17$で割った余りはどうでしょう。

$$37 \div 17 = 17 \times 1 + 20 = 17 \times 2 + 3$$

となって、余りは 20 と 3 の二通りが出てきました。最小の余りというのはこのうちの 3 の方を指します。最小でない余りというのは、実は全てpよりも大きな数です。ですから、まだpで割れる余地を残した余りの数であり、さらにpで割っていってその余りがpよりも小さな数となった時点で、求める最小の余りとなるわけです。

さて、次に補題が主張する集合Cを作っていきます。集合Cは集合Aの各要素に整数$a = 3$を乗じた数の集合ですから、

$$\begin{aligned} C &= \{(1 \cdot 3), (2 \cdot 3), (3 \cdot 3), (4 \cdot 3), (5 \cdot 3), (6 \cdot 3), (7 \cdot 3), (8 \cdot 3)\} \\ &= \{3,6,9,12,15,18,21,24\} \end{aligned}$$

集合Cの各要素を$p = 17$で割り、そのときの剰余を並べます。即ち、

C_i	3	6	9	12	15	18	21	24
剰余	3	6	9	12	15	1	4	7

$(mod\ 17)$

となりますが、得られた剰余のうちその値が集合Aの要素の最大値である 8 を超える数は、集合Bに含まれることとなり、それは、9、12、15 の三つになります。この三つという数は、式(11.2.1)のμに相当します。さて、今、この三つの数は各々からpを差し引いてもその数は$p = 17$を法として元の三つの数と合同です。つまり、

$$\begin{aligned} 9 &\equiv \ \ 9 - 17 \equiv -8 \ \ (mod\ 17) \\ 12 &\equiv 12 - 17 \equiv -5 \ \ (mod\ 17) \\ 15 &\equiv 15 - 17 \equiv -2 \ \ (mod\ 17) \end{aligned}$$

従って、$(p-1)/2 = 8$を超えて集合Bに含まれる剰余は、17を法として-8、-5、-2 と合同です。ここで以上の全ての剰余の積をとります。即ち、

$$\begin{aligned} &1 \cdot 3 \cdot 4 \cdot 6 \cdot 7 \cdot (9) \cdot (12) \cdot (15) \\ &\equiv 1 \cdot 3 \cdot 4 \cdot 6 \cdot 7 \cdot (-8) \cdot (-5) \cdot (-2) \end{aligned}$$

$$
\begin{aligned}
&= 1 \cdot 3 \cdot 4 \cdot 6 \cdot 7 \cdot (-1)^3 \cdot (8 \cdot 5 \cdot 2) \\
&= (-1)^3 \cdot 1 \cdot 2 \cdot 3 \cdot 4 \cdot 5 \cdot 6 \cdot 7 \cdot 8 \\
&= (-1)^3 \cdot 8! \quad (mod\ \ 17) \qquad (11.2.2)
\end{aligned}
$$

また、集合Cの各要素の積は、

$$
\begin{aligned}
&\ 3 \cdot 6 \cdot 9 \cdot 12 \cdot 15 \cdot 18 \cdot 21 \cdot 24 \\
&= 3^8 \cdot (1 \cdot 2 \cdot 3 \cdot 4 \cdot 5 \cdot 6 \cdot 7 \cdot 8) \\
&= 3^8 \cdot 8!
\end{aligned}
$$

上の積と、数式(11.2.2)とは17を法として合同になるので、

$$3^8 \cdot 8! \equiv (-1)^3 \cdot 8! \quad (mod\ 17)$$

8!と17は互いに素であり、従って上の合同式の両辺を8!で割っても合同の関係は維持されるので、

$$3^8 = 3^{\frac{(17-1)}{2}} \equiv (-1)^3 = -1 \quad (mod\ \ 17)$$

$$\therefore \left(\frac{3}{17}\right) \equiv (-1)^{\mu=3} = -1 \quad (mod\ \ 17) \qquad (11.2.3)$$

式(11.2.3)は、整数 3 は17を法として平方非剰余であることを主張しています。下記に検証してみましょう。

p	1	2	3	4	5	6	7	8	9	10	11	12	13	14	15	16
p^2	1	4	9	16	25	36	49	64	81	100	121	144	169	196	225	256
剰 余	1	4	9	16	8	2	15	13	13	15	2	8	16	9	4	1

$(mod\ \ 17)$

剰余の欄に 3 が現れていません。従って、3 は 17 を法として平方非剰余であることがみて取れました。

これが、補題 11.1 のガウスの補題についての具体例でしたが、これを一般論として以下に証明します。

まず、互いに素な奇素数pと正の整数aを取ります。この奇素数pに対して、正の剰余のうちの半分の数のリスト、$1,2,3,4,\cdots,(p-1)/2$の各々に整数aを乗じた数のリストを作り、それを集合Cとします。

$$C=\left\{1\cdot a,2\cdot a,3\cdot a,\cdots,\left(\frac{p-1}{2}\right)\cdot a\right\} \tag{11.2.4}$$

この集合Cの全ての要素を掛け合わせ、そこからaをくくり出します。

$$(1\cdot a)\cdot(2\cdot a)\cdot(3\cdot a)\cdot\cdots\cdot\left(\left(\frac{p-1}{2}\right)\cdot a\right)=a^{\frac{(p-1)}{2}}\cdot\left(\frac{p-1}{2}\right)! \tag{11.2.5}$$

ここで、$1,2,3,4,\cdots,p-1$を1から$(p-1)/2$までの集合A、$((p-1)/2)+1$から$p-1$までの集合Bのそれぞれを作ります。

$$A=\left\{1,2,3,4,\cdots,\frac{1}{2}(p-1)\right\} \tag{11.2.6}$$

$$B=\left\{\frac{1}{2}(p-1)+1,\frac{1}{2}(p-1)+2,\cdots,p-1\right\} \tag{11.2.7}$$

ここで、集合Cの各要素をpで割って、剰余を求めます。これらの剰余は集合A,Bの要素のいずれかと合同になります。集合Aの要素と合同な剰余をa_i、集合Bの要素と合同な剰余をb_iとします。b_iはその値が$(p-1)/2$を超えます。その個数をμとすると、剰余の列は、

$$\underbrace{a_1,a_2,a_3,\cdots,a_{(\frac{p-1}{2})-\mu}}_{\text{集合}A\text{に属する剰余}},\underbrace{b_1,b_2,b_3,\cdots,b_\mu}_{\text{集合}B\text{に属する剰余}} \tag{11.2.8}$$

となります。ここで、b_iからそれぞれpを引きます。もちろん、pを引かれた剰余は、引かれる前の剰余とはpを法として合同です。その結果、集合Bに含まれる剰余は全て負の符号を持つことになります。ここで、さらにもう一つの正の整数$b_i{}'$を使って、$b_i-p\equiv -b_i{}'\ (mod\ p)$を作り、剰余の列(11.2.8)の積をとると、

$$\begin{aligned}&a_1,\cdot a_2\cdot a_3\cdot\cdots\cdot a_{(\frac{p-1}{2})-\mu}\cdot(b_1-p)\cdot(b_2-p)\cdot(b_3-p)\cdot\cdots\cdot(b_\mu-p)\\ \equiv\ &a_1,\cdot a_2\cdot a_3\cdot\cdots\cdot a_{(\frac{p-1}{2})-\mu}\cdot(-b_1{}')\cdot(-b_2{}')\cdot\cdots\cdot(-b_\mu{}')\\ \equiv\ &a_1,\cdot a_2\cdot a_3\cdot\cdots\cdot a_{(\frac{p-1}{2})-\mu}\cdot(-1)^\mu\cdot(b_1{}')\cdot(b_2{}')\cdot\cdots\cdot(b_\mu{}')\end{aligned} \tag{11.2.9}$$

剰余の積(11.2.9)は、奇素数pの全ての剰余のうちの半分の剰余の積、即ち(11.2.6)で示される集合Aの要素の積と合同になるので、

$$a_1,\cdot a_2\cdot a_3\cdot\cdots\cdot a_{(\frac{p-1}{2})-\mu}\cdot(-1)^{\mu}\cdot({b_1}')\cdot({b_2}')\cdot\cdots\cdot({b_\mu}')$$

$$\equiv(-1)^{\mu}\cdot1\cdot2\cdot\cdots\cdot\frac{1}{2}(p-1)=(-1)^{\mu}\cdot\left(\frac{p-1}{2}\right)!\ \ (mod\ p)\qquad(11.2.10)$$

式(11.2.10)は、集合Aの要素の積とpを法として合同です。また、(11.2.4)に示した集合Cは、集合Aの要素に整数aを乗じた数の集合です。そして、集合Aと集合Cは、pを法として合同です。従って、(11.2.5)と(11.2.10)はpを法として合同となって、

$$a^{\frac{p-1}{2}}\cdot\left(\frac{p-1}{2}\right)!\equiv(-1)^{\mu}\cdot\left(\frac{p-1}{2}\right)!\qquad(mod\ p)\qquad(11.2.11)$$

式(11.2.11)で、奇素数pと$(p-1)!$とは互いに素です。従って、奇素数pと$((p-1)/2)!$も互いに素ですから、式(11.2.11)の両辺は$((p-1)/2)!$で割ることができて、

$$a^{\frac{p-1}{2}}\equiv(-1)^{\mu}\qquad(mod\ p)\qquad(11.2.12)$$

となります。これはオイラーの規準の式 (10.3.3)より、

$$a^{\frac{p-1}{2}}\equiv\left(\frac{a}{p}\right)=\begin{cases}1 & a\text{は}p\text{を法として平方剰余}\\-1 & a\text{は}p\text{を法として平方非剰余}\end{cases}\qquad(10.3.3)$$

として定義されていました。従って、式(11.2.12)は

$$a^{\frac{p-1}{2}}\equiv\left(\frac{a}{p}\right)\equiv(-1)^{\mu}\qquad(mod\ p)\qquad(11.2.13)$$

とできて、式(11.2.1)を得ます。これで、ようやくガウスの補題が証明されました。次に、この補題を用いて本丸であるところの平方剰余の第二補充法則を証明していくことになります。

11.3 第二補充法則

第一補充法則は、剰余が-1 のときの平方剰余判定を与える法則でした。第二補充法則は次に示すように、剰余が 2 のときの平方剰余判定を与える法則です。

定理 11.2（平方剰余の第二補充法則）

奇素数pを法として、a =2 は次の法則に従う。

$$\left(\frac{2}{p}\right)=(-1)^{\frac{p^2-1}{8}}=\begin{cases}1 & p\equiv 1 \text{ または } 7\ (mod\ \ 8)\\ -1 & p\equiv 3 \text{ または } 5\ (mod\ \ 8)\end{cases} \qquad (11.3.1)$$

定理 11.2 は、pが8を法として 4 つの剰余と合同になる場合について述べています。順次、証明していきます。

(1) $p\equiv 1\ \ (mod\ \ 8)$の場合

奇素数pはある整数kを用いて、$p=8k+1$と表せます。従って、式(11.3.1)に$p=8k+1$を代入して、

$$\left(\frac{2}{p}\right)=\left(\frac{2}{8k+1}\right)=(-1)^{\frac{(8k+1)^2-1}{8}}=\left((-1)^{(4k^2+k)}\right)^2=1 \qquad (11.3.2)$$

となって、式(11.3.1)の一つ目の剰余についての関係式が示されました。これを以下で、ガウスの補題を用いて証明します。

$1,2,3,\cdots,(p-1)/2$の数のリストの各々に 2 を乗じた数の列を集合Cとすると、集合C、$(1\cdot 2),(2\cdot 2),\cdots,(2\cdot((p-1)/2))$のうち、$(p-1)/2$を境にして、それ以下を集合$A$、それを超えるものを集合$B$とします。今、$(p-1)/2=4k$なので、$(1\cdot 2),(2\cdot 2),\cdots,(2k\cdot 2)$が集合$A$に含まれる剰余であり、その個数は$2k$個ですね。一方、集合$B$の数の列は、$((2k+1)\cdot 2),((2k+2)\cdot 2),\cdots,(4k\cdot 2)$になるので、集合$B$に含まれる剰余の個数$\mu$は、$4k-2k=2k$となり、この個数はガウスの補題で示された式(11.2.1)のμに相当します。従って、式(11.2.1)より、

$$\left(\frac{a}{p}\right) = \left(\frac{2}{8k+1}\right) \equiv (-1)^{\mu} = ((-1)^{k})^{2} = 1 \tag{11.3.3}$$

(2) $p \equiv 7\ (mod\ 8)$の場合

奇素数pはある整数kを用いて、$p = 8k + 7$と表せます。上と全く同じ要領で、式(11.3.1)に$p = 8k + 7$を代入して、

$$\left(\frac{2}{p}\right) = \left(\frac{2}{8k+7}\right) = (-1)^{\frac{(8k+7)^2-1}{8}} = \left((-1)^{(4k^2+7k+3)}\right)^{2} = 1 \tag{11.3.4}$$

となって、式(11.3.1)の二つ目の剰余についての関係式が示されました。これを以下で、ガウスの補題を用いて証明します。

$(p-1)/2 = 4k+3$となるので、集合Aに含まれる剰余の上限は、$4k+2$になります。従って、集合Aの数の列は、$(1 \cdot 2), (2 \cdot 2), \cdots, ((2k+1) \cdot 2)$になります。一方、集合$B$の数の列は、$((2k+2) \cdot 2), ((2k+3) \cdot 2), \cdots, ((4k+3) \cdot 2)$になるので、集合$B$に含まれる剰余の個数$\mu$は$4k+3-(2k+1) = 2k+2$となり、式(11.2.1)より、

$$\left(\frac{a}{p}\right) = \left(\frac{2}{8k+7}\right) \equiv (-1)^{\mu} = ((-1)^{k+1})^{2} = 1 \tag{11.3.5}$$

(3) $p \equiv 3\ (mod\ 8)$の場合

奇素数pはある整数kを用いて、$p = 8k + 3$と表せます。上と全く同じ要領で、式(11.3.1)に$p = 8k + 3$を代入して、

$$\left(\frac{2}{p}\right) = \left(\frac{2}{8k+3}\right) = (-1)^{\frac{(8k+3)^2-1}{8}} = \left((-1)^{(4k^2+3k)}\right)^{2} \cdot (-1) = -1 \tag{11.3.6}$$

となって、式(11.3.1)の三つ目の剰余についての関係式が示されました。これを以下で、ガウスの補題を用いて証明します。即ち、$(p-1)/2 = 4k+1$となるので、集合Aに含まれる剰余の上限は、$4k$になります。従って、集合Aの数の列は、$(1 \cdot 2), (2 \cdot 2), \cdots, (2k \cdot 2)$になり

ます。一方、集合Bの数の列は、$((2k+1)\cdot 2), ((2k+2)\cdot 2), \cdots, ((4k+1)\cdot 2)$になるので、集合$B$に含まれる剰余の個数$\mu$は、$4k+1-2k=2k+1$となって、式(11.2.1)より、

$$\left(\frac{a}{p}\right) = \left(\frac{2}{8k+3}\right) \equiv (-1)^{\mu} = (-1)^{2k}\cdot(-1) = -1 \qquad (11.3.7)$$

(4) $p \equiv 5 \pmod{8}$の場合

奇素数pはある整数kを用いて、$p=8k+5$と表せます。上と全く同じ要領で、式(11.3.1)に$p=8k+5$を代入して、

$$\left(\frac{2}{p}\right) = \left(\frac{2}{8k+5}\right) = (-1)^{\frac{(8k+5)^2-1}{8}} = \left((-1)^{(4k^2+5k)}\right)^2\cdot(-1)^3 = -1 \qquad (11.3.8)$$

となって、式(11.3.1)の四つ目の剰余についての関係式が示されました。これを以下で、ガウスの補題を用いて証明します。即ち、$(p-1)/2=4k+2$となるので、集合Aに含まれる剰余の上限は、$4k+2$になります。従って集合Aは、$(1\cdot 2), (2\cdot 2), \cdots, ((2k+1)\cdot 2)$、他方集合$B$は$((2k+2)\cdot 2), ((2k+3)\cdot 2), \cdots, ((4k+2)\cdot 2)$になるので、集合$B$に含まれる剰余の個数$\mu$は、$4k+2-(2k+1)=2k+1$となるので、式(11.2.1)より、

$$\left(\frac{a}{p}\right) = \left(\frac{2}{8k+5}\right) \equiv (-1)^{\mu} = (-1)^{2k}\cdot(-1) = -1 \qquad (11.3.9)$$

以上より、平方剰余の第二補充法則に示された四つのパターンが証明されました。

11.4 平方剰余の相互法則

平方剰余の相互法則には、第一補充法則、第二補充法則に引き続いて三つ目の法則が存在します。この三つ目は第三補充法則とは呼ばず、**平方剰余の相互法則**(*law of quadratic reciprocity*)と称します。それは、次の通りです。

定理 11.3（平方剰余の相互法則）
相異なる奇素数p, qについて、次の法則が成立する。

$$\left(\frac{q}{p}\right) = \begin{cases} \left(\frac{p}{q}\right) & p \equiv 1 \pmod 4 \text{ または } q \equiv 1 \pmod 4 \\ -\left(\frac{p}{q}\right) & p \equiv 3 \pmod 4 \quad \text{かつ } q \equiv 3 \pmod 4 \end{cases}$$

(11.4.1)

また、この定理は次のように別の表現でも表されています。

定理 11.3-2（平方剰余の相互法則：別表現）
相異なる奇素数p, qについて、次の関係式が成立する。

$$\left(\frac{q}{p}\right)\left(\frac{p}{q}\right) = (-1)^{\left(\frac{p-1}{2}\right)\left(\frac{q-1}{2}\right)}$$

(11.4.2)

これは、例えば式(11.4.2)に 4 を法として 1 に合同なpまたはqを代入することで、

$$\left(\frac{q}{p}\right)\left(\frac{p}{q}\right) = (-1)^{\left(\frac{1-1}{2}\right)\left(\frac{q-1}{2}\right)} \left(\text{または、}(-1)^{\left(\frac{p-1}{2}\right)\left(\frac{1-1}{2}\right)}\right)$$

$$= (-1)^0 = 1$$

$$\therefore \left(\frac{q}{p}\right) = \left(\frac{p}{q}\right)$$

(11.4.3)

となります。他方、式(11.4.2)に 4 を法として 3 に合同なp、及び同じく 3 に合同なqを代入することで、式(11.4.1)に一致します。

$$\left(\frac{q}{p}\right)\left(\frac{p}{q}\right) = (-1)^{\left(\frac{3-1}{2}\right)\left(\frac{3-1}{2}\right)} = (-1)^1 = -1$$

$$\therefore \left(\frac{q}{p}\right) = -\left(\frac{p}{q}\right)$$

(11.4.4)

【例】平方剰余の一連の相互法則を用いて、具体的に平方剰余判定を行なってみましょう。その際、ルジャンドル記号とヤコビ記号の各々を用いて計算してみましょう。例は、9907 を法として、1001 が平方剰余か否かを判定します。

＜ルジャンドル記号の適用＞

9907 と 1001 は、各々正の奇数であり、かつ 9907 は 1001 で割ることができませんから、互いに素です。さて、ルジャンドル記号(q/p)を適用する場合、分子側の$q = 1001$が合成数の場合、素因数分解が必要です。実際、$1001 = 7 \cdot 11 \cdot 13$に素因数分解されます。従って、ルジャンドル記号は次のように分解されます。

$$\left(\frac{1001}{9907}\right) = \left(\frac{7}{9907}\right) \cdot \left(\frac{11}{9907}\right) \cdot \left(\frac{13}{9907}\right)$$

右辺の 3 項のそれぞれに平方剰余の相互法則を当てはめて、より簡略化させていきます。

$$\left(\frac{7}{9907}\right) = -\left(\frac{9907}{7}\right)$$ ∵ 定理 11.3 より $9907 \equiv 3\ (mod\ 4)$、かつ、$7 \equiv 3\ (mod\ 4)$

$$= -\left(\frac{2}{7}\right)$$ ∵ $9907 \equiv 2\ (mod\ 7)$

$$= -1$$ ∵ $\left(\frac{2}{7}\right) = 1$ ∵ 定理 11.2 より、$7 \equiv 7\ (mod\ 8)$

$$\left(\frac{11}{9907}\right) = -\left(\frac{9907}{11}\right)$$ ∵ 定理 11.3 より、$9907 \equiv 3\ (mod\ 4)$かつ、$11 \equiv 3\ (mod\ 4)$

$$= -\left(\frac{7}{11}\right)$$ ∵ $9907 \equiv 7\ (mod\ 11)$

$$= \left(\frac{11}{7}\right)$$ ∵ 定理 11.3 より、$11 \equiv 3\ (mod\ 4)$かつ、$7 \equiv 3\ (mod\ 4)$

$$= \left(\frac{4}{7}\right)$$ ∵ $11 \equiv 4\ (mod\ 7)$

$$= \left(\frac{2}{7}\right)\left(\frac{2}{7}\right) = 1^2 = 1$$ ∵ $\left(\frac{2}{7}\right) = 1$ ∵ 定理 11.2 より、$7 \equiv 7\ (mod\ 8)$

$$\left(\frac{13}{9907}\right) = \left(\frac{9907}{13}\right)$$ ∵ $13 \equiv 1\ (mod\ 4)$

$$= \left(\frac{1}{13}\right) \qquad \because 9907 \equiv 1 \ (mod\ 13)$$

$$= \left(\frac{1}{13}\right) \cdot \left(\frac{1}{13}\right) = \left(\frac{1}{13}\right) \cdot \left(\frac{13}{1}\right) = 1$$

$\because$ 定理 11.3 より、$13 \equiv 1 \ (mod\ 4)$

以上より、次の結果が得られます。

$$\left(\frac{1001}{9907}\right) = (-1) \cdot 1 \cdot 1 = -1$$

従って、数 1001 は 9907 を法として、平方非剰余と判定されました。

＜ヤコビ記号の適用＞

次に、素因数分解を必要としないヤコビ記号を適用して、同じ判定を行なってみましょう。但し、ヤコビ記号の場合、判定結果で 1 が出てしまうと、平方剰余か非剰余かの判定が困難になる点に注意が必要です。その場合は改めて法の素因数分解が必要になります。さて、以下で計算を進めます。

$$\left(\frac{1001}{9907}\right) = \left(\frac{9907}{1001}\right) \quad \because 1001 \equiv 1 \ (mod\ 4)$$

$$= \left(\frac{898}{1001}\right) \quad \because 9907 \equiv 898 \ (mod\ 1001)$$

$$= \left(\frac{2}{1001}\right) \cdot \left(\frac{449}{1001}\right)$$

$$= \left(\frac{449}{1001}\right) \quad \because \left(\frac{2}{1001}\right) = 1$$

$\because$ 定理 11.2 より、$1001 \equiv 1 \ (mod\ 8)$

$$= \left(\frac{1001}{449}\right) \quad \because \text{定理 11.3 より、} 1001 \equiv 1 \ (mod\ 4)$$

$$= \left(\frac{103}{449}\right) \quad \because 1001 \equiv 103 \ (mod\ 449)$$

$$= \left(\frac{449}{103}\right) \quad \because \text{定理 11.3 より、} 449 \equiv 1 \ (mod\ 4)$$

$$= \left(\frac{37}{103}\right) \quad \because 449 \equiv 37 \ (mod\ 103)$$

$$= \left(\frac{103}{37}\right) \quad \because \text{定理 11.3 より、} 37 \equiv 1 \ (mod\ 4)$$

$$= \left(\frac{29}{37}\right) \qquad \because 103 \equiv 29 \ (mod\ 37)$$

$$= \left(\frac{37}{29}\right) \qquad \because \text{定理 11.3 より、} 37 \equiv 1 \ (mod\ 4)$$

$$= \left(\frac{8}{29}\right) \qquad \because 37 \equiv 8 \ (mod\ 29)$$

$$= \left(\frac{2}{29}\right) \cdot \left(\frac{2}{29}\right) \cdot \left(\frac{2}{29}\right) = (-1)^3 = -1$$

$$\because \text{定理 11.2 より、} 29 \equiv -1 \ (mod\ 8)$$

従って、数 1001 は 9907 を法として平方非剰余と判定されました。このように、ヤコビ記号はルジャンドル記号を適用する際に最も時間と労力を必要とする、法の素因数分解を必要とせずに計算を進めることができるメリットを有します。但し、繰り返しになりますが、ヤコビ記号が適用できるのは平方非剰余の判定に限られるということに注意が必要です。

11.5 平方剰余の相互法則の証明

複数の証明が示されてきた平方剰余の相互法則の証明について、ここではアイゼンシュタインの証明をご紹介しましょう。この証明では、ガウスの補題と、床函数（ガウス記号）というものが重要なツールとして用いられます。まず、これらについて考察を進めていきましょう。

11.5.1 ガウスの補題再び

まず、ここでガウスの補題を思い出しましょう。

補題 11.1（ガウスの補題）

奇素数pに対して、整数aをpで割り切れない数、即ち、$p \nmid a$とする。このとき、数の集合A, Bを次のように考える。

$$A = \left\{1,2,3,4,\cdots,\frac{1}{2}(p-1)\right\}$$

$$B = \left\{\frac{1}{2}(p-1)+1, \frac{1}{2}(p-1)+2, \cdots, p-1\right\}$$

集合AとBは、奇素数pに素な任意の整数kをpで割った最小の剰余を全て網羅した数の集合。このうち、集合Aは剰余のうち、1 から小さい順に$(p-1)/2$までを網羅した集合であり、他方、集合Bは同じ剰余を$(p-1)/2+1$から小さい順に$p-1$までを網羅した集合である。今、集合Aの各要素にaを乗じた数の集合Cを次のように考える。

$$C=\left\{1\cdot a,2\cdot a,3\cdot a,4\cdot a,\cdots,\frac{1}{2}(p-1)\cdot a\right\}$$

集合Cの各要素をpで割った余りの中で、集合Bに属する数の個数を$\mu(a,p)$とすると、ルジャンドル記号(a/p)は次の等式を満たす。

$$\left(\frac{a}{p}\right)\equiv(-1)^{\mu(a,p)} \tag{11.2.1}$$

このガウスの補題に関連して、次の補題についても考察します。

補題 11.2（奇素数pを法とする剰余の補題）

pを奇素数として、aを$p\nmid a$であるゼロでない整数とし、数の集合Aをガウスの補題と同じく次のように考える。

$$A=\left\{1,2,3,4,\cdots,\frac{1}{2}(p-1)\right\}$$

さらに、集合Aの各要素に整数aを乗じた集合Cを次のように考える。

$$C=\left\{1\cdot a,2\cdot a,3\cdot a,4\cdot a,\cdots,\frac{1}{2}(p-1)\cdot a\right\}$$

集合Cの各要素について、奇素数pを法として剰余をとる（そのときの剰余$r_k(1\leq k\leq(p-1)/2)$は、$-(p-1)/2\leq r_k\leq(p-1)/2$の範囲でとる）と、剰余$r_k$は$\pm1,\pm2,\cdots,\pm(p-1)/2$を適当な順序で並べたものになり、かつ各$r_k$は正または負の符号をとって1度だけ現れる。

証明しましょう。集合Cの各要素をkaとすると、

$$ka=pq_k+r_k \qquad (q_k\in\mathbb{N}) \tag{11.5.1.1}$$

と書けます。証明すべきは、$r_i \neq r_j \ (\forall i, j \in \mathbb{N},\ i \neq j)$です。今、ここで任意の二つの剰余$r_i, r_j$が、値も符号も等しい、または値は等しいが、符号が異なる、という二通りのことを仮定してみます。即ち、

$$r_i = \pm r_j$$
$$(\text{但し、} 1 \leq i \leq j \leq \frac{1}{2}(p-1)) \qquad (11.5.1.2)$$

まず、$r_i = -r_j$のときを考えると、この場合は、式(11.5.1.1)より、

$$r_i = (ia - pq_i) = -r_j = -(ja - pq_j)$$
$$\therefore a(i+j) = p(q_i + q_j) \qquad (11.5.1.3)$$

この式が意味することは、右辺の素数pは左辺の$a(i+j)$を割り切ります。しかし、前提より$p \nmid a$なので、$p|(i+j)$が成り立たなければなりません。ですが、$1 \leq i \leq j \leq (p-1)/2$より、

$$2 \leq i + j \leq p - 1 \qquad (11.5.1.4)$$

となるので、明らかに$p \nmid (i+j)$となります。このことは、$\forall i, j \in \mathbb{N}$について、$r_i \neq -r_j$を意味します。

次の可能性は$r_i = r_j$のときですが、この場合も式(11.5.1.1)より、

$$r_i = (ia - pq_i) = r_j = (ja - pq_j)$$
$$\therefore a(i-j) = p(q_i - q_j) \qquad (11.5.1.5)$$

上の式の右辺の素数pは左辺の$a(i-j)$を割り切ります。前提により$p \nmid a$なので、$p|(i-j)$となるはずで、このとき、

$$1 - (p-1)/2 \leq i - j \leq (p-1)/2 - 1 \qquad (11.5.1.6)$$

が成り立ちますが、さらに、

$$-(p-3)/2 \leq i - j \leq (p-3)/2$$
$$\therefore -p + 3 < i - j < p - 3$$
$$\therefore -p < i - j < p \qquad (11.5.1.7)$$

$p|(i-j)$より、$\forall n \in \mathbb{Z}_+$について、$i-j=np$と置けるので、これを式(11.5.1.7)に代入すれば、

$$-p < np < p \tag{11.5.1.8}$$

よって、$n<1$を満たさなければなりませんが、$n \in \mathbb{Z}_+$であるので、$n=0$、即ち、$i=j$となります。このことは、次を意味します。

$$r_i = r_j \implies i = j \tag{11.5.1.9}$$

この対偶をとることで、

$$i \neq j \implies r_i \neq r_j \tag{11.5.1.10}$$

従って、異なる全ての剰余は、その値が異なることが示されました。なにやら不思議な補題ですね。具体的に数値を代入してみて当該補題の意味するところを理解していきましょう。

奇素数pに 11 を代入し、pと互いに素である整数aに 3 を当てはめます。このとき、集合Aは次の要素から成ります。

$$A = \left\{1,2,3,\cdots,\frac{1}{2}(11-1)\right\} = \{1,2,3,4,5\}$$

集合Aの各要素に$a=3$を乗じた集合Cは次のように得られます。

$$C = \{1\cdot a, 2\cdot a, 3\cdot a, 4\cdot a, 5\cdot a\} = \{3,6,9,12,15\}$$

上の集合Cの各要素について、奇素数$p=11$を法として剰余r_iをとります。即ち、次の剰余表のようになります。

C	3	6	9	12	15
r_i	3	6	9	1	4

$(mod\ 11)$

ここで、剰余r_iの値の範囲を、$-5 \leq r_i \leq 5$となるように、上の表のr_iの値を変換します。合同式の場合、$r_i \equiv r_i - p\ (mod\,p)$であることに注意して、$r_i$を変換すると次の剰余表を得ます。

C	3	6	9	12	15
r_i	3	-5	-2	1	4

$(mod\ 11)$

変換された剰余値に注目すれば、

$$6 \equiv -5 \pmod{11}, \qquad 9 \equiv -2 \pmod{11}$$

がわかります。上の変換された剰余表を並べ替えれば、

C	12	9	3	15	6
r_i	1	-2	3	4	-5

$(mod\ 11)$

となります。即ち、r_iは 1 から 5 までの間の数値に、正もしくは負の符号を伴って、一回ずつだけ現れました。これが、補題 11.2 が意味する内容です。

11.5.2 床函数とガウスの補題

以下では平方剰余の相互法則に関するアイゼンシュタインによる証明に先立って次の函数を導入します。xは小数点以下の数を許す実数、kを整数とします。このとき、

$$\lfloor x \rfloor = k \quad (\text{但し、} x - 1 \leq k \leq x) \qquad (11.5.2.1)$$

式(11.5.2.1)を満たす函数$\lfloor x \rfloor$を**床函数**($floor\ function$)、または**ガウス記号**($Gaussian\ symbol$)と呼びます。但しガウス記号の場合は$[x]$と表記します。床函数$\lfloor x \rfloor$は実数xを超えない最大の整数を意味します。即ち、

$$\lfloor 6.7 \rfloor = 6,\ \lfloor 8 \rfloor = 8,\ \lfloor -6.7 \rfloor = -7, \left\lfloor \frac{2}{3} \right\rfloor = 0$$

です。上で注意が必要なのは$x = -6.7$の場合です。求めるkは$k \leq -6.7$を満たす最大の整数ですから、-6としたいところですが、正解は-7になります。ちなみに、似たような函数で**天井函数**($ceiling\ function$)というものがあります。これは実数x、整数kについて、

$$\lceil x \rceil = k \geq x \quad (\text{但し、} x \leq k \leq x + 1) \qquad (11.5.2.2)$$

天井函数$\lceil x \rceil$は、実数x未満ではない（即ちx以上の）最小の整数を意味します。上の例を用いれば、

$$\lceil 6.7 \rceil = 7,\ \lceil 8 \rceil = 8,\ \lceil -6.7 \rceil = -6, \left\lceil \frac{2}{3} \right\rceil = 1$$

再び$x = -6.7$の場合で、求めるkは$k \geq -6.7$を満たす最小の整数ですから、-6が正解になります。さて、上の床函数を用いて、まず次の補題を考察しましょう。

補題 11.3（床函数で表現されたガウスの補題）
pを奇素数として、pで割り切れない奇数a、即ち$p \nmid a$である奇数aをとる。補題 11.1（ガウスの補題）で定義された値$\mu(p,a)$をとりあげるとき、次の関係が成立する。

$$\sum_{k=1}^{\frac{p-1}{2}} \left\lfloor \frac{ka}{p} \right\rfloor \equiv \mu(p,a) \quad (mod\ 2) \tag{11.5.2.3}$$

まず、式(11.5.3)を具体数値例で見てみましょう。今、$a = 9$、$p = 11$をとってみましょう。$k = 1 \sim 5$となりますから、左辺は

$$\sum_{k=1}^{5} \left\lfloor \frac{9k}{11} \right\rfloor = \left\lfloor \frac{9}{11} \right\rfloor + \left\lfloor \frac{18}{11} \right\rfloor + \left\lfloor \frac{27}{11} \right\rfloor + \left\lfloor \frac{36}{11} \right\rfloor + \left\lfloor \frac{45}{11} \right\rfloor$$
$$= 0 + 1 + 2 + 3 + 4 = 10 \tag{11.5.2.4}$$

他方、右辺は$\mu(11{,}9)$なので、これを「11.2 ガウスの補題」のところで用いた同じ方法を使って求めます。$p = 11$なので、集合Aをとって、ここに 1 から$(p-1)/2$までの要素を含め、集合Bをとって、ここに$((p-1)/2)$ +1 から$p-1$までの要素を含めます。即ち、

$$A = \{1,2,3,4,5\},\ \ B = \{6,7,8,9,10\}$$

ここで、$a = 9$を集合Aの各要素に乗じて集合Cを作ります。即ち、

$$C = \{9,18,27,36,45\}$$

集合Cの各要素を$p = 11$で割って、剰余を並べると

$$\{9,7,5,3,1\}$$

この剰余のうち、集合Aの最大値の5を超えるのは7と9ですね。この二つは集合Bに含まれます。まさに、ガウスの補題では、集合Cの各要素を$p = 11$で割って得られる剰余のうち、集合Bに含まれる個数をμとして定義していたので、$\mu(11,9) = 2$となります。式(11.5.2.3)に於いて、左辺は10、右辺は2と、値は異なりますが、合同式という目で見れば両者は2を法として合同です。即ち、

$$10 \equiv 2 \equiv 0 \quad (mod\ 2) \tag{11.5.2.5}$$

【補足】床函数とガウスの補題からはちょっと話題が外れますが、ここでもう一度上の計算について検証してみましょう。即ち、上で設定した$A = \{1,2,3,4,5\}$, $B = \{6,7,8,9,10\}$と、$a = 9$を集合Aの各要素に乗じて作った$C = \{9,18,27,36,45\}$について、集合Cの各要素を$p = 11$で割って、剰余を並べると、次が得られました。

$$\{9,7,5,3,1\}$$

この剰余のうち、集合Aの最大値の5を超えるのは7と9ですね。この7と9は、各々から$p = 11$を引いた値と、pを法として合同になりますから、

$$7 \equiv 7 - 11 = -4 \ (mod\ 11)$$
$$9 \equiv 9 - 11 = -2 \ (mod\ 11)$$

集合Cの各要素を$p = 11$で割った剰余の数列、$\{9,7,5,3,1\}$と、7と9から$p = 11$を引いた値とその他の剰余の数列、$\{-2,-4,5,3,1\}$の積はpを法として合同になりますから、

$$\begin{aligned} 9 \cdot 7 \cdot 5 \cdot 3 \cdot 1 &\equiv 5 \cdot (-4) \cdot 3 \cdot (-2) \cdot 1 \\ &= (-1)^2 \cdot 1 \cdot 2 \cdot 3 \cdot 4 \cdot 5 \\ &= (-1)^2 \cdot 5! \end{aligned} \tag{11.5.2.6}$$

さらに、集合Cの要素の積は

$$9 \cdot 18 \cdot 27 \cdot 36 \cdot 45 = 9^5 \cdot 5! \tag{11.5.2.7}$$

式(11.5.2.6)、(11.5.2.7)の二つの値は、$p = 11$を法として合同ですから、

$$9^5 \cdot 5! \equiv (-1)^2 \cdot 5! \pmod{11} \qquad (11.5.2.8)$$

5!と11は互いに素なので、式(11.5.2.8)の両辺を5!で割ることができて、次を得ます。

$$9^5 = 9^{\frac{11-1}{2}} \equiv (-1)^2 \pmod{11} \qquad (11.5.2.9)$$

従って、ガウスの補題から、式(11.2.1)によりルジャンドル記号$(a/p) = (9/11)$は次の等式を満たします。

$$\left(\frac{9}{11}\right) \equiv 9^{\frac{11-1}{2}} \equiv (-1)^{\mu(a,p)=2} = 1 \pmod{11} \qquad (11.5.2.10)$$

式(11.5.2.10)は、9が11を法として平方剰余であることを主張しています。実際、1から10までの平方数の剰余をとると、

p	1	2	3	4	5	6	7	8	9	10
p^2	1	4	9	16	25	36	49	64	81	100
剰 余	1	4	**9**	16	8	2	15	13	13	15

$(mod\ 11)$

となり、$p = 3$のときの$p^2 = 9$の剰余が 9 となっており、9が11を法として平方剰余であることが示されています。

では補題 11.3（床函数で表現されたガウスの補題）の証明に取り掛かりましょう。式(11.5.2.3)の左辺の床函数の分子kaについて、奇素数p、ある整数q_k、r_kを用いて次のように表現します。kは 1 から$(p-1)/2$までの値をとります。

$$ka = q_k \cdot p + r_k$$

$$(\text{但し、} -\frac{p-1}{2} \leq r_k \leq \frac{p-1}{2}) \qquad (11.5.2.11)$$

式(11.5.2.11)の両辺をpで割って、

$$\frac{ka}{p} = q_k + \frac{r_k}{p} \qquad (11.5.2.12)$$

このとき、r_k/pのとり得る値の範囲を調べてみると、

$$-\frac{p-1}{2p} \leq \frac{r_k}{p} \leq \frac{p-1}{2p}$$

$$-\frac{1}{2}+\frac{1}{2p} \leq \frac{r_k}{p} \leq \frac{1}{2}-\frac{1}{2p}$$

$$\therefore -\frac{1}{2} < \frac{r_k}{p} < \frac{1}{2}$$

$$\therefore -1 < \frac{r_k}{p} < 1 \qquad (11.5.2.13)$$

この性質は、以下の床函数の考察で活かされてきます。即ち、式(11.5.2.12)の左辺に床函数を当てはめると、

$$\left\lfloor \frac{ka}{p} \right\rfloor = \begin{cases} q_k & (\,r_k > 0) \\ q_k - 1 & (\,r_k < 0) \end{cases} \qquad (11.5.2.14)$$

となります。ここで、式(11.5.2.14)の両辺を$k = 1 \sim (p-1)/2$で足し合わせます。

$$\sum_{k=1}^{\frac{p-1}{2}} \left\lfloor \frac{ka}{p} \right\rfloor = \sum_{k=1}^{\frac{p-1}{2}} q_k - \#\{\,r_k|\,r_k < 0\} \qquad (11.5.2.15)$$

式(11.5.2.15)の右辺第二項は、$r_k < 0$となる剰余r_kの個数を意味します。これは、ガウスの補題で定義された$\mu(a,p)$のことですから、式(11.5.2.15)は次のように表現されます。

$$\sum_{k=1}^{\frac{p-1}{2}} \left\lfloor \frac{ka}{p} \right\rfloor = \sum_{k=1}^{\frac{p-1}{2}} q_k - \mu(a,p) \qquad (11.5.2.16)$$

ここで、式(11.5.2.11)に戻ります。即ち、

$$ka = q_k \cdot p + r_k \qquad (11.5.2.11)$$

これを、2を法として$k = 1 \sim (p-1)/2$で足し合わせます。但し、前提よりaとpは奇数です。従って、ある整数x, yをとってaとpを表現すれば、次のように表されます。

$$a = 2x + 1,\ \ p = 2y + 1 \qquad (11.5.2.17)$$

これを式(11.5.2.11)に代入すると、

$$k \cdot (2x + 1) = q_k \cdot (2y + 1) + r_k$$
$$\therefore k = q_k + r_k + 2 \cdot (q_k y - kx) \qquad (11.5.2.18)$$

となりますが、これは2を法として考えれば、右辺第三項はゼロと合同になるので、

$$k \equiv q_k + r_k \quad (mod\ 2) \qquad (11.5.2.19)$$

となって、2を法として考えることによって、式中からaとpが消えました。そこで、2を法とすることを常に意識しながら、式(11.5.2.19)の両辺を$k = 1 \sim (p-1)/2$で足し合わせると、

$$\sum_{k=1}^{\frac{p-1}{2}} k \equiv \sum_{k=1}^{\frac{p-1}{2}} q_k + \sum_{k=1}^{\frac{p-1}{2}} r_k \quad (mod\ 2) \qquad (11.5.2.20)$$

さて、ここで式(11.5.2.20)の右辺第二項に着目して下さい。r_kはkaをpで割った剰余ですね。補題 11.2（奇素数pを法とする剰余の補題）より、$r_k = (\pm)1, (\pm)2, \cdots, (\pm)(p-1)/2$となります。しかし、2を法として考えると、$r_k$は$-1, 0, 1$しかとり得ません。というのは、$r_k$が2を超えるとき、2で割り切れる部分はゼロと合同になるからです。即ち、ある整数kについて、次の関係式が成立します。

$$r_k \equiv r_k + 2k \equiv r_k + 0 \quad (mod\ 2)$$
$$(但し、r_k < 2) \qquad (11.5.2.21)$$

さらに、2を法とするとき、$1 \equiv 1-2=-1 \pmod 2$であるので、1と-1は合同です。従って、2を法とするときr_kは符号を考慮する必要がなくなって、$r_k=1,2,\cdots,(p-1)/2$とできるので、

$$\sum_{k=1}^{\frac{p-1}{2}} r_k \equiv \sum_{k=1}^{\frac{p-1}{2}} k \pmod 2 \tag{11.5.2.22}$$

となります。これを式(11.5.2.20)に代入すれば、

$$\begin{aligned}\sum_{k=1}^{\frac{p-1}{2}} k &\equiv \sum_{k=1}^{\frac{p-1}{2}} q_k + \sum_{k=1}^{\frac{p-1}{2}} r_k \pmod 2\\ &\equiv \sum_{k=1}^{\frac{p-1}{2}} q_k + \sum_{k=1}^{\frac{p-1}{2}} k \pmod 2\\ \therefore \sum_{k=1}^{\frac{p-1}{2}} q_k &\equiv 0 \pmod 2\end{aligned} \tag{11.5.2.23}$$

これを、式(11.5.2.16)に代入すると、

$$\begin{aligned}\sum_{k=1}^{\frac{p-1}{2}} \left\lfloor \frac{ka}{p} \right\rfloor &= \sum_{k=1}^{\frac{p-1}{2}} q_k - \mu(a,p)\\ &\equiv -\mu(a,p) \equiv \mu(a,p) \pmod 2\end{aligned} \tag{11.5.2.24}$$

ここでも、式(11.5.2.24)の右辺$\mu(a,p)$は1か-1しかとり得ません。1を法とすれば、1は-1に合同です。

ここまでで、ようやく補題 11.3（床函数で表現されたガウスの補題）に示された式(11.5.2.3)が証明されました。この補題を用いて、いよいよアイゼンシュタインによる平方剰余の相互法則の証明に入りましょう。

11.5.3 アイゼンシュタインによる平方剰余の相互法則の証明

ここから、少し幾何学的思考法を導入します。図 11.1 に示すようにx, y平面上に直角三角形と整数点を考えます。直角三角形は、x, y座標として(0,0)、$(p/2, 0)$、$(p/2, q/2)$の三つの頂点を持つとします。但し、ここでp, qは奇素数で、かつ$p \nmid q$とします。このとき、直角三角形の斜辺は、$y = (q/p)x$と一致します。この直角三角形を使って、その内部に含まれる整数の数を数えてみましょう。但し、直角三角形の辺上の点は数えないこととします。

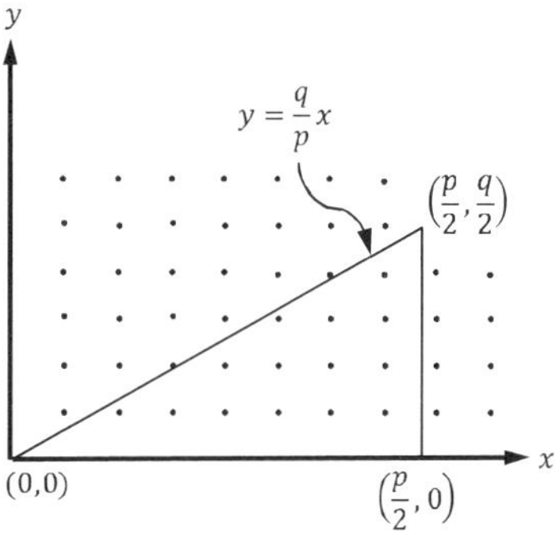

図 11.1 直角三角形と整数点

さて、まず、$x = 1$のときに三角形の内部に含まれる整数点の数はどうすれば数えることができるでしょうか。それは、直線$x = 1$の上に乗っている整数点を数えればよいですね。但し、直角三角形の内部の整数点のみを数えるのですから、図 11.2 に示すように直線$x = 1$と三角形の斜辺、$y = (q/p)x$との交点$(1, q/p)$を求め、点(1,0)から$(1, q/p)$までの間に、直線$x = 1$上に位置する整数点を数えることになります。その個数はガウスの床函数を用いて求めます。

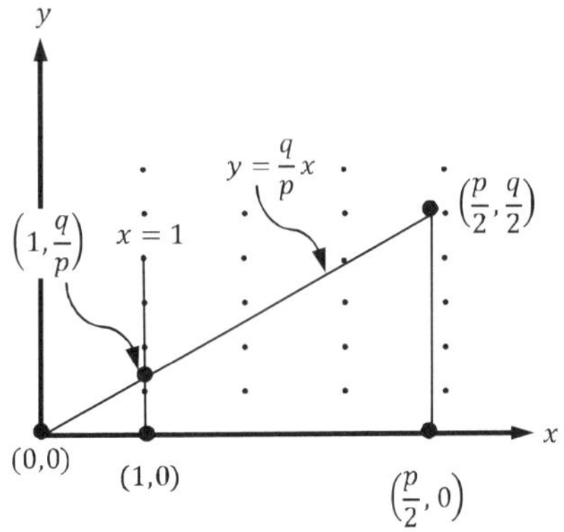

図 11.2 整数点を数える

同様にして、$x=1$から$p/2$までについて整数点を数えていきます。ところで、$p/2$は整数である保証はありません。従って、整数点を数えるのは、$x=1$から$p/2$を超えない最大の整数までの範囲となります。pは前提より奇素数ですから、ある整数kによって$p=2k+1$と置けるので、

$$\left\lfloor\frac{p}{2}\right\rfloor=\left\lfloor\frac{2k+1}{2}\right\rfloor=\left\lfloor k+\frac{1}{2}\right\rfloor=k=\frac{(2k+1)-1}{2}=\frac{p-1}{2} \qquad (11.5.3.1)$$

となります。

従って、直角三角形内部の整数の数を求める式は次のように表せます。即ち、

$$\sum_{k=1}^{\left\lfloor\frac{p}{2}\right\rfloor}\left\lfloor\frac{kq}{p}\right\rfloor=\sum_{k=1}^{\frac{p-1}{2}}\left\lfloor\frac{kq}{p}\right\rfloor \qquad (11.5.3.2)$$

ここで、図 11.2 で書かれた直角三角形の向きを上下左右逆にしたものを図 11.3 のように考え、同様にその直角三角形内部の整数の数を求めます。

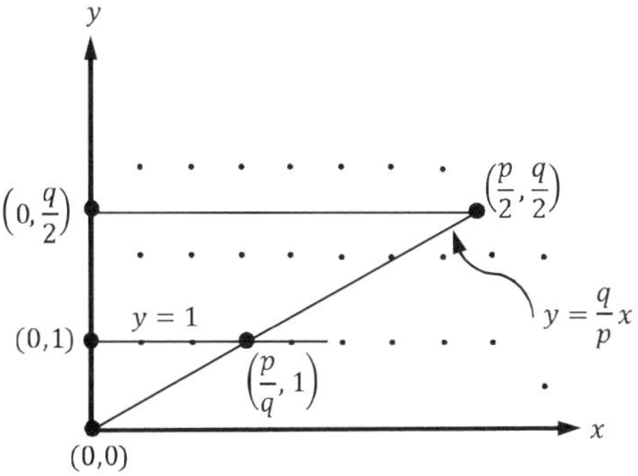

図 11.3 整数点を数える（その２）

この場合は、直線$y = 1$と三角形の斜辺、$y = (q/p)x$との交点$(p/q\,, 1)$を求め、点$(0,1)$から$(p/q\,, 1)$までの間に、直線$y = 1$上に位置する整数点を数えることになります。その個数はガウスの床函数を用いて求めます。同様にして、$y = 1$から$q/2$までについて整数点を数えていくと、その式は次のように与えられます。

$$\sum_{k=1}^{\left\lfloor\frac{q}{2}\right\rfloor}\left\lfloor\frac{kp}{q}\right\rfloor = \sum_{k=1}^{\frac{q-1}{2}}\left\lfloor\frac{kp}{q}\right\rfloor \qquad (11.5.3.3)$$

図 11.2 と図 11.3 の二つの直角三角形の内部の整数の個数を合計して、補題 11.3（床函数で表現されたガウスの補題）で示された式（11.5.2.3）を適用すれば、次の式を得ます。

$$\sum_{k=1}^{\frac{p-1}{2}}\left\lfloor\frac{kq}{p}\right\rfloor + \sum_{k=1}^{\frac{q-1}{2}}\left\lfloor\frac{kp}{q}\right\rfloor \equiv \mu(p,q) + \mu(q,p) \quad (mod\ 2) \qquad (11.5.3.4)$$

次に、図 11.2 と図 11.3 の二つの直角三角形を合わせたような形の、図 11.4 に示された長方形内部の整数点の個数を数えます。これは、初等幾何学の知識で容易に求められます。即ち、縦横それぞれ$(p/2)$、$(q/2)$の長さの長方形内部の整数点の個数ですから、それは、

$$\left\lfloor\frac{p}{2}\right\rfloor\cdot\left\lfloor\frac{q}{2}\right\rfloor \qquad (11.5.3.5)$$

と表されます。さらに、式(11.5.3.1)から次の関係を得ます。

$$\left\lfloor\frac{p}{2}\right\rfloor\cdot\left\lfloor\frac{q}{2}\right\rfloor=\frac{p-1}{2}\cdot\frac{q-1}{2} \qquad (11.5.3.6)$$

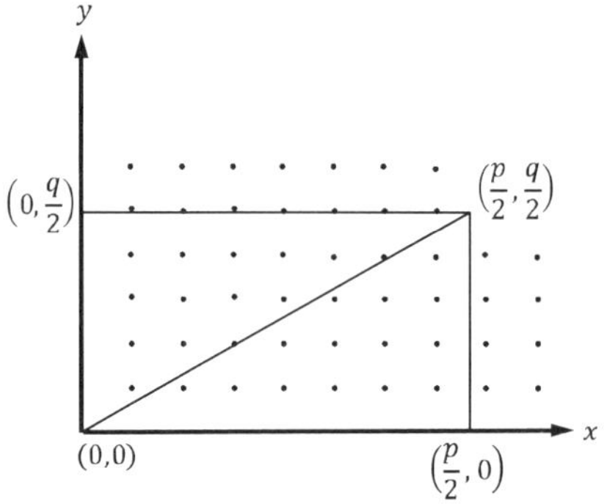

図 11.4 二つの直角三角形内部の整数点の個数の和を数える

ここで、式(11.5.3.4)、(11.5.3.6)を等しいと置くことで、

$$\mu(p,q)+\mu(q,p)\equiv\frac{p-1}{2}\cdot\frac{q-1}{2} \qquad (mod\ 2) \qquad (11.5.3.7)$$

となる関係式の成立がわかります。ここで、補題（11.1）（ガウスの補題）で示されていた次の関係式を思い出しましょう。

$$\left(\frac{a}{p}\right)\equiv(-1)^{\mu(a,p)} \qquad (11.2.1)$$

式(11.2.1)の右辺と、式(11.5.3.7)の左辺を比較して、

$$\left(\frac{p}{q}\right)\left(\frac{q}{p}\right)\equiv(-1)^{\mu(p,q)}\cdot(-1)^{\mu(q,p)}$$

$$=(-1)^{\frac{p-1}{2}\cdot\frac{q-1}{2}} \qquad (11.5.3.8)$$

ここに行き着いてようやく、定理 11.3-2（平方剰余の相互法則）の式(11.4.2)が証明されました。

12

平方和の定理

12.1 素数の平方和

ここでは、ある素数についてそれを二つの平方数の和で表すことについて検討します。即ち、素数pとある整数A, Bを取り上げ、これらが次の関係を満たすとき、その条件について吟味しようとするものです。

$$p = A^2 + B^2 \tag{12.1.1}$$

式(12.1.1)は今までに私たちが慣れ親しんできた合同式ではなく、普通の等式です。いくつかの具体例を見てみましょう。

$$1 = 0^2 + 1^2, \qquad 5 = 1^2 + 2^2, \qquad 17 = 1^2 + 4^2, \qquad 29 = 2^2 + 5^2$$

この例では、素数の1、5、17、29はある二つの整数の平方和で表現することができました。では、同じ素数でも次の例はどうでしょうか。

$$3 \neq A^2 + 1^2, \qquad 11 \neq A^2 + 3^2, \qquad 23 \neq A^2 + 4^2, \qquad 31 \neq A^2 + 5^2$$

上の例に見るいずれの素数も、整数の平方和では表現できません。次に、素数がある二つの整数の平方和で表現できるための条件について検討します。二つの整数の平方和で表現することができた素数の1、5、17、29に、何かパターンが認められませんでしょうか。常套手段は、ある整数で割り算をしてその余りをとってみることです。上の4つの素数をいくつかの整数で割って、その余りを見てみましょう。下に一覧表を作ってみました。

素数の例	1	5	17	29
2で割った余り	1	1	1	1
3で割った余り	1	2	2	2
4で割った余り	1	1	1	1
7で割った余り	1	5	3	1

このわずかな事例を通して推定できる事実は、4で割った余りが1となることが、4つの素数に共通しているということで、これが一般化できるかも知れないということです。

ところで、ここで一点注意が必要です。素数は、通常は奇数になります。偶数になると、2 で割り切れるために素数としての条件を満たしません。但し、2 そのものは例外です。実際、$2 = 1^2 + 1^2$となるので、二つの平方和で表されます。従って、平方和で表されるための素数の条件は、「2 及びその他の奇素数」についての条件となります。但し、素数の 2 はすでに平方和として表される事実が明らかになったので、以下では奇素数pが満たすべき条件について吟味します。

ここで、奇素数pが二つの整数の平方和で表されるとしたときに、pがどのような形をとるのかについての一般論を検討します。即ち、

（奇素数pが二つの整数の平方和で表される）$\Longrightarrow$ $p \equiv 1\ (mod\ 4)$

を証明します。今、ある整数a, bをとって、

$$p = a^2 + b^2 \qquad (12.1.2)$$

と表されるとします。pは奇数なので、a, bのどちらか一方は奇数であり、もう一方は偶数となります。ここでまた別の整数m, nをとると、

$$a = 2m + 1,\ \ b = 2n \qquad (12.1.3)$$

とできます。これを式(12.1.2)に代入すると、

$$\begin{aligned} p &= (2m + 1)^2 + 4n^2 \\ &= 4(n^2 + m^2 + n) + 1 \end{aligned} \qquad (12.1.4)$$

式(12.1.4)が示すことは、奇素数pが 4 で割って余りが 1 となること、即ち、$p \equiv 1\ (mod\ 4)$が示されました。

さて、上記の証明の方法に合同式と平方剰余の相互法則の考えを導入し、別の方法での証明を試みてみましょう。式(12.1.2)は、$a^2 + b^2$が素数pで割り切れることを意味しますから、

$$a^2 + b^2 \equiv 0\ \ (mod\ p) \qquad (12.1.5)$$

と書けます。さらに、式(12.1.5)は、

$$-b^2 \equiv a^2 \pmod p \qquad (12.1.6)$$

となります。この式が意味することは、$-b^2$をpで割った余りであるa^2が平方数であること、即ち、$-b^2$はpを法として平方剰余であるということです。このことをルジャンドル記号で示せば、

$$\left(\frac{-b^2}{p}\right) = 1$$

$$\therefore \left(\frac{-b^2}{p}\right) = \left(\frac{-1}{p}\right)\left(\frac{b^2}{p}\right) = \left(\frac{-1}{p}\right)\left(\frac{b}{p}\right)^2 = 1 \qquad (12.1.7)$$

式(12.1.7)に於いて、ルジャンドル記号の(b/p)は、1もしくは-1です。従って、その二乗となる$(b/p)^2$は1となります。このことは、

$$\left(\frac{-1}{p}\right)\left(\frac{b}{p}\right)^2 = \left(\frac{-1}{p}\right) \cdot 1 = 1 \qquad (12.1.8)$$

を意味しますが、これは-1がpを法として平方剰余であることを示しています。これは平方剰余に関する定理 11.1（平方剰余の第一補充法則）に照らせば、式(11.1.3)の合同式により、$p \equiv 1 \pmod 4$がpの満たすべき条件として提示されています。定理 11.1 を次に再掲します。

定理 11.1（平方剰余の第一補充法則）

奇素数pを法として、-1は次の法則に従う。

$$\left(\frac{-1}{p}\right) = (-1)^{\frac{p-1}{2}} = \begin{cases} 1 & p \equiv 1 \pmod 4 \\ -1 & p \equiv 3 \pmod 4 \end{cases} \qquad (11.1.3)$$

ここで、奇素数pの平方和に関する証明の前半が終了しました。

12.2 フェルマーの無限降下法

次は下記の逆向きの流れを証明しなければなりません。即ち、

（奇素数pが二つの整数の平方和で表される） $\Longleftarrow$ $p \equiv 1 \ (mod\ 4)$

これはやや手強い作業になります。実はこの証明作業で威力を発揮する一つの恒等式があります。それは、4つの整数A, B, x, yに関する平方和の積と和に関する恒等式で、最初にギリシャのディオファントスが発見しましたが、後に再発見をしたインドの数学者の名を冠して**ブラフマグプタ**($Brahmagupta$)**の二平方恒等式**と呼ばれています。即ち、

$$(A^2 + B^2)(x^2 + y^2) = (Ax + By)^2 + (Ay - Bx)^2 \qquad (12.2.1)$$

です。これを使います。加えて、以下の証明では**フェルマーの無限降下法**($Fermat's\ infinite\ descent$)と呼ばれるテクニックも駆使します。これらを念頭に置きつつ、以下で証明を展開していきましょう。

まず、筆頭に$p \equiv 1 \ (mod\ 4)$を前提します。定理11.1（平方剰余の第一補充法則）の式(11.1.3)より、$(-1/p) = 1$が得られます。これは、-1がpを法として平方剰余であることを意味しますから、ある整数Aについて、

$$-1 \equiv A^2 \ \ (mod\ p)$$
$$\therefore A^2 + 1^2 \equiv 0 \ \ (mod\ p) \qquad (12.2.2)$$

が言えますから、$A^2 + 1^2$はpで割り切れます。従ってpよりも小さいある整数kをとって、

$$A^2 + 1^2 = kp \qquad (12.2.3)$$

ここで、式(12.2.3)の左辺の1の代わりに、ある整数Bを充てて

$$A^2 + B^2 = kp \qquad (12.2.4)$$

を出発点にします。このとき、$k = 1$であれば証明は終了です。そこで、$k \geq 2$とします。ここから、順次フェルマーの無限降下法を辿って行くことにしましょう。

【Step 1】

奇素数pについて、$p \equiv 1\ (mod\ 4)$を前提します。

【Step 2】

整数A, B, k（但し、$k < p$）について$A^2 + B^2 = kp$とします。即ち、

$$A^2 + B^2 \equiv 0\ \ (mod\ p) \qquad (12.2.5)$$

式(12.2.5)は、同時に、kによっても割り切れると言えることから

$$A^2 + B^2 \equiv 0\ \ (mod\ k) \qquad (12.2.6)$$

が言えます。

【Step 3】

次の合同式を満たす整数x, yを選びます。

$$x \equiv A\ \ (mod\ k),\ \ y \equiv B\ \ (mod\ k)$$
$$(\text{但し、}-(k/2) \leq x, y \leq k/2) \qquad (12.2.7)$$

【Step 4】

合同式の積に関する性質（第 7 章の式（7.1.4））より、式(12.2.7)の右辺・左辺の辺々各々の積をとります。

$$x^2 \equiv A^2\ \ (mod\ k),\ \ y^2 \equiv B^2\ \ (mod\ k) \qquad (12.2.8)$$

合同式の和に関する性質（第 7 章の式（7.1.4））より、式(12.2.8)の右辺・左辺の辺々各々の和をとります。

$$x^2 + y^2 \equiv A^2 + B^2 (mod\ k) \qquad (12.2.9)$$

式(12.2.6)より、

$$x^2 + y^2 \equiv A^2 + B^2 \equiv 0\ \ \ (mod\ k) \qquad (12.2.10)$$

【Step 5】

ここで、さらに$n < k$となる整数nをとりあげて、

$$x^2 + y^2 = nk \qquad (12.1.11)$$

また、式(12.2.5)から

$$A^2 + B^2 = kp \qquad (12.2.12)$$

【Step 6】

合同式の積の性質（第 7 章の式（7.1.4））より、式(12.2.11)及び、式(12.2.12)の右辺・左辺の辺々各々の積をとります。

$$(x^2 + y^2)(A^2 + B^2) = k^2np \qquad (12.2.13)$$

【Step 7】

4 変数の平方和の和と積の恒等式(12.2.1)より、

$$(x^2 + y^2)(A^2 + B^2) = (xA + yB)^2 + (yA - xB)^2 = k^2np \qquad (12.2.14)$$

【Step 8】

式(12.2.14)の両辺をk^2で除して、下記の関係式を得ます。

$$\left(\frac{xA + yB}{k}\right)^2 + \left(\frac{yA - xB}{k}\right)^2 = np \qquad (12.2.15)$$

フェルマーの無限降下法の最初の段階、即ち【Step 2】では$A^2 + B^2 = kp$と表せました。それが、【Step 8】に至るに及んで、式(12.2.15)に表される新たな平方和に対して、$kp > np$となる、より小さな値のpの倍数と等しい式を得ることができました。さらにこの操作を再び【Step 2】に戻して、【Step 8】の式(12.2.15)の右辺が、pとなるまで（即ち、$n = 1$となるまで）手続きを続けることになり、その時点で命題が証明されたことになります。

【例】フェルマーの無限降下法を具体的に、以下で順を追って計算してみましょう。

【Step 1】
今、奇素数pとして、$181 \equiv 1 \ (mod\ 4)$をとります。

【Step 2】
$p = 181$に、ある整数を乗じます。例えば、16を乗じてみましょう。すると次の平方和がとれます。

$$16 \cdot 181 = 36^2 + 40^2 \qquad (12.2.16)$$

【Step 3】
次の条件を満たす 2 つの変数4,8を選びます。

$$4 \equiv 36 \ (mod\ 16), \quad 8 \equiv 40 \ (mod\ 16)$$
$$(-16/2 \leq 4{,}8 \leq 16/2) \qquad (12.2.17)$$

【Step 4】
式(12.2.17)の左辺・右辺の二乗を各々足し合わせます。

$$4^2 + 8^2 \equiv 36^2 + 40^2 \ \equiv 0 \ \ (mod\ 16) \qquad (12.2.18)$$

【Step 5】
式(12.2.18)の左辺・右辺は各々次のように表現できます。

$$4^2 + 8^2 \equiv 16 \cdot 5$$
$$36^2 + 40^2 \ \equiv 16 \cdot 181 \qquad (12.2.19)$$

【Step 6】
式(12.2.19)の左辺・右辺を各々乗じて、

$$(4^2 + 8^2) \cdot (36^2 + 40^2) = 16^2 \cdot 5 \cdot 181 \qquad (12.2.20)$$

【Step 7】
恒等式(12.2.1)を適用して、

$$(4^2 + 8^2) \cdot (36^2 + 40^2)$$
$$= (4 \cdot 36 + 8 \cdot 40)^2 + (8 \cdot 36 - 4 \cdot 40)^2$$
$$= 16^2 \cdot (9 + 20)^2 + 16^2 \cdot (18 - 10)^2 \qquad (12.2.21)$$

式(12.2.20)、 (12.2.21)の両者より、

$$16^2 \cdot (9 + 20)^2 + 16^2 \cdot (18 - 10)^2 = 16^2 \cdot 5 \cdot 181 \qquad (12.2.22)$$

式(12.2.22)の両辺を16^2で除して、

$$29^2 + 8^2 = 5 \cdot 181 \qquad (12.2.23)$$

式(12.2.16)と(12.2.23)の両者を比較してみて下さい。

$$36^2+40^2=16\cdot181 \tag{12.2.16}$$

$$29^2+\ \ 8^2=\ \ 5\cdot181 \tag{12.2.23}$$

奇素数$p=181$に掛かる倍数が、16 から 5 に縮小されました。
ここで、再び【Step 3】に戻ります。

【Step 3(2 回目)】
次の条件を満たす 2 つの変数$-1,-2$を選ぶ。

$$-1\equiv29\ (mod\ 5),\quad -2\equiv8\ \ (mod\ 5)$$

$$(-5/2\leq-1,-2\leq5/2) \tag{12.2.24}$$

【Step 4(2 回目)】
式(12.2.24)の 2 式の左辺・右辺の二乗を各々足し合わせる。

$$(-1)^2+(-2)^2\equiv29^2+8^2\ \equiv0\ \ (mod\ 5) \tag{12.2.25}$$

【Step 5(2 回目)】
式(12.2.25)の左辺・右辺は各々次のように表現できる。

$$(-1)^2+(-2)^2\equiv5\cdot1$$
$$29^2+8^2\ \equiv5\cdot181 \tag{12.2.26}$$

【Step 6(2 回目)】
式(12.2.26)の左辺・右辺を各々乗じて、

$$(1^2+2^2)\cdot(29^2+8^2)=5^2\cdot1\cdot181 \tag{12.2.27}$$

【Step 7(2 回目)】
恒等式(12.2.1)を適用して、

$$\begin{aligned}&(1^2+2^2)\cdot(29^2+8^2)\\&=(1\cdot29+2\cdot8)^2+(2\cdot29-1\cdot8)^2\\&=5^2\cdot9^2+5^2\cdot10^2\end{aligned} \tag{12.2.28}$$

式(12.2.27)、 (12.2.28)の両者より、

$$5^2\cdot9^2+5^2\cdot10^2=5^2\cdot1\cdot181 \tag{12.2.29}$$

式(12.2.29)の両辺を5^2で除して、

$$9^2+10^2=181 \tag{12.2.30}$$

見事に、奇素数$p = 181$は、二つの整数、9 と 10 の平方和によって表すことができました。

証明のくだりが長くなりましたが、これらの証明の対象となった素数の平方和に関する定理を、改めて示したいと思います。

定理 12.1（素数の二平方和定理）

素数pが、二つの整数の平方和で表すことができるのは、次の場合に限られる。

$$p \equiv 1 \pmod{4} \quad \text{及び、} p = 2 \qquad (12.2.31)$$

13

原始根

13.1 指数と位数

ここでは原始根についての議論を展開します。その前に原始根に関連するいくつかの新しい概念を列挙します。

4 つの整数r, a, n, pについて次の合同式を考えます。

$$a^n \equiv r \ (mod \ \ p) \tag{13.1.1}$$

このとき、nのことを、「pを法としてaを底とするrの**指数**$(index)$」と称し、記号では次のように記します。

$$Ind_a r = n \quad もしくは、log_a r = n \tag{13.1.2}$$

今、式(13.1.1)について$n = 0,1,2, \cdots, p-1$ととっていきます。

$$a^0, a^1, a^2, \cdots, a^{p-1} \tag{13.1.3}$$

これらa^nの数列で、0から$p-1$まで数の小さい方から順を追って式(13.1.1)の右辺rを見ていって、初めて$r = 1$と合同になるときの最小の指数のことを、「pを法とするaの**位数**$(order)$」と呼び、記号では次のように記します。位数の記号は指数と異なり、法pが加わります。

$$ord_p a = n \tag{13.1.4}$$

具体例で見てみましょう。下の表に、$p = 7$を想定して、$n = 1$〜6についてのa^nを、$a = 3$と$a = 5$の 2 パターンについて示します。

【a^nの一覧表】

n	1	2	3	4	5	6
$a = 3$	3	9	27	81	243	729
$a = 5$	5	25	125	625	3125	15625

表中の各々の数値について、$p = 7$を法とする剰余をとります。

【$a^n \equiv r \ (mod \ \ 7)$を満たす剰余$r$の一覧表】

n	1	2	3	4	5	6
$r = 3^n$	3	2	6	4	5	1
$r = 5^n$	5	4	6	2	3	1

$(mod \ \ 7)$

上の表から、$3^n \equiv 1 \pmod 7$となる最初のnが 6 ですから、7を法とする 3 の位数は 6 になり、これは底 3 にとっての最小の指数になります。同じように、7を法とする 5 の位数も 6 になり、同様に底 5 にとっての最小の指数になります。

さて、この位数に関して非常に重要な性質があります。これを位数の定理として提示しましょう。

定理 13.1（位数の整除性の定理）

nを、pを法とするaの位数とする。即ち、次の合同式が成り立つ。

$$a^n \equiv 1 \pmod p \tag{13.1.5}$$

このとき、nと異なる指数m (位数の定義より、$m > n$)について次の合同式が成立するとき、mはnの倍数、即ち、mはnで割り切れる。

$$a^m \equiv 1 \pmod p \tag{13.1.6}$$

また、位数nは必ず$p-1$を割り切る。

以下で定理 13.1 を証明します。まず、mを位数nで割った商をq、余りをrと置きます。すると、式(13.1.6)より、

$$1 \equiv a^m = a^{nq+r} = (a^n)^q \cdot a^r \equiv 1^q \cdot a^r = a^r \pmod p$$

$$\therefore a^r \equiv 1 \pmod p \tag{13.1.7}$$

となります。これは、rがpを法としてaを底とする 1 の指数ということになります。また、rは余りですから明らかに$0 \le r < n$であることになります。しかし、nは合同式(13.1.5)を満たすaの位数ですから、位数の定義からnは最小の指数でなければなりません。しかるに、nより小さなrが合同式(13.1.7)を満たしてしまうことは矛盾です。従って、$r = 0$でなければならず、その結果次の関係式が成立します。

$$a^m = a^{nq+r} = a^{nq}$$

$$\therefore m = nq \tag{13.1.8}$$

式(13.1.8)はmがnで割り切れることを示しており、定理 13.1 が証明されました。さらにフェルマーの小定理より、$a^{p-1} \equiv 1 \pmod{p}$なので、$m = p - 1$とすれば式(13.1.8)より$m = p - 1 = nq$ですから、位数$n$は必ず$p - 1$を割り切ることが確かめられます。

【例】底aの位数nに対し、n以外の指数$m > n$がnの倍数となることを、具体例で見ておきます。素数$p = 11$を法としたときに対応する底aと、それを$p = 11$で割った余り、そのとき横軸に沿って初めて$a^n \equiv 1 \pmod{p}$を与える位数nを一覧表から確かめてみましょう。表の縦軸に法$p = 11$に対応する底aを$1,2,3,\cdots,p-1=10$と、10通り並べます。横軸に底aを1から$p - 1 = 10$まで冪乗したa^k ($k = 1$〜10)をとり、それを$p = 11$で割った余りを表中に並べます。横軸に沿って余りが最初に1になったところの指数が底aの位数nです。なお、底aの冪乗a^kを$p - 1$で割れば、pは素数なのでその余りはフェルマーの小定理$a^{p-1} \equiv 1 \pmod{p}$により、必ず1になります。そこで、定理 13.1 のmを$m = p - 1$と置いて、位数nで$p - 1$を割り切ることができることを確かめます。

		aの冪乗a^k ($k = 1$〜10)								
		a^2	a^3	a^4	a^5	a^6	a^7	a^8	a^9	a^{10}
底a	1	**1**	-	-	-	-	-	-	-	-
	2	4	8	5	10	9	7	3	6	**1**
	3	9	5	4	**1**	-	-	-	-	-
	4	5	9	3	**1**	-	-	-	-	-
	5	3	4	9	**1**	-	-	-	-	-
	6	3	7	9	10	5	8	4	2	**1**
	7	5	2	3	10	4	6	9	8	**1**
	8	9	6	4	10	3	2	5	7	**1**
	9	4	3	5	**1**	-	-	-	-	-
	10	**1**	-	-	-	-	-	-	-	-

$(mod \ \ p = 11)$

底aを1から10までとり、各々をa^2からa^{10}まで計算し、それらを11で割った余りを上の一覧表に並べました。この表を横一列ずつ眺めてみてください。余りが最初に1となったカラムより右には、余りを記していません。当該カラムに対応するa^kのkが位数nになります。この位数を、底a毎に列挙してみましょう。

底a	1	2	3	4	5	6	7	8	9	10
位数n	2	10	5	5	5	10	10	10	5	2

位数nは、いずれも$p - 1 = 10$の約数である2,5,10であることが確認できました。

さて、位数が定義されたことを踏まえて、次の節では本題となる原始根について考察していきましょう。

13.2 原始根の定義

(1) 原始根の定義

原始根とは、次のように定義される数です。

> **定理 13.2（原始根）**
> 3 以上の奇素数pを法としてaを底とする指数nについての合同式を次のように考える。
>
> $$a^n \equiv 1 \pmod{p} \tag{13.2.1}$$
>
> このとき、pを法とするaの位数nが$p-1$となるときのaを、法pの**原始根**($primitive\ root$)と呼ぶ。

上の定理は、「位数が$p-1$であるaのことを原始根と呼ぶ」、と言っています。新しい概念が散りばめられると、文章がわかり難くなるかも知れません。事実、原始根の定義には複数あります。いくつか列挙することで、より理解を深める一助になるかも知れません。

> **定理 13.2-2（原始根）**
> 3 以上の奇素数pを法として、$1 \leq a < p$を満たすaが次の性質を満たすとき、
>
> $$a^1, a^2, a^3, \cdots, a^{p-2} \not\equiv 1 \pmod{p} \tag{13.2.2}$$
>
> このとき、aを法pについての原始根と呼ぶ。

定理 13.2-2 も定理 13.2 の主張と全く同じことを言っています。つまり、$a^n \equiv 1$を満たすnは 1 から順に代入して行って$n = p - 1$の時点で初めて条件式$a^n \equiv 1 \pmod{p}$を満たします。そのときの$n = p - 1$

はpを法とするaの位数であり、さらにそのときのaを原始根と定義するわけです。もう一つ、別の表現での原始根の定義をご紹介しましょう。

定理 13.2-3（原始根）
3 以上の奇素数pを法として、$p \nmid a$を満たし、かつ 1$\leq a < p$を満たすaがpに対する原始根であるとき、$a^1, a^2, a^3, \cdots, a^{p-1}$を$p$で割った余りは全て異なり、それは$1,2,\cdots,p-1$のうちのどれかの値をとる。

かえって分かりにくくなったかも知れません。具体例をあげましょう。前段の数値例を再掲します。下表に$mod\ 7$として、$n=1$〜6について のa^nを$a=3,5$の 2 パターンについてとったものを再掲します。

【a^nの一覧表】

n	1	2	3	4	5	6
$a=3$	3	9	27	81	243	729
$a=5$	5	25	125	625	3125	15625

表中の各々の数値について、$p=7$を法とする剰余をとります。

【$a^n \equiv r\ (mod\ 7)$を満たす剰余rの一覧表】

n	1	2	3	4	5	6
$r=3^n$	3	2	6	4	5	1
$r=5^n$	5	4	6	2	3	1

$(mod\ 7)$

上の剰余の表から、法$p=7$に対する原始根が、$a=3,5$の両者であることがわかりますね。さらに、剰余一覧表に現れた$n=1$〜6の剰余rは全て異なる値をとり、その範囲は 1$\leq a \leq 6 = p-1$となっていますね。下にこの証明を示します。証明は背理法を用います。即ちaが原始根であるにもかかわらず法pのもとでのa^nの剰余の中に、異なるnのもとで値が重複するものが存在すると仮定し、矛盾を導き出します。

まず、1$\leq n < m \leq p-1$を満たす値の異なる二つの自然数n, mをとります。仮定として、次を置きます。即ち、

$$a^m \equiv a^n \pmod{p} \qquad (但し、n \neq m) \tag{13.2.3}$$

式(13.2.3)の合同式は次の合同式と同値です。

$$a^n \cdot a^{m-n} \equiv a^n \pmod{p}$$
$$\therefore a^n \cdot (a^{m-n} - 1) \equiv 0 \pmod{p} \tag{13.2.4}$$

前提より、$p \nmid a$であり従って、$p \nmid a^n$ですから、式(13.2.4)はその両辺をa^nで割った次の合同式と同値です。

$$a^{m-n} - 1 \equiv 0 \pmod{p}$$
$$\therefore a^{m-n} \equiv 1 \pmod{p} \tag{13.2.5}$$

ところで自然数n, mは条件式、$1 \leq n < m \leq p - 1$を満たしますから、

$$0 < m - n \leq p - 2 < p - 1 \tag{13.2.6}$$

式(13.2.6)が意味することは、合同式$a^e \equiv 1 \pmod{p}$を満たす指数eに、$p - 1$を下回る数値が存在するということです。しかし、aは原始根であるので合同式$a^e \equiv 1 \pmod{p}$を満たす指数eは、位数の最大値、即ち$p - 1$でなければならないことに矛盾します。こうした矛盾が生じた要因は自然数n, m $(n \neq m)$のもとで、$a^m \equiv a^n \pmod{p}$を前提したことにあります。従って、$a^m \equiv a^n \pmod{p}$が成立するのは$n = m$の場合に限られること、即ち、自分と合同になる剰余に対応する指数eは、自分自身の指数以外には存在しないこと、即ち、合同式$a^e \equiv 1 \pmod{p}$を満たす指数eは全て異なる値を持つことが証明されました。

上に加えて、$a^1, a^2, a^3, \cdots, a^{p-1}$を$p$で割った余りはその値が 1 以上$p - 1$以下です。そしてその個数は明らかに$p - 1$個であり、それらが全て異なる値であれば、求まる余りの値は 1,2, ⋯,$p - 1$を網羅することになります。

(2)原始根の定理

この原始根ですが、次の存在と個数に関する定理があります。

> **定理 13.3（原始根の存在定理）**
> 素数pに対して必ず原始根が存在する。かつその個数はpを法とした場合、$\varphi(p-1)$個となる。但し、φはオイラー函数。

この素っ気無いくらいに簡潔な定理は、実はその証明は少々手強いです。存在と個数について、順次証明していきましょう。

13.3 原始根の存在証明

証明手順の方針ですが、まず、法として素数pを与えます。このpに対応する既約剰余系の代表元[3] 、$a, b, c, \cdots$を複数個列挙し、その指数を求めます。このとき、例えば$a^m \equiv 1 \ (mod \ \ p)$となる代表元$a$の指数$m$が、$m = p-1$である場合は、自動的に$a$が法$p$の原始根ですから、証明は終わってしまいます。確認すべきは、$m < p-1$の場合であっても法pの原始根を見つけることができるかどうかです。

初めに既約剰余系の代表元としてaを取り上げ、$a^m \equiv 1 \ (mod \ \ p)$を満たす指数$m$について$m < p-1$を前提します。これに対して、もうひとつの代表元$b$を取り上げ、$(ab)^{mn} \equiv 1 \ (mod \ \ p)$とできるような$ab$に対応する新しい指数$mn$を求め、$m < mn$となることを確認します。さらに、三つ目の代表元$c$、四つ目の代表元$d$、…を取り上げることができることを確かめ、各々に対応する指数$mno < mnop < \cdots$となることを確認し、指数の最大値である$p-1$に、いずれは到達することができるであろうこと、そのときの底$abcdef$と指数$mnopqr = p-1$が合同式、$(abcdef)^{mnopqr=p-1} \equiv 1 \ (mod \ \ p)$を満たすことを確認し、そのときの底$abcdef$が素数$p$の原始根であることを述べればよいということです。以下に順を追って証明していきましょう。

---

3)剰余系、既約剰余系、代表元という概念は、「7.合同式」の冒頭で詳述していますので、参照して下さい

まずaという整数を取り上げます。これを、pを法とする既約剰余系の代表元の一つとします。ちなみに、法pが素数であるとき、既約剰余系は次のように$p-1$個の要素から成る集合になります。

$$\{1,2,3,\cdots,p-1\} \tag{13.3.1}$$

整数aは、集合(13.3.1)のような既約剰余系に含まれる一つの代表元になります。言い換えれば、aは法pとは互いに素である$p-1$以下の整数であるということになります。

このaについて、位数をmとします。位数の定義により、

$$a^m \equiv 1 \pmod p \tag{13.3.2}$$

になります。このaの冪乗の列を作ると、

$$a^0, a^1, a^2, \cdots, a^{m-1} \tag{13.3.3}$$

となりますが、数の列(13.3.3)は全て

$$X^m \equiv 1 \pmod p \tag{13.3.4}$$

という、Xを未知数とする合同式の解となります。なぜかというと、式(13.3.4)に、数の列(13.3.3)の各々を代入してみて下さい。即ち、

$$\begin{aligned} X = a^0\text{のとき：}&(a^0)^m \equiv (a^m)^0 \equiv 1^0 = 1 \pmod p\\ X = a^1\text{のとき：}&(a^1)^m \equiv (a^m)^1 \equiv 1^1 = 1 \pmod p\\ X = a^2\text{のとき：}&(a^2)^m \equiv (a^m)^2 \equiv 1^2 = 1 \pmod p\\ &\vdots\\ X = a^{m-1}\text{のとき：}&(a^{m-1})^m \equiv (a^m)^{m-1}\\ &\equiv 1^{m-1} = 1 \pmod p \end{aligned} \tag{13.3.5}$$

となりますから、数の列(13.3.3)の全ての要素は、合同式(13.3.4)を満たし、解であると言えるのです。

さらに、$a^0, a^1, a^2, \cdots, a^{m-1}$は、$p$を法として全て互いに合同にはなりません。それは例えば、$a^i, a^j \quad 0 \le i < j \le m-1$について、

$$a^j \equiv\ a^i\ (mod\ p) \tag{13.3.6}$$

になったとします。すると$a \nmid p$であり、従って$a^i \nmid p$となるので両辺をa^iで割ることができて、

$$a^{j-i} \equiv\ a^{i-i} = 1\ (mod\ p) \tag{13.3.7}$$

$a^m \equiv 1\ \ (mod\ p)$と、定理 13.1（位数の整除性の定理）より、$j-i$は位数mの倍数になります。従ってある整数kをとり、$j-i=km>0$とします。$0 \leq i < j \leq m-1$なので、

$$-m+1 \leq j-i = km \leq m-1 \tag{13.3.8}$$

を満たします。

i) $k=1$ のとき：式(13.3.8)の左辺は$-m+1 \leq m\ \ \ \therefore 1 \leq 2m$、右辺は$m \leq m-1$となり、このような不等式を満たす$m$は存在しません。
ii) $k \geq 2$ のとき：式(13.3.8)の左辺は、$0<(1/(k+1)) \leq m$ 、右辺は、$m \leq (-1/(k-1)) < 0$となって、やはりこのような不等式を満たすmは存在しません。
iii) $k=0$ のとき：式(13.3.8)の左辺は、$-m+1 \leq 0\ \ \therefore 1 \leq m$ 、右辺は、$0 \leq m-1\ \ \therefore 1 \leq m$となり、不等式(13.3.8)を満たす$m$は存在します。

以上より、式(13.3.8)が成立するためのkはゼロをとることが条件であり、従って$j-i=0 \cdot m=0$となり、$a^j \equiv\ a^i\ (mod\ p)$が成立する条件は、$j=i$となること、即ち、自分と合同になる冪乗数は、自分自身のみであることを示しています。このことは、言い換えれば全ての$i, j \leq m-1$について、$a^i \not\equiv\ a^j\ (mod\ p)$となることを示していると言えます。

今、aの位数mが$m=p-1$であれば、原始根の定義によりaは原始根であるということになって、証明は直ちに終了します。そこで、$m<p-1$のときを考える必要があります。aをさまざまに変換するこ

とによって、$m < m_0 \leq p - 1$とできるようなもうひとつのm_0を構成することができることを示します。

方法としては、aの冪乗が所属する、数列(13.3.3)の数の列$a^0, a^1, a^2, \cdots, a^{m-1}$とは異なり、かつ、$p$の既約剰余系に含まれるもうひとつの代表元$b$をとってきて、その積$ab$を作り、$(ab)^M \equiv 1$となる指数$M$が、$a$の位数$m$よりも大きくなることを示します。

pの既約剰余系に含まれるaと異なるもうひとつの代表元bについて、その位数をnとします。このとき、nはaの位数であるmの約数ではありません。もし約数であれば、ある整数kについて$m = kn$となるので、

$$b^m = b^{kn} = (b^n)^k \equiv 1^k \equiv 1 \pmod p \quad (13.3.9)$$

となってしまいます。これは、bの冪乗がaと同じ冪乗の数列に含まれることになり、bがpの既約剰余系の中で、aとは異なる代表元であるとした前提に矛盾します。（定理 13.1（位数の整除性の定理）を参照して下さい。）

さて、nはmの約数ではありませんが、この両者の関係は互いに素である場合と、共通の最大公約数を持つ場合の、二つの場合に分けられます。それぞれについて、原始根の存在証明を進めていきます。

ｱ) nとmとが互いに素、即ち、$m \nmid n$もしくは$gcd(m, n) = 1$の場合

方針としては、aとbの積、abをとり、その指数がnmとなることを導きます。まず、次の式を満たす指数xについて考えます。

$$(ab)^x \equiv 1 \pmod p \quad (13.3.10)$$

次に、式(13.3.10)の両辺をm乗します。

$$((ab)^x)^m = (a^m)^x \cdot b^{mx} \equiv b^{mx} \equiv 1^m = 1 \pmod p \quad (13.3.11)$$

bは位数nを有することと、式(13.3.11)からmxはnで割り切れます。即ち、$n|mx$です。しかし前提より、$m \nmid n$なので$n|x$が導かれます。

続いて、式(13.3.10)の両辺をn乗します。

$$((ab)^x)^n = (b^n)^x \cdot a^{nx} \equiv a^{nx} \equiv 1^n = 1 \pmod{p} \qquad (13.3.12)$$

aは位数mを有し、式(13.3.12)から、$m|nx$です。しかし前提より、$m \nmid n$なので$m|x$が導かれます。xはnとmの両方で割り切れて、

$$m|x \quad \wedge \quad n|x \quad \Longrightarrow \quad x = lcm(m,n) \qquad (13.3.13)$$

つまり、nとmの両方で割り切れる数xは、nとmの最小公倍数に等しくなります。さらに$m \nmid n$でなので、$lcm(m,n)$は、nとmの積、nmに等しくなります。従って$x = nm$となります。これを式(13.3.10)に代入して、

$$(ab)^{mn} \equiv 1 \pmod{p} \qquad (13.3.14)$$

とします。この式と式(13.3.2)とを比較してみて下さい。

$$a^m \equiv 1 \pmod{p} \qquad (13.3.2)$$

式(13.3.2)は、pを法とする既約剰余系からaを取り出し、その位数mを求めました。さらに式(13.3.14)では、aとは異なる既約剰余系の代表元bを用いて、abを底とする指数mnを求めました。明らかに$mn > m$で、pを法としてmよりも大きな値の指数mnを得ることができました。

イ) nとmとが互いに素ではなく、$gcd(m,n) = d > 1$の場合

mとnの積、mとnの最大公約数$gcd(m,n)$、同じく最小公倍数$lcm(m,n)$の三者の関係は、次のように書けます。

$$mn = gcd(m,n) \cdot lcm(m,n) \qquad (13.3.15)$$

このとき、mとn各々の約数、m_0, n_0について、

$$gcd(m,n) = m_0 \cdot n_0$$
$$gcd\left(\frac{m}{m_0}, \frac{n}{n_0}\right) = 1 \qquad (13.3.16)$$

を満たすように、選ぶことができます。

【補足】式(13.3.16)の導出を確かめてみましょう。前提に置かれるのは、二つの整数m, nは互いに素ではない、即ち$gcd(m,n) > 1$です。m, nは最大公約数を持っているので、整数m_1, n_1をとって、

$$m = gcd(m,n)\, m_1, \quad n = gcd(m,n)\, n_1 \qquad (13.3.17)$$

とできます。つまり、m_1, n_1はそれぞれm, nの約数になり、明らかに$gcd(m_1, n_1) = 1$です。また、$gcd(m,n)$の素因数はm_1, n_1のいずれか一方に含まれ、両方に含まれることはありません。両方に含まれてしまったら、それがm_1, n_1の最大公約数になってしまいますから、$gcd(m_1, n_1) > 1$になってしまいます。これは、例えばここで、さらにある整数m_0, n_0を考えます。$gcd(m,n)$に含まれる素因数のうち、m_1に含まれるものをn_0に含め、n_1に含まれるものをm_0に含め、m_1, n_1のどちらにも含まれない素因数をm_0, n_0のどちらか一方に含めます。具体例を示します。

$$m = 30 = 15 \times 2, \;\; n = 45 = 15 \times 3 \qquad (13.3.18)$$

とします。このとき、

$$gcd(30,45) = 15 \qquad (13.3.19)$$

です。ここで、$m_1 = 2, \; n_1 = 3$と置きます。$gcd(30,45) = 15$を素因数分解すれば、$15 = 5 \times 3$ですから、このうち3はn_1に含まれています。5はm_1, n_1のどちらにも含まれていません。そこで、n_1に含まれる3をm_0に移し、m_1, n_1のどちらにも含まれていない5をn_0に移します。この結果、次の数が生成されます。

$$\begin{gathered} m = 30 \;, n = 45 \\ gcd(30,45) = 15 = 5 \times 3 \\ m_1 = 2 \;, n_1 = 3 \\ m_0 = 3 \;, n_0 = 5 \end{gathered} \qquad (13.3.20)$$

このとき、$m_1 = 2$と$gcd(30,45)/n_0 = 3$には共通因子がなく、$n_1 = 3$と$gcd(30,45)/m_0 = 5$の間にも共通因子はありません。

さて、このようにして得られたm_0, n_0ですが、$gcd(m,n)$をm_0で割った数とn_1、また、$gcd(m,n)$をn_0で割った数とm_1とは、各々、互いに素になります。即ち、

$$gcd\left(\frac{gcd(m,n)}{m_0}, n_1\right) = 1$$

$$gcd\left(m_1, \frac{gcd(m,n)}{n_0}\right) = 1 \qquad (13.3.21)$$

先ほどの数値例で言えば、

$$gcd\left(\frac{gcd(30,45)=15}{m_0=3}=5, n_1=3\right)=1$$

$$gcd\left(m_1=2, \frac{gcd(30,45)=15}{n_0=5}=3\right)=1 \tag{13.3.22}$$

式(13.3.21)の括弧内の第一項目、第二項の各々を乗じた数は、互いに素になります。即ち、

$$gcd\left(m_1 \cdot \frac{gcd(m,n)}{m_0}, n_1 \cdot \frac{gcd(m,n)}{n_0}\right)=1 \tag{13.3.23}$$

式(13.3.17)より、式(13.2.19)の関係が導かれます。

$$gcd\left(\frac{m}{m_0}, \frac{n}{n_0}\right)=1 \tag{13.3.24}$$

今、式(13.3.16)に示されたm_0を用いて、

$$(a^{m_0})^x = a^{m_0 x} \equiv 1 \pmod p \tag{13.3.25}$$

を満たすxを考えます。式(13.3.25)の底aの指数$m_0 x$は、式(13.3.2)より、aの位数のmの倍数で、ある整数$k \geq 1$について次の関係を満たします。

$$m_0 x = km$$

$$\therefore x = \frac{km}{m_0} \tag{13.3.26}$$

xを最小の自然数とするのは、$k=1$のときですから、そのときのxとして次を考えます。

$$x = \frac{m}{m_0} \tag{13.3.27}$$

従って、これを式(13.3.25)に代入すれば、

$$(a^{m_0})^{\frac{m}{m_0}} \equiv 1 \pmod p \tag{13.3.28}$$

法pに対応する既約剰余系の代表元として、aとは不合同なbをとり、上で示したaに関する手順と同じものを適用して、m, m_0に類する整数、n, n_0をとって、次の合同式を得ます。

$$(b^{n_0})^{\frac{n}{n_0}} \equiv 1 \pmod{p} \tag{13.3.29}$$

ここで、$(a^{m_0}b^{n_0})^{\frac{m}{m_0}\frac{n}{n_0}}$という冪乗の数を考えます。これを展開すると

$$\begin{aligned}(a^{m_0}b^{n_0})^{\frac{m}{m_0}\frac{n}{n_0}} &= ((a^{m_0})^{\frac{m}{m_0}})^{\frac{n}{n_0}} \cdot ((b^{n_0})^{\frac{n}{n_0}})^{\frac{m}{m_0}} \\ &\equiv (1)^{\frac{n}{n_0}} \cdot (1)^{\frac{m}{m_0}} \equiv 1 \qquad (mod\ \ p)\end{aligned} \tag{13.3.30}$$

式(13.3.15)より、

$$lcm(m,n) = \frac{mn}{gcd(m,n)} \tag{13.3.31}$$

式(13.3.16)より$gcd(m,n) = m_0 n_0$を上に代入すれば、

$$lcm(m,n) = \frac{mn}{m_0 n_0} \tag{13.3.32}$$

従って、式(13.3.30)は、次のように書き表されます。

$$(a^{m_0}b^{n_0})^{lcm(m,n)} \equiv 1 \qquad (mod\ \ p) \tag{13.3.33}$$

$lcm(m,n)$は、m, nの最小公倍数ですから、明らかに$lcm(m,n) > m$です。つまり、$(ab)^x \equiv 1 \ \ (mod\ \ p)$を与える指数として、$p$を法として$a$を底とする指数$m$よりも大きな値を持つ指数$lcm(m,n)$が得られました。

以上、ｱ)、ｲ)のいずれの場合についても、pを法としてaを底とする指数mよりも大きな値を持つ指数と、それに対応する底を求めることができました。指数の最大値は$p-1$です。上記の操作を有限回続けることによって、いずれ求める指数が$p-1$に到達し、そのときの底が原始根になります。従って、法として素数pをとるとき、原始根は必ず存在することが証明されました。

さて、次に証明すべきは、原始根の個数に関する定理です。即ち、「原始根の個数はpを法として、$\varphi(p-1)$個となる。（但し、φはオイラー函数）」というものです。

13.4 原始根の個数の証明

具体例から見てみましょう。任意の素数は必ず原始根を持ちます。そして、原始根の定義より、例えば素数$p=7$ を法とする原始根は、$X^{p-1=6}=1 \quad (mod \ \ p=7)$の解でした。左の合同式の解は6個ありますが、その中で原始根と呼べるものは、解aの位数が$p-1$となるものです。つまり、aの冪を1から6までとったときに、a^eの剰余が初めて1となる指数eが$p-1$となるものを原始根と呼ぶのでした。

その場合の原始根の個数は幾つでしょうか。実際に、剰余を並べた下の表で見てみましょう。表を縦に見ていって、剰余が初めて 1 になった以降の欄では、「–」を表記することにします。

	a $(1 \leq a \leq p-1-6)$					
	1	2	3	4	5	6
a^1	1	2	3	4	5	6
a^2	–	4	2	2	4	1
a^3	–	1	6	1	6	–
a^4	–	–	4	–	2	–
a^5	–	–	5	–	3	–
a^6	–	–	1	–	1	–

剰余表より、原始根はa^6の欄で剰余が初めて1となる底aで、それは$a=3,5$であり、かつその個数は2個です。このとき、素数$p=7$ のオイラー函数$\varphi(p-1=6)$は、6 と互いに素となる$1 \leq a \leq 5$の数、$\{1,5\}$の個数で、同じく2個です。従って、[法$p=7$に対応する原始根の個数]$=\varphi(p-1=6)=2$となることが予想されます。定理はこのことを言っています。それでは、一般論に移りましょう。

①m次合同式$x^m-1\equiv 0 \pmod p$の解の個数

ここで$p-1$の約数となる自然数mを考えます。つまり、ある整数kをとってきて、$p-1=km$です。このとき、多項式$x^{p-1}-1$はkmによって次のように展開されます。即ち、

$$\begin{aligned} x^{p-1}-1 &= x^{km}-1 \\ &= (x^m)^k-1 \end{aligned} \tag{13.4.1}$$

$X=x^m$と置いて、さらに展開すると、次のように示せます。

$$X^k-1=(X-1)(X^{k-1}+X^{k-2}+X^{k-3}+\cdots+X+1) \tag{13.4.2}$$

ここで、多項式(13.4.2)がpを法として解をいくつ持つのかを検証します。多項式(13.4.2)の左辺と右辺のそれぞれについて、pを法とする合同式を考えます。式(13.4.2)の左辺は、

$$X^k-1=x^{km}-1=x^{p-1}-1 \tag{13.4.3}$$

ですから、考える合同式は、

$$x^{p-1}-1\equiv 0 \pmod p \tag{13.4.4}$$

です。今、法pには素数を考えていますから、フェルマーの定理により式(13.4.4)の解の個数は$\varphi(p-1)=p-1=km$個です。

他方、式(13.4.2)の右辺のうち、第一項の$(X-1)=(x^m-1)$は最高次数がmの多項式であり、第二項の$X^{k-1}+\cdots+X+1$は、最高次数が$m(k-1)=km-m$の多項式です。ここで、定理 7.2（合同多項式に於ける代数学の基本定理）を利用します。定理 7.2 では、最高次数がnの合同多項式の解の個数は、高々nとなることを主張していました。従って、式(13.4.2)の右辺の合同多項式、

$$\begin{aligned} &(X-1)(X^{k-1}+X^{k-2}+X^{k-3}+\cdots+X+1) \\ &\qquad =(x^m-1)(x^{km-m}+x^{km-2m}+\cdots+x^m+1) \\ &\qquad \equiv 0 \pmod p \end{aligned} \tag{13.4.5}$$

について、右辺第一項の括弧内合同多項式、

$$x^m - 1 \equiv 0 \quad (mod\ \ p) \tag{13.4.6}$$

の解は高々m個であり、第二項の括弧内合同多項式、

$$x^{km-m} + x^{km-2m} + \cdots + x^m + 1 \equiv 0 \quad (mod\ \ p) \tag{13.4.7}$$

の解は高々$km - m$個となります。

さて、式(13.4.2)の左辺の解の個数はkm個であることは、式(13.4.4)から確定しています。右辺の解の個数は、高々$m + (km - m)$個でした。「高々」という表現は、それ以下という意味です。従って、左辺の解とその個数が一致するためには、右辺の解の個数もちょうどkmである必要があります。即ち、式(13.4.6)の次数がmの合同多項式の解の個数は、ちょうどm個となる必要があります。この時点で、「高々」という表現が取れます。

②函数$\psi(e)$（eは位数）

上の$p = 7$ を法とする剰余表でもみたように、$1 \leq a \leq p - 1$について、剰余が初めて1となる底aの指数、即ち位数は$p - 1$を割り切ります。ここで、この$p - 1$を割り切る位数をeと置き、eを持つaの個数を考え、この個数を与える函数を$\psi(e)$とします。即ち、

$$\psi(e) = \#\{a | 1 \leq a \leq p - 1、a\text{の位数が}e\} \tag{13.4.8}$$

これは、上の具体的数値例で見れば、$p - 1 = 6$を割り切る数、$\{1,2,3,6\}$を位数とするa、言い換えれば初めて$a^1 \equiv 1\ (mod\ 7)$、$a^2 \equiv 1\ (mod\ 7)$、$a^3 \equiv 1\ (mod\ 7)$、$a^6 \equiv 1\ (mod\ 7)$となるaの個数を指します。具体的には、上の剰余表から次のように列挙されます。

$$\psi(1) = 1, \psi(2) = 1, \psi(3) = 2, \psi(6) = 2 \tag{13.4.9}$$

列挙された数値を全て加えると6になりますが、これは$p-1=6$に一致していますね。また、$\psi(6)=2$は法$p=7$に対応する原始根の個数の2と一致します。

今、①で考察したm次合同式$x^m-1\equiv 0 \pmod{p}$のmの約数、つまり、$n|m$となるnをとると、$x^n-1\equiv 0 \pmod{p}$となります。これは、下記より明らかです。即ち、ある整数kについて$m=kn$となるので、

$$x^m=x^{kn}=(x^n)^k\equiv 1^k \pmod{p}$$

$$\therefore x^n\equiv 1 \pmod{p} \tag{13.4.10}$$

そこで、式(13.4.10)の解の個数を、全てのnについて足し合わせれば、最終的に$x^m-1\equiv 0 \pmod{p}$の全ての解の個数が得られます。mの約数は複数存在しますから、これらを$n_1,n_2,\cdots,n_d$とすれば、これらを指数とする式(13.4.10)の解の個数の合計は、mになります。式(13.4.8)に示された函数$\psi(e)$は、定義より$x^e-1\equiv 0 \pmod{p}$を満たすxの個数、つまり解の個数を表しますから、次の等式が成立します。

$$\sum_{i=1}^{d}\psi(n_i)=m \qquad (n_i|m,\ i=1,2,\cdots,d) \tag{13.4.11}$$

この事実を再び次の剰余表で見てみましょう。

	a $(1\le a\le p-1=6)$					
	1	2	3	4	5	6
a^1	1	2	3	4	5	6
a^2	―	4	2	2	4	1
a^3	―	1	6	1	6	―
a^4	―	―	4	―	2	―
a^5	―	―	5	―	3	―
a^6	―	―	1	―	1	―

$(mod\ \ p=7)$

この剰余表で、$m=p-1=6$とすれば、6の約数は1と6自身を含めて、{1,2,3,6}です。$\psi(e)$はこの4つの数を位数とするaの個数ですから、

aを固定しながら、表をa^1からa^6まで縦に見ていって、a^eが初めて 1となるときの各e毎のaの個数になります。従って、$\psi(1) = 1,\ \psi(2) = 1,\ \psi(3) = 2, \psi(6) = 2$ なので、これらの合計値は$1 + 1 + 2 + 2 = 6$となり、$a^{p-1=6} - 1 \equiv 0 \pmod{p = 7}$の解の個数の6に一致します。

③函数$\psi(e)$とオイラー函数$\varphi(e)$

さて、式(13.4.11)はオイラー函数の和公式の定理です。再掲します。

> **定理 9.4（オイラー函数の和公式）**
> ある合成数mの約数の全体を、$n_1, n_2, \cdots, n_d$とするとき、オイラー函数についての次の等式が成り立つ。
>
> $$\sum_{i=1}^{d} \varphi(n_i) = m \qquad (9.6.1)$$

ここで $\psi(d)$と$\varphi(d)$について、一つの仮説を次のように置きます。

> **【仮説】**
> 法pのもとで、ある合成数mが$p-1$を割り切るとき、1とmを含むmの約数の全体を$n_i\ (i = 1 \sim k)$とすると、次の等号式が成り立つ。
>
> $$\psi(n_i) = \varphi(n_i) \quad (i = 1 \sim k) \qquad (13.4.12)$$

数学的帰納法で証明します。mの約数を、$n_1 = 1, n_d = n$と置きます。

(i) $i = 1$のとき

$\psi(n_1) = \psi(1)$は、定義より$x^{e=1} - 1 \equiv 0 \pmod{p}$を満たす$x$の個数ですから、解は$x^1 \equiv 1 \pmod{p}$で、その個数は一つ。従って$\psi(1) = 1$。

同様に、$\varphi(n_1) = \varphi(1)$は$gcd(1,1) = 1$となる数は1が一つだから、$\varphi(1) = 1$。従って$\psi(1) = \varphi(1)$で$i = 1$のとき、仮説(9.6.2)は成立します。

(ii) $i = k - 1 \geq 2$のときに$\psi(n_{k-1})$=$\varphi(n_{k-1})$と仮定し、$i = k$のときにも成立するかどうかを吟味する

1とmを含むmの約数の全体をn_i ($i = 1 \sim k$)について、$\psi(n_i)$と$\varphi(n_i)$の各々の和公式より、

$$m = \sum_{i=1}^{k} \psi(n_i) = \psi(n_k) + \sum_{i=1}^{k-1} \psi(n_i)$$

$$= \sum_{i=1}^{k} \varphi(n_i) = \varphi(n_k) + \sum_{i=1}^{k-1} \varphi(n_i) \qquad (13.4.13)$$

$i = k - 1 \geq 2$について、$\psi(n_{k-1})$=$\varphi(n_{k-1})$を仮定しているので、式(13.4.13)に於いて、

$$\sum_{i=1}^{k} \psi(n_i) = \sum_{i=1}^{k} \varphi(n_i)$$

$$\sum_{i=1}^{k-1} \psi(n_i) = \sum_{i=1}^{k-1} \varphi(n_i)$$

$$\therefore \psi(n_k) = \varphi(n_k) \qquad (13.4.14)$$

が成立し、$i = k$のときにも成立することが確認されました。

今、法pのもとで、合成数mが$p - 1$を割り切るときに仮説の式(9.6.2)を確認しました。そこで$m = p - 1$と置いてみます。式(13.4.12)より、

$$\psi(p - 1) = \varphi(p - 1) \qquad (13.4.15)$$

$\psi(p - 1)$は、法pのもとで位数が$p - 1$のときの合同式、

$$x^n \equiv 1 \pmod{p} \qquad (13.4.16)$$

の原始根の数を意味しています。従って、法pのもとでの原始根の個数は、オイラー函数$\varphi(p - 1)$によって与えられることが示されました。

第二部　初等抽象代数論

第二部では、初等抽象代数論と題して、群論の基本について考察を加えます。扱うトピックスは、部分群、対称群、剰余類と剰余群、及び同型です。第一部とは少し様相が異なり、具体的な数値を踏まえた議論が少なくなり、よりロジカルな式展開が多くなってきます。ですが、一歩ずつ式の流れを辿っていけば最終解に辿り着くのはさほどの困難を要することはないものと考えられます。これから、少しだけステップアップした数論の世界へ、読者の皆さんをご招待したいと思います。

14

群論の基礎

14.1 群の定義

さて、第二部の初等抽象代数論では、まず群論から入ります。その群ですが、次のように定義されます。

定義 14.1（群の定義）
集合$G \neq \phi$に属する任意の数、$\forall a,b,c \in G$に対して演算$a \circ b \circ c$が与えられるとき、次の4条件を満たす集合Gを**群**$(group)$と呼ぶ。
(条件1)　集合Gは演算「∘」に対して閉じている
(条件2)　$\forall a,b,c \in G$に対する演算「∘」について、**結合法則**$(associative\ property)$が成り立つ
(条件3)　集合Gは$\forall a,b,c \in G$に対する演算「∘」について、Gに属する**単位元**$(identity)$を持つ
(条件4)　$\forall a,b,c \in G$は、演算「∘」について、Gに属する**逆元**$(inverse\ element)$を持つ

やや抽象的な定義です。もう少し詳しく見ていきます。

(1)条件1について

条件1が意味することは、$G \neq \phi$に属する数$\forall a,b,c \in G$に対して、定義された演算「∘」を作用させた結果もまたGに属するということ、つまり$a \circ b \circ c \in G$です。例えば演算「∘」を加算とします。集合Gを自然数全体の集合$\mathbb{N}$とします。すると、$\forall a,b,c \in \mathbb{N}$について加算を作用させた結果はやはり$\mathbb{N}$に属します。例えば、$1+2=3 \in \mathbb{N}$、$29+58=87 \in \mathbb{N}$という具合です。演算「∘」が乗算の場合も同様に見ることができます。即ち、$3 \times 5 = 15 \in \mathbb{N}$です。その一方、減算についてはどうでしょうか。$29-58=-29 \notin \mathbb{N}$ですね。自然数は負の数を含めませんから、演算が減算の場合、$\mathbb{N}$は群の条件を満たしません。同様に、除算の場合を考えてみましょう。$29 \div 58 = 0.5 \notin \mathbb{N}$となって、演算が除算の場合も、$\mathbb{N}$は群の条件を満たしません。

(2)条件 2 について

結合法則とは、3 つ以上の変数に対して作用させる演算の順序を変えても、得られる結果は変わらないことを意味します。具体的には、次の演算を意味します。

$$(a \circ b) \circ c = a \circ (b \circ c) \tag{14.1.1}$$

さてこの結合法則、一見するとほとんどの演算に成立する自明な条件に見えませんか。ですが、意外にも成り立たない例は多く存在します。まず、加算について見てみましょう。こちらは明らかに成立することがわかります。即ち、$(5+3)+7=5+(3+7)=15$です。乗算についてはどうでしょうか。$(5\times3)\times7=5\times(3\times7)=105$となって、結合法則は成立します。では、減算の場合はどうでしょう。$(5-3)-7=-5$に対して、$5-(3-7)=5-3+7=9$となり一致しません。一般に減算の場合、$(a-b)-c\neq a-(b-c)=a-b+c$となり、結合法則を満たしません。除算の場合は、$(5\div3)\div7=5/(3\times7)\fallingdotseq0.24$に対して、$5\div(3\div7)=(5\times7)/3\fallingdotseq11.67$となり、結果は全く異なります。一般に徐算の場合も、$(a\div b)\div c\neq a\div(b\div c)$となって、結合法則を満たしません。

(3)条件 3 について

単位元とは、ある数と別の数との間に作用させた演算に対し、ある数の値が変化しないときにもう一つの別の数を指します。例えば単位元をeとするとき、$\forall a\in G$に対してeは次の演算結果を満たすこととされます。

$$a \circ e = e \circ a = a \tag{14.1.2}$$

単位元の具体的なものを上げてみましょう。例えば加算のときを考えれば、$5+e=e+5=5$となる単位元eは、ゼロだということがすぐにわかりますね。乗算の場合は、$5\times e=e\times5=5$を満たす単位元は 1 ですね。

(4)**条件 4 について**

ここでいう逆元とは、ある数と別の数との間に作用させた演算結果が単位元になるとき、そのときの別の数のことを指して呼び、ある数がaのとき、逆元はa^{-1}と表記され、aインバース($a\ inverse$)と呼びます。

$$a \circ a^{-1} = a^{-1} \circ a = e \qquad (14.1.3)$$

ここでも具体的に逆元を挙げてみましょう。演算が加算の場合、単位元eは 0 ですから、例えば$5 + a^{-1} = 0$を満たす逆元は$a^{-1} = -5$です。演算が乗算の場合の単位元eは 1 ですから、例えば$2 \times a^{-1} = 1$を満たす逆元は$a^{-1} = 0.5$です。このとき、条件 4 は$a \in G$に対して逆元a^{-1}についても$a^{-1} \in G$を要求しています。上の加算と乗算の場合では、$5 \in \mathbb{N}$に対して逆元$5^{-1} = -5 \notin \mathbb{N}$となり、また$2 \in \mathbb{N}$に対して逆元$2^{-1} = 0.5 \notin \mathbb{N}$となってしまいますから、逆元が存在はしますが$\mathbb{N}$には含まれず、従って条件は満たされていないということになります。

集合Gが以上の 4 条件を満たすとき、**集合Gには群の構造が入る**と言います。さらに群の定義には、次のものがあります。

定義 14.2（アーベル群）
群Gに属する任意の数、$\forall a, b \in G$に対して演算$a \circ b$が与えられて、次の演算についての**交換則**($commutative\ property$)が満たされるときに、群Gを称して、**アーベル群**($Abelian\ group$)もしくは**可換群**($commutative\ group$)と呼ぶ。また特に、加算についてアーベル群を成す群を**加法群**($additive\ group$)、もしくは**加群**($module$)と呼ぶ。

$$a \circ b = b \circ a \qquad (14.1.4)$$

この交換則も、ほとんどの演算について成り立つ、ほぼ自明な規則に見えませんか。ですが、こちらも実は上述の結合法則と同様、成り立たない例を多く列挙することができます。具体的に見ていきましょう。まず、演算が加算の場合です。こちらは交換則が成り立つことは容易に理解できますね。即ち、$5 + 3 = 3 + 5 = 8$のようなものです。

乗算の場合も、$5 \times 3 = 3 \times 5 = 15$と明らかに成り立ちます。従って、特に加算、乗算に関して交換則が成立するアーベル群の例は多数挙げることができます。次に減算について見ていきましょう。例えば、$5 - 3 = 2$について、左辺の 5 と 3 を逆転させれば、$3 - 5 = -2$となって一致しません。一般に減算は$a - b \neq b - a$となって交換則は成り立たないのです。除算の場合はどうでしょうか。$5 \div 3 \fallingdotseq 1.67$について、左辺の 5 と 3 を逆転させれば、$3 \div 5 = 0.6$となって一致しません。一般に除算は$a \div b \neq b \div a$となって交換則は成り立ちません。

以上に加えて、行列演算の場合、一般に交換則は成り立ちません。例えば、次の行列A, Bを考えます。

$$A = \begin{pmatrix} a & b \\ c & d \end{pmatrix}, \qquad B = \begin{pmatrix} e & f \\ g & h \end{pmatrix} \tag{14.1.5}$$

この二つの行列の積を考えます。

$$A \cdot B = \begin{pmatrix} a & b \\ c & d \end{pmatrix} \cdot \begin{pmatrix} e & f \\ g & h \end{pmatrix}, \qquad B \cdot A = \begin{pmatrix} e & f \\ g & h \end{pmatrix} \cdot \begin{pmatrix} a & b \\ c & d \end{pmatrix} \tag{14.1.6}$$

計算すれば、

$$A \cdot B = \begin{pmatrix} ae + bg & af + bh \\ ce + dg & cf + dh \end{pmatrix}$$

$$B \cdot A = \begin{pmatrix} ae + cf & ab + df \\ ag + ch & bg + dh \end{pmatrix} \tag{14.1.7}$$

$A \cdot B$、$B \cdot A$の両者は全く異なり、交換則が成り立ちません。このように、交換則は成立が保証されている演算則としては、決して自明ではないのです。

群の定義は対象となる数の集合の属性（自然数、整数、非負の整数、ゼロを含まない整数等）に加えて、作用させる演算子とも密接な関わりを持ちます。こうしたことから、どの演算に対して群であるかを明示すべく、集合Gと演算子「∘」を併記した$(G, \circ)$のような表記で群を示す場合もあります。例えば、$(\mathbb{N}, +)$であれば自然数を元に持つ加算についての群、(ℕ,×)であれば自然数を元に持つ乗算についての群を表します。演算を乗算としたときの群を、**乗法群**(*multiplicative group*)と呼び、記号は上の他に$\mathbb{N}^{\times}$と表す場合もあります。また、加算についての群を加法群、加群と呼ぶことがありますが、これは一般に群が交換群である場合に限りますので、注意が必要です。定義 14.2（アーベル群）を参照して下さい。

数の集合は演算子と一緒に見ていくと、群の定義を満たしたり満たさなかったりすることがわかります。以下、加算と乗算の二つを演算子として、各々について自然数（ℕ）、整数（ℤ）、有理数（ℚ）が群の条件を満たすかどうかを見てみましょう。

(1)演算子として加算を作用させる

ℕ、ℤ、ℚはいずれも加算について閉じており、結合法則も満たしますから、条件 1 と 2 を満たします。

次に条件 3 の吟味です。ℕは正の数の集合ですから、単位元を持ちません。何となれば、$\forall a, e \in \mathbb{N}$について、$a + e = a$となるための単位元$e$はゼロでなければなりませんが、定義により$0 \notin \mathbb{N}$なので$e \notin \mathbb{N}$となり、条件 3 を満たしません。ℤ、ℚはいずれも単位元を持っており、条件 3 を満たします。

次いで条件 4、即ち逆元の存在についての吟味です。逆元は定義より、$a + a^{-1} = e = 0$を満たすa^{-1}です。単位元である 0 を持ち得ないℕは逆元もありません。ℤは$\forall a \in \mathbb{Z}$について$a + a^{-1} = e = 0$を満たす、$a^{-1} = -a \in \mathbb{Z}$を逆元として持ちます。ℚも同様です。従って、ℤ、ℚはいずれも逆元を持っており、条件 4 を満たします。

以上から、ℕは加算について群ではありません。他方、ℤ、ℚは加算について群を成すと言えます。加えてℤ、ℚは加算について交換則も満足しますからアーベル群、または加法群、加群と呼ぶことができます。

(2)演算子として乗算を作用させる

$\mathbb{N}$、$\mathbb{Z}$、$\mathbb{Q}$はいずれも乗算について閉じており、結合法則も満たしますから、条件 1 と 2 を満たします。次に条件 3 ですが$\mathbb{N}$、$\mathbb{Z}$、$\mathbb{Q}$に属する任意のaについて、$a \times e = a$となるための単位元eは 1 でなければなりません。$1 \in \mathbb{N} \cap \mathbb{Z} \cap \mathbb{Q}$なので$\mathbb{N}$、$\mathbb{Z}$、$\mathbb{Q}$はいずれも条件 3 を満たします。条件 4 の逆元ですが、逆元は$a \times a^{-1} = e = 1$を満たす$a^{-1} = 1/a$となります。これは 1 以外のaについて、$1/a \notin \mathbb{N}$、及び$1/a \notin \mathbb{Z}$なので$\mathbb{N}$、$\mathbb{Z}$は条件 4 を満たしません。$\mathbb{Q}$についてはゼロを除いた集合$\mathbb{Q} \setminus \{0\}$（もしくは$\mathbb{Q}^{\times}$とも表記する）であれば、$\forall a \in \mathbb{Q} \setminus \{0\}$について$1/a \in \mathbb{Q} \setminus \{0\}$であるので、条件 4 を満たします。

以上から、$\mathbb{N}$、$\mathbb{Z}$は乗算について群ではなく、$\mathbb{Q} \setminus \{0\}$は乗算について群を成します。また$\forall a \in \mathbb{Q} \setminus \{0\}$の逆元は交換則$a \times a^{-1} = a^{-1} \times a = e = 1$を満たすので、乗算に関してアーベル群であると言えます。

14.2 演算表

群Gが有限群、即ちGに含まれる元が有限個で$G = \{a_1, a_2, \cdots, a_n\}$のように表せるとき、元の間の演算結果を次のような表で表すと便利な場合があります。下記の表を、**演算表**と呼びます。

$a_i \circ a_j$	a_1	$\cdots$	a_j	$\cdots$	a_n
a_1	$a_1 \circ a_1$	$\cdots$	$a_1 \circ a_j$	$\cdots$	$a_1 \circ a_n$
$\vdots$	$\vdots$	$\cdots$	$\vdots$	$\cdots$	$\vdots$
a_i	$a_i \circ a_1$	$\cdots$	$a_i \circ a_j$	$\cdots$	$a_i \circ a_n$
$\vdots$	$\vdots$	$\cdots$	$\vdots$	$\cdots$	$\vdots$
a_n	$a_n \circ a_1$	$\cdots$	$a_n \circ a_j$	$\cdots$	$a_n \circ a_n$

この演算表については次の定理があります。

定理 14.1（群の演算表）

群Gが異なる元を持つ場合、その演算表は次の性質を有する。

・演算表内のひとつの行には同じ元は現れない

・演算表内のひとつの列には同じ元は現れない

背理法を用いて証明してみましょう。群Gの演算表について、縦の列で元a_5が位置する行に、元a_1が二回現れると仮定しましょう。

$\circ$	a_1	$\cdots$	a_7	$\cdots$	a_n
a_1	$\cdots$	$\cdots$	$\cdots$	$\cdots$	$\cdots$
$\vdots$	$\vdots$	$\cdots$	$\vdots$	$\cdots$	$\vdots$
a_5	a_1	$\cdots$	a_1	$\cdots$	$\cdots$
$\vdots$	$\vdots$	$\cdots$	$\vdots$	$\cdots$	$\vdots$
a_n	$\cdots$	$\cdots$	$\cdots$	$\cdots$	$\cdots$

即ち、演算上は次の式が成り立つこととなります。

$$a_5 \circ a_1 = a_1 \tag{14.2.1}$$

$$a_5 \circ a_7 = a_1 \tag{14.2.2}$$

群Gは定義より、ひとつの単位元とGに含まれる全ての元に対応して逆元を持ちます。そこで、式(14.2.1)の両辺の左側からa_5の逆元${a_5}^{-1}$を作用させます。

$${a_5}^{-1} \circ (a_5 \circ a_1) = {a_5}^{-1} \circ a_1 \tag{14.2.3}$$

式(14.2.3)の左辺を、結合法則、単位元の性質、逆元の性質を駆使して変形します。即ち、

$$\begin{aligned} {a_5}^{-1} \circ (a_5 \circ a_1) &= ({a_5}^{-1} \circ a_5) \circ a_1 \\ &= a_1 \end{aligned} \tag{14.2.4}$$

式(14.2.3)、(14.2.4)より、次の等式関係が示せます。

$$a_1 = {a_5}^{-1} \circ a_1 \tag{14.2.5}$$

同様に、式(14.2.2)について両辺の左側からa_5の逆元${a_5}^{-1}$を作用させて、整理します。

$${a_5}^{-1} \circ (a_5 \circ a_7) = {a_5}^{-1} \circ a_1 = a_7 \tag{14.2.6}$$

式(14.2.5)、(14.2.6)より、

$$a_1 = {a_5}^{-1} \circ a_1 = a_7 \quad \therefore a_1 = a_7 \tag{14.2.7}$$

となります。しかし、定理 14.1 の「群Gが異なる元を持つ場合」の前提に矛盾します。矛盾が生じたのは、元a_1が二回現れるとした仮定に要因があります。従って、演算表に於いてひとつの行には同じ元は現れないとなります。列の場合についても同様に示すことができます。

【例 1】定理 14.1 を用いて、3 行 3 列の演算表を作成してみましょう。まず、群Gは次の 3 つの元から成るとします。即ち、

$$G = \{e, a, b\} \tag{14.2.8}$$

eは単位元。演算表の単位元のeがある行または列では、$e \circ e = e$、$e \circ a = a \circ e = a$、$b \circ e = e \circ b = b$が明らかに成立します。

$a_i \circ a_j$		a_j		
		e	a	b
a_i	e	e	a	b
	a	a	ア	イ
	b	b	ウ	エ

残ったア、イ、ウ、エについて定理 14.1 を適用します。まず、ウにはaとbが入れられませんから、ウ＝e。すると、アにはaとeが入れられませんから、ア＝b。従って、イにはaとbが入れられませんから、イ＝e。最後のエにはbとeが入れられませんから、エ＝a。よって、演算表は次のように表されました。

$a_i \circ a_j$		a_j		
		e	a	b
a_i	e	e	a	b
	a	a	b	e
	b	b	e	a

【例 2】同じ 3 行 3 列の演算表の作成にあたり、ちょっと異なるアプローチでの作表を紹介しましょう。演算表は上の例と同じです。まず、単位元がある行、列を埋めます。

$a_i \circ a_j$		a_j		
		e	a	b
a_i	e	e	a	b
	a	a	ア	イ
	b	b	ウ	エ

次にイの$a \circ b$について考えます。即ち、$a \neq e$なので$a \circ b \neq b$、$b \neq e$なので$a \circ b \neq a$、つまり$a \circ b$はaでもなくbでもない。従って、残された選択肢はeのみであり、

欄イは$a \circ b = e$

となります。同様に、

欄ウは$b \circ a = e$

となります。次いでアの$a \circ a$ですが、$a \neq e$なので$a \circ a \neq a$、$a \neq b$なので$a \circ a \neq a \circ b = e$、つまり$a \circ a$は$a$でもなく$e$でもない。従って、残された選択肢は$b$のみであり、

欄アは$a \circ a = b$

となります。最後のエの$b \circ b$ですが、$b \neq e$なので$b \circ b \neq b$、$b \neq a$なので、欄イと欄ウの結果より$b \circ b \neq b \circ a = e$、つまり$b \circ b$は$b$でもなく$e$でもない。従って、残された選択肢は$a$のみであり、

欄エは$b \circ b = a$

となります。以上から、演算表は次のように表せます。

$a_i \circ a_j$		a_j		
		e	a	b
	e	e	a	b
	e	e	a	b
a_i	e	e	a	b
	a	a	b	e
	b	b	e	a

ここでの計算では、群Gは演算について閉じていなければなりませんから、演算結果は必ず群Gの元$\{e, a, b\}$の各々異なるどれかでなければならないという制約が効いているのです。

【例 3】集合$\mathbb{Z}_+$のうち、自然数nで割った余りの集合を考えます。この余りを$\bar{r}$と表記して、集合を$\mathbb{Z}_+ / n\mathbb{Z}_+$と表記することとすれば、$\mathbb{Z}_+ / n\mathbb{Z}_+ := \{\bar{0}, \bar{1}, \bar{2}, \bar{3}, \cdots, \overline{n-1}\}$と表せます。ここで、$n = 4$とすると、$\mathbb{Z}_+ / 4\mathbb{Z}_+ := \{\bar{0}, \bar{1}, \bar{2}, \bar{3}\}$と置けます。この集合について、演算「$\circ$」を$\mathbb{Z}_+ / 4\mathbb{Z}_+$の元$a_i \in \mathbb{Z}_+ / 4\mathbb{Z}_+$に対し$a_i \circ a_j = (a_i + a_j$を$n = 4$で割った余り）と定義します。このときの演算表は次のように表せます。

$a_i \circ a_j$		a_j			
		$\bar{0}$	$\bar{1}$	$\bar{2}$	$\bar{3}$
	$\bar{0}$	$\bar{0}$	$\bar{1}$	$\bar{2}$	$\bar{3}$
a_i	$\bar{1}$	$\bar{1}$	$\bar{2}$	$\bar{3}$	$\bar{0}$
	$\bar{2}$	$\bar{2}$	$\bar{3}$	$\bar{0}$	$\bar{1}$
	$\bar{3}$	$\bar{3}$	$\bar{0}$	$\bar{1}$	$\bar{2}$

この演算表から、まず格子の中の数値は全て集合$\mathbb{Z}_+ \,/\, 4\mathbb{Z}_+$に含まれています。つまり、この集合は定義された演算について閉じています。また、結合法則は$(a_i) \circ a_j = a_i \circ (a_j)$であるので、明らかに満たされます。単位元は$\bar{0} \in \mathbb{Z}_+ \,/\, 4\mathbb{Z}_+$が存在しています。逆元は、表中に$a_i \circ a_j = \bar{0}$を示す欄が全ての元について認められますから、$\forall a_i \in \mathbb{Z}_+ \,/\, 4\mathbb{Z}_+$について、$a_i{}^{-1} \in \mathbb{Z}_+ \,/\, 4\mathbb{Z}_+$が存在しています。また、表では対角線に対して数値が対象に並んでおり、交換則を満たしています。従って、集合$\mathbb{Z}_+ \,/\, 4\mathbb{Z}_+ :=$ $\{\bar{1}, \bar{2}, \bar{3}\}$はアーベル群、または加法群、加群であると言えます。

次に、集合$\mathbb{Z}_{++} \,/\, 4\mathbb{Z}_{++} := \{\bar{1}, \bar{2}, \bar{3}\}$について、当該集合の演算「∘」を$\mathbb{Z}_+ \,/\, 4\mathbb{Z}_+$の元$a_i \in \mathbb{Z}_{++} \,/\, 4\mathbb{Z}_{++}$に対し$a_i \circ a_j = (a_i \times a_j$を$n = 4$で割った余り)と定義します。このときの演算表は次のように表せます。

$a_i \circ a_j$		a_j		
		$\bar{1}$	$\bar{2}$	$\bar{3}$
a_i	$\bar{1}$	$\bar{1}$	$\bar{2}$	$\bar{3}$
	$\bar{2}$	$\bar{2}$	$\bar{0}$	$\bar{2}$
	$\bar{3}$	$\bar{3}$	$\bar{2}$	$\bar{1}$

この演算表から、まず格子の中の数値のうち、$\bar{0}$は集合$\mathbb{Z}_{++} \,/\, 4\mathbb{Z}_{++}$にに含まれていません。つまり、この集合は定義された演算について閉じていません。従って、群とはなりません。

14.3 様々な群

群は上のように定義されたわけですが、群には様々な種別が定義されています。ここでは、それらを一覧する形で整理します。

定義 14.3（位数と無限群、有限群）

・群Gに属する元の個数を**位数**$(order)$と呼び、記号で$|G|$、または$ord(G)$と表す。

・位数が無限となる群を**無限群**$(infinite\ group)$、有限な群を**有限群**$(finite\ group)$と呼ぶ。

先の例で出ていた群$\mathbb{Z}_+ \,/\, 4\mathbb{Z}_+ := \{\bar{0}, \bar{1}, \bar{2}, \bar{3}\}$は、位数 4 の加算についての有限群、$\mathbb{Z}$、$\mathbb{Q}$は加算についての無限群であると言えます。

定義 14.4（半群、モノイド）
群に関する 5 条件を以下に再掲する。

(条件 1) 集合Gは演算「∘」に対して閉じている

(条件 2) $\forall a,b,c \in G$に対する演算「∘」について、結合法則が成り立つ

(条件 3) 集合Gは$\forall a,b,c \in G$に対する演算「∘」について、Gに属する単位元が存在する

(条件 4) $\forall a,b,c \in G$は演算「∘」についてGに属する逆元を持つ

(条件 5) $\forall a,b,c \in G$に対する演算「∘」について、交換則が成り立つ

上記の条件 1 を満たし、かつ、

- 条件 2 を満たす集合を**半群**($semi\ group$)と呼ぶ。
- 条件 2、3 を満たす集合を**モノイド**($monoid$)と呼ぶ。
- 条件 2、3、4 を満たす集合を群と呼ぶ。
- 条件 2、3、4、5 を満たす集合のことを交換群もしくはアーベル群と呼び、このうち加算に対応する場合には、特に**加法群**($additive\ group$)もしくは**加群**($module$)とも呼ぶ。

半群とモノイドの例を以下に挙げてみましょう。まず、集合$A = \mathbb{Z} \setminus \{0\}$はどうでしょう。加算については、集合は加算について閉じていますが、単位元の 0 が含まれません。従って、逆元も含まれませんから群とは言えません。但し、加算についての結合法則は満たしますから、集合$A = \mathbb{Z} \setminus \{0\}$は加算について半群です。他方、積について考えれば、集合は積について閉じており、積の結合法則を満たし、単位元の1は持っています。しかし、逆元は1以外には集合に含まれませんから、集合$A = \mathbb{Z} \setminus \{0\}$は乗算についてのモノイドということになります。

自然数から成る無限集合$\mathbb{N} = \{1,2,3,\cdots\}$はどうでしょう。加算については、集合は加算について閉じていますが、単位元の 0 が含まれません。従って、逆元も含まれませんから群とは言えません。但し、加算についての結合法則は満たしますから、自然数の集合$\mathbb{N} = \{1,2,3,\cdots\}$は

加算について半群であるということになります。乗算については、集合は乗算については閉じています。乗算についての結合法則は成り立っています。単位元の 1 も持っていますが、逆元は 1 以外には集合に含まれません。従って、自然数の集合$\mathbb{N} = \{1,2,3,\cdots\}$は乗算についてモノイドであるということになります。

【例】集合$\mathbb{Z}$について、$\forall a, b \in \mathbb{Z}$に関する積の二項演算、即ち$a \circ b = 3a \times b + 5$のとき、$\mathbb{Z}$が群を成すかどうかを吟味してみましょう。

まず、演算については、$\forall a, b \in \mathbb{Z}$に対して明らかに$a \circ b = 3a \times b + 5 \in \mathbb{Z}$なので、集合は演算について閉じています。

結合法則は$(3a \times b) + 5 \neq 3a \times (b + 5)$ですから、成立しません。ちなみに単位元$e \in \mathbb{Z}$ですが、$a \circ e = 3a \times e + 5 = 3e \times a + 5 = e \circ a = a$を満たすものが存在するかどうかを吟味します。$3a \times e + 5 = a$を満たす$e = (a - 5)/3a$は、$\exists a \in \mathbb{Z};\ e \notin \mathbb{Z}$となって、単位元が存在しない場合のあることが判明しました。従って、逆元も$\exists a \in \mathbb{Z}$について存在しません。以上より、集合$\mathbb{Z}$は演算$a \circ b = 3a \times b + 5$についていずれの種別の群にも該当しません。

では、同じく整数全体の集合$\mathbb{Z}$について、$\forall a, b \in \mathbb{Z}$に関する積から成る二項演算$a \circ b = 7a \times b$ではどうでしょうか。

まず、$\forall a, b \in \mathbb{Z}$に対して明らかに$a \circ b = 7a \times b \in \mathbb{Z}$なので、集合は演算について閉じています。

結合法則は$(7 \times a) \times b = 7 \times (a \times b)$で、明らかに成立します。

単位元$e \in \mathbb{Z}$ですが、$a \circ e = 7a \times e = 7e \times a = e \circ a = a$を満たすものが存在するかどうかを吟味します。まず、$a \circ e = 7a \times e = a$を満たす$e$は、$e = 1/7 \notin \mathbb{Z}$となって、単位元は存在しません。従って、逆元も存在しないことから、集合$\mathbb{Z}$は演算$a \circ b = 7a \times b$について半群であると言えます。

14.4 単位元と逆元の一意性

群の単位元、逆元は同じ群の中で複数存在したりするものなのでしょうか。それに関する定理が次のように規定されています。

定理 14.2（群の単位元・逆元の一意性）

・群Gが持つ単位元は一意である。

・群Gについて、$\forall a \in G$の逆元は一意である。

ここでの証明は、異なる単位元、及び$\forall a \in G$に対する逆元が、それぞれ二つ存在したとして、しかし結局両者は等しくなることを示すことで単位元と$\forall a \in G$に対する逆元の一意性を示しましょう。

まず単位元ですが、一つ目の単位元を$e \in G$とすると、単位元の定義により、演算「∘」に対して$\forall a \in G$についての関係が次のように成り立ちます。

$$e \circ a = a \circ e = a \tag{14.4.1}$$

式(14.4.1)を満たすもう一つの単位元$e' \in G$を仮定します。同様に、

$$e' \circ a = a \circ e' = a \tag{14.4.2}$$

aは群Gに含まれる任意の数ですから、群Gに含まれさえすればどんな数でも良いわけで、従って、式(14.4.1)で$a = e' \in G$、式(14.4.2)で$a = e \in G$と置いてみましょう。実際に代入すると、

$$e \circ e' = e' \circ e = e' \tag{14.4.3}$$

$$e' \circ e = e \circ e' = e \tag{14.4.4}$$

式(14.4.3)と(14.4.4)の左辺は全く同じ形です。従って、右辺にあたるeとe'は、

$$e' = e \tag{14.4.5}$$

となって、単位元の一意性が示されました。

次に逆元は、$\forall a \in G$の逆元a^{-1}は定義より次の性質を有しています。

$$a \circ a^{-1} = a^{-1} \circ a = e \tag{14.4.6}$$

式(14.4.6)の関係を満たす、$\forall a \in G$のもう一つの逆元$a^{-1'} \in G$が存在するとしましょう。同様に、

$$a^{-1'} \circ a = a \circ a^{-1'} = e \tag{14.4.7}$$

式(14.4.7)の$a \circ a^{-1'} = e$の両辺に、左からa^{-1}を作用させます。

$$a^{-1} \circ (a \circ a^{-1'}) = a^{-1} \circ e \tag{14.4.8}$$

式(14.4.8)の左辺に結合法則を適用させて、逆元の性質を使えば、

$$a^{-1} \circ \left(a \circ a^{-1\prime}\right) = (a^{-1} \circ a) \circ a^{-1\prime} = e \circ a^{-1\prime} = a^{-1\prime} \qquad (14.4.9)$$

式(14.4.9)を式(14.4.8)の左辺に代入すると、

$$a^{-1\prime} = a^{-1} \circ e = a^{-1} \qquad (14.4.10)$$

従って、

$$a^{-1\prime} = a^{-1} \qquad (14.4.11)$$

となって、$\forall a \in G$の逆元a^{-1}の一意性が示されました。

【例】逆元の定義に沿って、次の 2 式の成立を証明しましょう。

$$(ab)^{-1} = b^{-1}a^{-1} \qquad (14.4.12)$$

$$(a^{-1})^{-1} = a \qquad (14.4.13)$$

まず式(14.4.12)です。逆元の定義では、$\forall a \in G$とその逆元a^{-1}の積は、$aa^{-1} = e$ (eは単位元)でした。これにより、式(14.4.12)の左辺と変数abの積は単位元になりますから、

$$ab(ab)^{-1} = e \qquad (14.4.12.2)$$

式(14.4.12.2)の両辺の左からa^{-1}を乗ずると、

$$a^{-1}ab(ab)^{-1} = a^{-1}e$$

$$\therefore eb(ab)^{-1} = b(ab)^{-1} = a^{-1} \qquad (14.4.12.3)$$

式(14.4.12.2)の両辺に左からb^{-1}を乗ずると、

$$b^{-1}b(ab)^{-1} = b^{-1}a^{-1}$$

$$\therefore e(ab)^{-1} = (ab)^{-1} = b^{-1}a^{-1} \qquad (14.4.12.4)$$

となって、式(14.4.12)が示されました。

次は式(14.4.13)です。同様に逆元の定義で、

$$a^{-1}(a^{-1})^{-1} = e \qquad (14.4.13.2)$$

式(14.4.13.2) の両辺に左からaを乗ずると、

$$aa^{-1}(a^{-1})^{-1} = ae$$

$$\therefore e(a^{-1})^{-1} = (a^{-1})^{-1} = a \qquad (14.4.13.3)$$

となって、式(14.4.13)が示されました。

15

部分群

15.1 部分群の定義

部分群とは、文字通りある群の一部分を構成する群です。部分群に関する定義が、まず次のように与えられます。

定義 15.1（部分群の定義）
群$G \neq \phi$の部分集合$H \neq \phi$が、群Gの演算「$\circ$」に対して閉じている、即ち、$\forall a, b \in H \subset G;\ a \circ b \in H \subset G$であるとき、集合$H$を群$G$の**部分群**($subgroup$)と呼ぶ。

群$G \neq \phi$について、群G自身と単位元のみから成る集合$\{G, e_G\}$の二つはGの部分群となります。これを**自明な部分群**($trivial\ subgroup$)と呼びます。さらに、部分群については次の定理があります。

定理 15.1（部分群の単位元と逆元）
群$G \neq \phi$の部分群$H \neq \phi$について、演算「$\circ$」について次が成立する。

(1) 群Gの単位元e_Gは部分群Hの単位元e_Hと一致する。即ち、
$$e_G = e_H \in H \subset G$$
(2) 部分群Hに含まれる任意のaのHでの逆元a^{-1}は、aのGでの逆元に一致する。

まず、この定理を証明しましょう。まず(1)についてです。部分群Hの単位元e_Hの性質ですが、$\forall a \in H \subset G$について、

$$a \circ e_H = e_H \circ a = a \tag{15.1.1}$$

ここで、$\forall a \in H$について$a = e_H \in H$と置いて式(15.1.1)に代入します。

$$e_H \circ e_H = e_H \tag{15.1.2}$$

今、e_HのGでの逆元を${e_H}^{-1}$として、e_Hと${e_H}^{-1}$は次を満たすとします。

$$e_H \circ {e_H}^{-1} = e_G \in G \tag{15.1.3}$$

式(15.1.2)の両辺に${e_H}^{-1}$を左から作用させると、

$$ {e_H}^{-1} \circ (e_H \circ e_H) = {e_H}^{-1} \circ e_H \tag{15.1.4} $$

群の結合法則と式(15.1.3)、及び単位元の性質より式(15.1.4)の左辺は、

$$ {e_H}^{-1} \circ (e_H \circ e_H) = ({e_H}^{-1} \circ e_H) \circ e_H = e_G \circ e_H = e_H \tag{15.1.5} $$

他方、式(15.1.4)の右辺は式(15.1.3)よりe_Gで、左辺＝右辺より、

$$ e_H = e_G \tag{15.1.6} $$

が得られました。

次に(2)についてです。部分群Hの$\forall a \in H \subset G$についての$H$での逆元を、${a^{-1}}_H \in H$とすると、逆元の性質から次が成り立ちます。

$$ a \circ {a^{-1}}_H = {a^{-1}}_H \circ a = e_H = e_G \tag{15.1.7} $$

ここでさらにaのGでの逆元を${a^{-1}}_G \in G$として、式(15.1.7)の両辺に左から乗ずると、

$$ {a^{-1}}_G \circ (a \circ {a^{-1}}_H) = {a^{-1}}_G \circ e_H \tag{15.1.8} $$

式(15.1.8)の左辺は、群の結合法則から、

$$ {a^{-1}}_G \circ (a \circ {a^{-1}}_H) = ({a^{-1}}_G \circ a) \circ {a^{-1}}_H = e_G \circ {a^{-1}}_H \tag{15.1.9} $$

式(15.1.6)より$e_H = e_G$だから、式(15.1.9)は、

$$ e_G \circ {a^{-1}}_H = e_H \circ {a^{-1}}_H = {a^{-1}}_H \tag{15.1.10} $$

式(15.1.8)の右辺は、式(15.1.6)より$e_H = e_G$だから、

$$ {a^{-1}}_G \circ e_H = {a^{-1}}_G \circ e_G = {a^{-1}}_G \tag{15.1.11} $$

式(15.1.10)、(15.1.11)の各々が等しいから、

$$ {a^{-1}}_H = {a^{-1}}_G \tag{15.1.12} $$

よって、(2)が示されました。

定義 15.1（部分群の定義）にあるように、群Gと部分群Hは集合論に於ける包含関係$H \subset G$を成します。今、整数の集合$\mathbb{Z}$と、有理数の集合$\mathbb{Q}$の二つを考え、演算に加算を考えるとき、$\mathbb{Q}$も$\mathbb{Z}$も定義 14.1（群の定義）の 4 条件を満たすので、共に群です。かつ、両者の包含関係は$\mathbb{Z} \subset \mathbb{Q}$なので、$\mathbb{Z}$は$\mathbb{Q}$の部分群であると言えます。

15.2 巡回群

定義 14.3（位数と無限群、有限群）では、群Gの位数を群に含まれる元の個数であるとして、$|G|$あるいは$ord(G)$と定義しました。今、群Gのある一つの元$a \in G$を取り出し、元aを繰り返し有限回だけ定義された演算を施して得られる集合を考えます。定義される演算の具体的なものとして、乗算と加算の二つを考えてみましょう。まず、乗算の場合、元aを繰り返し有限回だけ乗じたものを元としますが、このような元は即ち、

$$\{e = 1, a, a \times a, a \times a \times a, \cdots, a^n\}$$

と列挙できます。このような元を持つ集合を$H^\times$と置くと、これは次のように書けます。

$$H^\times = \{a^n | n \in \mathbb{Z}\}$$

他方、演算に加算を考えると、元aを繰り返し有限回だけ加えたものを元としますから、このような元は即ち、

$$\{e = 0, a, a + a, a + a + a, \cdots, na\}$$

と列挙できます。このような元を持つ集合をH^+と置くと、これは次のように書けます。

$$H^+ = \{na | n \in \mathbb{Z}\}$$

また、$H^\times$は演算に対して閉じており、結合法則を満たし、単位元として 1 を持ち、各元は$H^\times$の中に逆元を持ちますから、群Gの部分群となります。H^+も同様に群Gの部分群となります。このような部分群Hを

群Gのある元$a \in G$から生成される群と称して、記号では$H =< a >$と書きます。

ここで例として、乗算に対して閉じた自然数の群$\mathbb{N}$を考え、$\mathbb{N}$に含まれる元$a = 3 \in \mathbb{Q}$について$H^{\times} =< 3 >$の元を列挙してみましょう。$H^{\times} = \{3^n | n \in \mathbb{Z}_+\}$になりますから、

$$
\begin{aligned}
H^{\times} =< 3 >&= \{3^0, 3^1, 3^2, 3^3, \cdots\} \\
&= \{1,3,9,27 \cdots\}
\end{aligned}
\tag{15.2.1}
$$

と書けます。他方、加算に対して閉じた整数の群$\mathbb{Z}$を考え、$\mathbb{Z}$に含まれる元$b = 5 \in \mathbb{Z}$について$H^{+} =< 5 >$の元を列挙してみましょう。この場合、$H^{+} = \{5n | n \in \mathbb{Z}\}$になりますから、

$$
\begin{aligned}
H =< 5 >&= \{\cdots, (-5) + (-5), -5,0,5,5 + 5,5 + 5 + 5 \cdots, 5n, \cdots\} \\
&= \{\cdots, -10, -5,0,5,10,15, \cdots, 5n, \cdots\}
\end{aligned}
\tag{15.2.2}
$$

さて、ここで元の位数というものを定義します。

定義 15.2（元の位数の定義）

$a \in G$について、$f: a \to f(a, n)$のように$n = 1,2, \cdots$と順次nによってaが変換されていく写像について考える。このとき、$f(a, n) = e$　(eは単位元)となる最小の$n \in \mathbb{Z}$を**元aの位数**と称して、$|a|$あるいは$ord(a)$と表記する。

ここでは元の位数という概念が出てきました。同じ表現の位数という言葉でも、定義 14.3 に示された群の位数と、ここで言う元の位数とでは全く意味が異なります。元の位数は、第一部の「13.1 指数と位数」で類似の議論がされていました。そこでは、「a^nの数列のうちで、nに0 から$p - 1$まで数の小さい方から順を追って代入して、合同式$a^n \equiv r \ (mod \ p)$の右辺rを求めていったときに、初めて$r = 1$（合同式では、1 が単位元となります）と合同になるときの最小のnのことを、

pを法とするaの位数」と呼んでいました。ここで議論している元の位数も同じ意味を持ちます。

次に、巡回群についての定義を記します。

> **定義 15.3（巡回群の定義）**
> $a \in G$について、G自体が一つの元$a \in G$によって生成されるとき、aをGの**生成元**($generator$)と呼び、Gを**巡回群**($cyclic\ group$)と呼ぶ。

通常は$a \in G$について、$< a > \subset G$ですが、一つの元$a \in G$によってG自体がそっくり生成されるとき、言い換えれば一つの元aによって生成される群が、元々のGの元を全て網羅するとき、即ち元aの位数が群Gの位数と一致するとき、aをGの生成元と呼び、Gを巡回群と呼びます。

例として、ここで群$\mathbb{Z}/7\mathbb{Z}$を考えます。演算は加算を考えます。この群の元は$\mathbb{Z}/7\mathbb{Z} = \{\bar{0}, \bar{1}, \bar{2}, \bar{3}, \bar{4}, \bar{5}, \bar{6}\}$ですから、群の位数は 7 です。その中から一つの元$\bar{1}$を取り出し、順に$\bar{1}$自身を加算していき、7 で割った余りを求めていきます。

$$\bar{1} \longrightarrow_{+\bar{1}} \bar{2} \longrightarrow_{+\bar{1}} \bar{3} \longrightarrow_{+\bar{1}} \bar{4} \longrightarrow_{+\bar{1}} \bar{5} \longrightarrow_{+\bar{1}} \bar{6} \longrightarrow_{+\bar{1}} \bar{0} \longrightarrow_{+\bar{1}} \bar{1} \longrightarrow_{+\bar{1}} \cdots$$

順次、求めた数値が$\bar{1} \sim \bar{0}$の範囲で巡回しており、かつ元$\bar{1}$の位数が 7 となって群$\mathbb{Z}/7\mathbb{Z}$の位数と一致していますから、$\bar{1}$は$\mathbb{Z}/7\mathbb{Z}$の生成元であり、巡回群として$\mathbb{Z}/7\mathbb{Z} =< \bar{1} >$と書けます。では、他の元ではどうでしょうか。

$$\bar{2} \longrightarrow_{+\bar{2}} \bar{4} \longrightarrow_{+\bar{2}} \bar{6} \longrightarrow_{+\bar{2}} \bar{1} \longrightarrow_{+\bar{2}} \bar{3} \longrightarrow_{+\bar{2}} \bar{5} \longrightarrow_{+\bar{2}} \bar{0} \longrightarrow_{+\bar{2}} \bar{2} \longrightarrow_{+\bar{2}} \cdots$$
$$\bar{3} \longrightarrow_{+\bar{3}} \bar{6} \longrightarrow_{+\bar{3}} \bar{2} \longrightarrow_{+\bar{3}} \bar{5} \longrightarrow_{+\bar{3}} \bar{1} \longrightarrow_{+\bar{3}} \bar{4} \longrightarrow_{+\bar{3}} \bar{0} \longrightarrow_{+\bar{3}} \bar{3} \longrightarrow_{+\bar{3}} \cdots$$
$$\bar{4} \longrightarrow_{+\bar{4}} \bar{1} \longrightarrow_{+\bar{4}} \bar{5} \longrightarrow_{+\bar{4}} \bar{2} \longrightarrow_{+\bar{4}} \bar{6} \longrightarrow_{+\bar{4}} \bar{3} \longrightarrow_{+\bar{4}} \bar{0} \longrightarrow_{+\bar{4}} \bar{4} \longrightarrow_{+\bar{4}} \cdots$$
$$\bar{5} \longrightarrow_{+\bar{5}} \bar{3} \longrightarrow_{+\bar{5}} \bar{1} \longrightarrow_{+\bar{5}} \bar{6} \longrightarrow_{+\bar{5}} \bar{4} \longrightarrow_{+\bar{5}} \bar{2} \longrightarrow_{+\bar{5}} \bar{0} \longrightarrow_{+\bar{5}} \bar{5} \longrightarrow_{+\bar{5}} \cdots$$
$$\bar{6} \longrightarrow_{+\bar{6}} \bar{5} \longrightarrow_{+6} \bar{4} \longrightarrow_{+\bar{6}} \bar{3} \longrightarrow_{+\bar{6}} \bar{2} \longrightarrow_{+\bar{6}} \bar{1} \longrightarrow_{+\bar{6}} \bar{0} \longrightarrow_{+\bar{6}} \bar{6} \longrightarrow_{+\bar{6}} \cdots$$

いずれの元も位数は 7 で、$\mathbb{Z}/7\mathbb{Z}$の全ての元を網羅します。従って、巡回群として$\mathbb{Z}/7\mathbb{Z} =< \bar{2} >$、$\mathbb{Z}/7\mathbb{Z} =< \bar{3} >$、$\mathbb{Z}/7\mathbb{Z} =< \bar{4} >$、$\mathbb{Z}/7\mathbb{Z} =< \bar{5} >$、

$\mathbb{Z}/7\mathbb{Z} =< \bar{6} >$、と書けます。このように、生成元は複数存在します。さて、このような巡回群について次の定理が存在します。

定理 15.2（巡回群の部分群）
巡回群Gの部分群Hは、巡回群である。

証明してみましょう。巡回群Gについて、$\exists a \in G$を生成元として、$G =< a >= \{\cdots, a^{-2}, a^{-1}, a^0, a^1, a^2, \cdots\}$と書きます。この場合、$a^0 = 1$は単位元になります。ここで、次の数$n \in \mathbb{N}$を定義します。即ち、

$$n := min\{k | a^k \in H, k \in \mathbb{N}\} \tag{15.2.3}$$

このnは$< a >$の元がHに属するときの最小のkという意味です。言い換えれば、$k = 1,2,3,\cdots$としてa^kに代入していくとき、最初に$a^k \in H$が認められたときのkをnとするということです。定義 15.2（元の位数の定義）で議論した元の位数と類似のアプローチが用いられます。

ここで、ある自然数mについて$a^m \in H$を考えます。mは式(15.2.3)で定義されたnで除して、商q、余りrの式で表せます。即ち、

$$m = nq + r \quad (但し、0 \leq r < n) \tag{15.2.4}$$

式(15.2.4)を用いてa^mを変形すれば、

$$a^m = a^{nq+r} = (a^{nq})a^r \tag{15.2.5}$$

式(15.2.5)の両辺に、左側から$(a^{nq})^{-1}$を乗ずれば、

$$(a^{nq})^{-1}a^m = a^r \tag{15.2.6}$$

前提により$a^n \in H$なので、$(a^n)^q \in H$、Hは前提より群なので、その逆元も$(a^{nq})^{-1} \in H$、さらに前提より$a^m \in H$。よって$(a^{nq})^{-1}a^m \in H$なので、$a^r \in H$となります。

さて、このときもしも$0 < r$だと、rはmをnで除した余りなので必ず$r < n$を満たさなければなりません。しかし、このことは式(15.2.2)よりnは$a^n \in H$を満たす最小の自然数であることに矛盾します。rは$0 \leq r < n$であり、従ってrのとり得る値は自然数ではない$r = 0$となります。すると、$a^r = a^0 = 1 = e$であるのでこれは単位元となります。従って、

$$(a^{nq})^{-1}a^m = e$$

$$\therefore a^m = a^{nq} = (a^n)^q \qquad (15.2.7)$$

となります。これは、部分群$a^m \in H$が巡回群Gの元a^nの冪乗によって生成される巡回群$H = < a^n >$であると言えます。

15.3 部分群の判定条件

ここでは、群Gの部分集合HがGの部分群であることの判定条件について議論します。まずは、以下に定理を示します。

定理 15.3（部分群の判定条件）

集合$H(\neq \emptyset)$が、群Gの部分集合であるとき次の3条件は同値である。

(ア) $H(\neq \emptyset)$はGの部分群である

(イ) $\forall a, b \in H$についてGで定義された演算「$\circ$」で、$a \circ b \in H$、かつ、$a^{-1} \in H$である

(ウ) $\forall a, b \in H$について、$a^{-1} \circ b \in H$である

証明は、上の3条件それぞれについて、

(ア) ⇨ (イ)、(イ) ⇨ (ウ)、(ウ) ⇨ (ア)

が示されれば、各々の逆についても、

$$\big((イ) \Rightarrow (ウ) \wedge (ウ) \Rightarrow (ア)\big) \Rightarrow \quad (イ) \Rightarrow (ア)$$
$$\big((ウ) \Rightarrow (ア) \wedge (ア) \Rightarrow (イ)\big) \Rightarrow \quad (ウ) \Rightarrow (イ)$$
$$\big((ア) \Rightarrow (イ) \wedge (イ) \Rightarrow (ウ)\big) \Rightarrow \quad (ア) \Rightarrow (ウ)$$

のように、ある種の推移律によって成立します。

(1) (ｱ) ⇨ (ｲ)を示します

まず、「(ｱ) $H(\neq \emptyset)$はGの部分群である」が成立すると仮定します。部分群の定義により、HはGで定義された演算「∘」に関して閉じていますから、明らかに$a \circ b \in H$が成立します。また、同時に$\forall a \in H$の逆元も存在しますから$a^{-1} \in H$となって、(ｲ)が示されました。

(2)(ｲ) ⇨ (ｳ)を示します

$\forall a, b \in H$について、$a \circ b \in H$かつ$a^{-1} \in H$なので、aに$a^{-1} \in H$を代入すれば明らかに$a^{-1} \circ b \in H$となって、(ｳ) が示されました。

(3)(ｳ) ⇨ (ｱ)を示します

(ｳ)について、$b = a$と置きます。bは任意の数なのでHに属する数であれば何でも良いのです。すると(ｳ)の条件より、$a^{-1} \circ a = e \in H$となりますから、Hは単位元eを持っています。

次に今度は$b = e \in H$と置きます。すると、$a^{-1} \circ e = a^{-1} \in H$となり、$H$は$a$の逆元$a^{-1}$を持っていることが示されました。また、$\forall a, b \in H$について(ｳ)の関係式を当てはめれば、$a \circ b = (a^{-1})^{-1} \circ b \in H$となり、$H$は演算「∘」について閉じていることが示されました。さらに、Hは結合法則を満たす群Gの部分集合ですから、Hに於いても明らかに結合法則が満たされます。以上より、HはGの部分群であることが示されたので、(ｱ) が示されました。定理 15.3 より、次の定理も導かれます。

定理 15.4（共通部分の部分群）

群Gの部分群である$H1$、$H2$の共通部分$H1 \cap H2$も、また群Gの部分群である。

定理 15.3（部分群の判定条件）の(ｳ)より、群Gに於いて定義された演算「∘」について、

$$\forall a, b \in H1 \implies a^{-1} \circ b \in H1$$
$$\forall a, b \in H2 \implies a^{-1} \circ b \in H2 \qquad (15.3.1)$$

式(15.3.1)により、

$$a, b \in H1 \cap H2 \Longrightarrow\ a^{-1} \circ b \in H1 \cap H2 \qquad (15.3.2)$$

ここでも部分群の判定条件の(ｳ)により、$H1 \cap H2$は群Gの部分群であると言えます。

【例】群 Gで定義された演算「∘」について、群 Gの部分集合Hを、

$$H = \{a \in G | \forall k \in G, a \circ k = k \circ a\} \qquad (15.3.3)$$

とするとき、Hが群 Gの部分群であることを示しましょう。流れとしては、定理 15.3（部分群の判定条件）の判定条件(ｲ)に着目して、$\forall a, b \in H$のときに、$a \circ b \in H$かつ$a^{-1} \in H$であることを示します。まず、$\forall a, b \in H \subset G$、$k \in G$で、$G$は群なので結合法則と式(15.3.3)の交換則が適用できて、

$$\begin{aligned}(a \circ b) \circ k &= a \circ (b \circ k) = a \circ (k \circ b) \\ &= (a \circ k) \circ b = (k \circ a) \circ b = k \circ (a \circ b)\end{aligned} \qquad (15.3.4)$$

従って、

$$(a \circ b) \circ k = \ k \circ (a \circ b) \qquad (15.3.5)$$

群 G は演算「∘」について閉じていますから、$\forall a, b \in H \subset G$に対して$a \circ b \in H \subset G$。また、$\forall k \in G$に対して$k = k^{-1}$として、

$$a \circ k^{-1} = k^{-1} \circ a \qquad (15.3.6)$$

$a \circ k^{-1} \in G$、$k^{-1} \circ a \in G$なので、各々に逆元が存在して、

$$e = (a \circ k^{-1})^{-1} \circ (a \circ k^{-1}) = (k^{-1} \circ a)^{-1} \circ (k^{-1} \circ a) \qquad (15.3.7)$$

式(15.3.6)より、

$$\begin{aligned}(a \circ k^{-1})^{-1} \circ (a \circ k^{-1}) &= (k^{-1} \circ a)^{-1} \circ (a \circ k^{-1}) \\ \therefore (a \circ k^{-1})^{-1} &= (k^{-1} \circ a)^{-1}\end{aligned} \qquad (15.3.8)$$

さらに、

$$(a \circ b)^{-1} = b^{-1} \circ a^{-1} \qquad (15.3.9)$$

の関係式を適用して、

$$\begin{aligned}(a \circ k^{-1})^{-1} &= (k^{-1})^{-1} \circ a^{-1} = k \circ a^{-1} \\ &= (k^{-1} \circ a)^{-1} = a^{-1} \circ (k^{-1})^{-1} = a^{-1} \circ k\end{aligned} \qquad (15.3.10)$$

$$\therefore k \circ a^{-1} = a^{-1} \circ k$$

式(15.3.10)は、$a^{-1} \in G$、$\forall k \in G$について式(15.3.3)を満たしているので、$a^{-1} \in H$と言えます。従って、定理 15.3（部分群の判定条件）の判定条件(ｲ)を満たすことができたので、Hが群 G の部分群であることが示されました。

ここで、群Gの有限部分集合Hが部分群となるための条件に関する定理を示します。

定理 15.5（有限部分集合が部分群となる条件）
元の個数が有限個である、群Gの有限部分集合Hが群Gの部分群であるための必要十分条件は、群Gで定義された演算「∘」を積としたときに、

$$a, b \in H \Longrightarrow ab \in H \tag{15.3.11}$$

となることである。

証明してみましょう。ここでも方針としては、定理 15.3（部分群の判定条件）の(ｲ)を示します。定理に示された前提より、$ab \in H$は提示されていますから、このもとで$a^{-1} \in H$を示せば良いことになります。定義により、

$$\begin{aligned} a, a \in H &\Longrightarrow aa = a^2 \in H \\ a, a^2 \in H &\Longrightarrow aa^2 = a^3 \in H \\ a, a^3 \in H &\Longrightarrow aa^3 = a^4 \in H \\ &\vdots \\ \therefore \{a, a^2, a^3, a^4, \cdots\} &\in H \end{aligned} \tag{15.3.12}$$

ところで、Hは有限集合ですから、式(15.3.12)の元には重複しているものがあります。それを、

$$\exists m, n \in \mathbb{N},\ \ m > n, \qquad a^m = a^n \tag{15.3.13}$$

と置きます。式(15.3.13)の両辺に右からa^nの逆元$(a^n)^{-1}$を乗じて、

$$a^m(a^n)^{-1} = a^n(a^n)^{-1} = e$$
$$\therefore a^m a a^{-n-1} = a a^{m-n-1} = e \tag{15.3.14}$$

が導かれます。前提より$m-n>0$で、$m,n \in \mathbb{N}$なので$m-n \geq 1$、よって、$m-n-1 \geq 0$となります。ここで、次のように議論を二通りに分けます。

(i) $m-n-1>0$のとき

式(15.3.14)より、

$$a a^{m-n-1} = e$$
$$\therefore a^{m-n-1} = a^{-1} \tag{15.3.15}$$

$m-n-1$は自然数なので、式(15.3.12)、(15.3.15)より、

$$a^{-1} = a^{m-n-1} \in H$$
$$\therefore a^{-1} \in H \tag{15.3.16}$$

(ii) $m-n-1=0$のとき

このときは、式(15.3.14)より$aa^{m-n-1}=e$なので、

$$a a^{m-n-1} = a a^0 = ae = e$$
$$\therefore a = e \tag{15.3.17}$$

また、$a, e \in H$だから式(15.3.11)より、

$$a, e \in H \Longrightarrow ae = a = e \in H \tag{15.3.18}$$

さらに、$e^{-1}=e$より式(15.3.18)から、

$$a^{-1} = e^{-1} = e \in H$$
$$\therefore a^{-1} \in H \tag{15.3.19}$$

これで、定理 15.3（部分群の判定条件）の(イ)が示せたので、群Gの有限部分集合Hが群Gの部分H群であることが示されました。

16

対称群

16.1 対称群の定義

ここで、また対称群と称する新たな概念が登場しました。まずは、対称群の定義を示します。

> **定義 16.1（対称群）**
> 集合$\mathcal{W} := \{1,2,3,\cdots,n\}$と定義したときに、$\mathcal{W}$から$\mathcal{W}$への全単射写像$\sigma: \mathcal{W} \longrightarrow \mathcal{W}$を$n$次の**置換**$(permutation)$と称する。また$\mathcal{W}$の置換全体から成る群を**置換群**$(permutation\ group)$と呼ぶ。さらに$n$次の置換全体から成る群$S_n$を**対称群**$(symmetric\ group)$と呼ぶ。

新しい概念のオンパレードです。まず、全単射写像というものについて理解しておきましょう。これは、全射と単射とに別れます。まず、全射についてですが二つの集合A、Bについて、写像$f: A \longrightarrow B$が定義されたとき、fの値域$f(A) \coloneqq \{f(a) | a \in A\}$　が終域Bを包み込む、つまり$B \subseteq f(A)$ならば、写像fは**全射**$(surjection)$であると言います。言い換えれば、$f: A \longrightarrow B$　が全射であるとは、$\forall b \in B,\ \exists a \in A,\ f(a) = b$を満足することを言います。全射を図示すれば次の通りです。

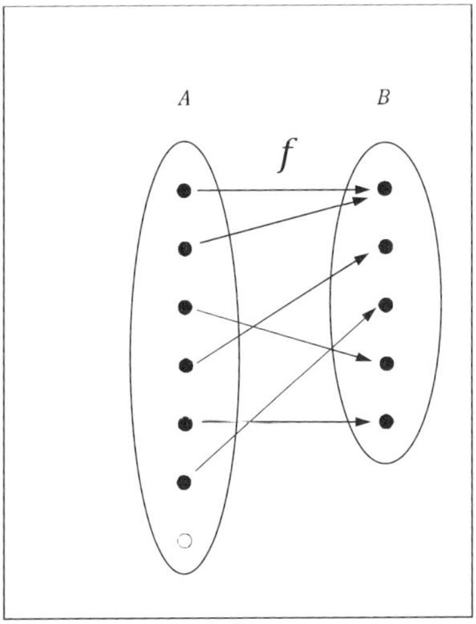

図 16.1　全射$f: A \longrightarrow B$

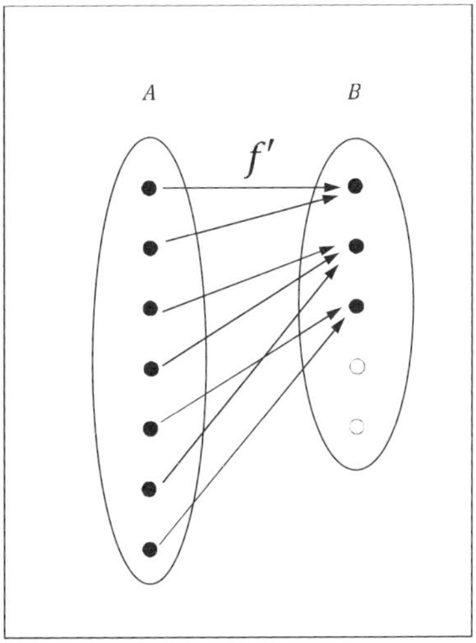

図 16.2　全射ではない$f': A \longrightarrow B$

図 16.1 ではAの元が$f(A)$として移された先であるBでは、Bの元が全て余すところなく$f(A)$と対応づけられています。一方、図 16.2 ではAの元が$f'(A)$として移された先であるBで、$f'(A)$と対応していない元（図中の白丸）が存在しています。この場合は全射ではありません。

他方、単射についての定義ですが、集合Aを定義域、集合Bを値域とする写像$f: A \longrightarrow B$が定義されたとき、$\forall a_1, a_2 \in A$についての次の関係式、$a_1 \neq a_2 \Rightarrow f(a_1) \neq f(a_2)$を満たすとき、写像$f$は**単射**($injective$)であると言います。この条件式の対偶をとれば、$\forall a_1, a_2 \in A$について、$f(a_1) = f(a_2) \Rightarrow a_1 = a_2$であるということと同値です。意味することは、$A$に含まれる二つの数$a_1$、$a_2$が異なる数であれば、写像$f$によって移される$f(a_1)$、$f(a_2)$も$B$に於いて、各々異なる数でなければならないということ、言い換えれば写像fによって移される$f(a_1)$、$f(a_2)$が同じ数であるならば、それはもとのAに含まれていたa_1, a_2もまた同じ数であるということです。

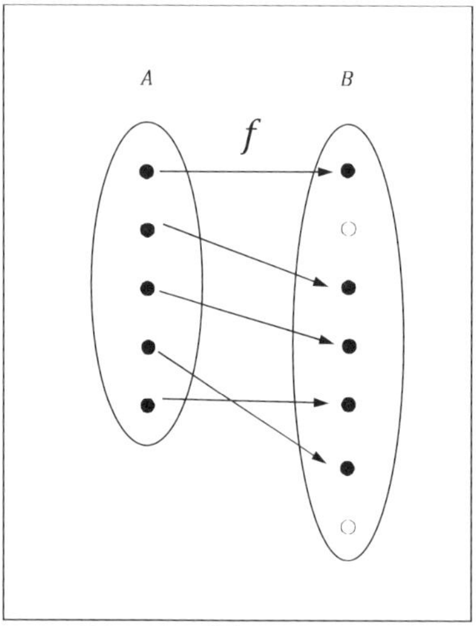

図 16.3 単射$f: A \longrightarrow B$

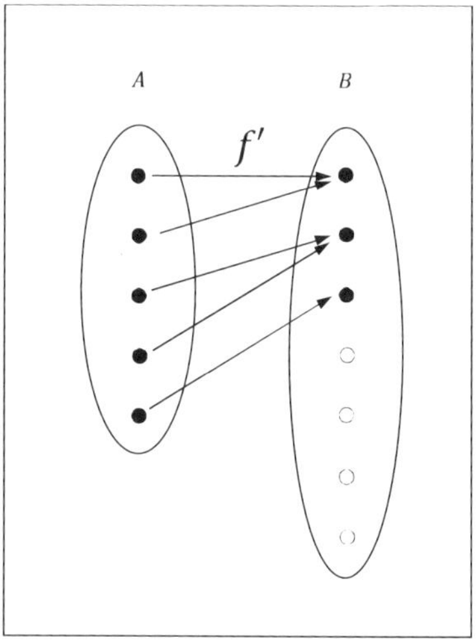

図 16.4 単射ではない$f': A \longrightarrow B$

図 16.3 ではAの元が$f(A)$として移された先であるBでは、全て異なるBの元との対応がとられています。Bの元の中には、$f(A)$と対応し

ていないもの（白丸の元）が存在しますが、それは単射としては問題はありません。一方、図 16.4 ではAの元が$f'(A)$として移された先であるBで、複数の$f'(A)$とBに含まれる一つの元とが重複して対応づけられているところがあり、従ってこの場合は単射ではありません。

上記の全射と単射が共に満たされる場合を**全単射**$(bijection)$と称し、集合Aを定義域、集合Bを値域とする写像$f: A \longrightarrow B$が定義されたとき、$\forall b \in B,\ \exists! a \in A \ \ s.t.\ \ b = f(a)$となります。

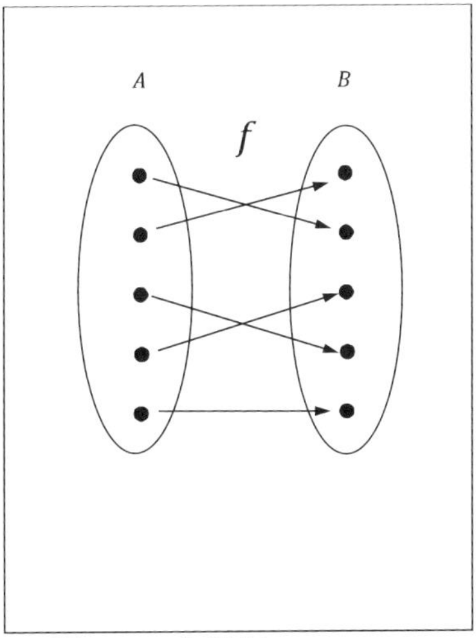

図 16.5 全単射$f: A \longrightarrow B$

全単射は逆写像を持ちます。実際、$f: A \longrightarrow B$が全単射であれば、$\forall b \in B$に対し、fの全射性から$f(a) = b$となるaが存在し、かつfの単射性からこのようなaはbに対してただ一つしか存在しませんから、写像 $f^{-1}: B \longrightarrow A;\ f^{-1}(b) \mapsto a$が作れます。また、逆写像を持つ写像は全単射に限られることから、写像が全単射であることと逆写像が存在することは同値であると言えます。

さて、対称群の話に進みます。対称群S_nの元は、**置換**$(permutation)$と呼ばれます。即ち、ここで言う置換という名の元は、具体的には次の形を持ちます。

$$\begin{pmatrix} 1 & 2 & 3 & \cdots & n \\ a_1 & a_2 & a_3 & \cdots & a_n \end{pmatrix}$$

$$(a_i \in \{1,2,3,\cdots,n\}\ ) \tag{16.1.1}$$

何やら行列に似た形をしていますが、行列ではありません。これは、上の段の各数値が同じ列の下の段の数値に置き換えられることを意味します。従って、(16.1.1)の置換によって、以下のように数値が置き換えられます。

$$\begin{aligned} &1 \longrightarrow a_1 \\ &2 \longrightarrow a_2 \\ &3 \longrightarrow a_3 \\ &\cdots\cdots\cdots \\ &n \longrightarrow a_n \end{aligned} \tag{16.1.2}$$

こうした変換は、数値$1,2,3,\cdots,n$の並べ替えに相当します。並べ替えは$n!$通り存在しますから、この元の数も$n!$個存在することになります。このような置換を元σ_iとすると、群を成す全体集合S_n、即ち対称群は次のように表せます。

$$S_n = \{\sigma_1, \sigma_2, \cdots, \sigma_n\} \tag{16.1.3}$$

S_nは群ですから、(16.1.3)の中に単位元と逆元が含まれます。単位元のことを**恒等置換**(*identity permutation*)と呼び、恒等置換は次の形を持ちます。

$$e = \begin{pmatrix} 1 & 2 & 3 & \cdots & n \\ 1 & 2 & 3 & \cdots & n \end{pmatrix} \tag{16.1.4}$$

恒等置換は上の段と下の段の数値が同じ順序で同じ数が並びます。即ち、自分自身を自分自身に移す置換となります。逆元は、置換の上下の段を入れ替えたものになります。即ち、置換σ_iの逆元を${\sigma_i}^{-1}$とすると、

$$\sigma_i = \begin{pmatrix} 1 & 2 & 3 & \cdots & n \\ a_1 & a_2 & a_3 & \cdots & a_n \end{pmatrix} \quad {\sigma_i}^{-1} = \begin{pmatrix} a_1 & a_2 & a_3 & \cdots & a_n \\ 1 & 2 & 3 & \cdots & n \end{pmatrix} \tag{16.1.5}$$

となります。

【例】対称群S_2は、2!個、即ち2個の元を持つ群$S_2 = \{\sigma_1, \sigma_2\}$になります。$\sigma_1, \sigma_2$の具体的な形は次の通りです。

$$\sigma_1 = \begin{pmatrix} 1 & 2 \\ 1 & 2 \end{pmatrix} \quad , \sigma_2 = \begin{pmatrix} 1 & 2 \\ 2 & 1 \end{pmatrix} \tag{16.1.6}$$

一方、対称群S_3は、3!個、即ち6個の元を持つ群$S_3 = \{\sigma_1, \sigma_2, \sigma_3, \sigma_4, \sigma_5, \sigma_6\}$になります。$\sigma_1, \cdots, \sigma_2$の具体的な形は次の通りです。

$$\sigma_1 = \begin{pmatrix} 1 & 2 & 3 \\ 1 & 2 & 3 \end{pmatrix} \ \sigma_2 = \begin{pmatrix} 1 & 2 & 3 \\ 1 & 3 & 2 \end{pmatrix} \ \sigma_3 = \begin{pmatrix} 1 & 2 & 3 \\ 2 & 1 & 3 \end{pmatrix}$$
$$\sigma_4 = \begin{pmatrix} 1 & 2 & 3 \\ 2 & 3 & 1 \end{pmatrix} \ \sigma_5 = \begin{pmatrix} 1 & 2 & 3 \\ 3 & 1 & 2 \end{pmatrix} \ \sigma_6 = \begin{pmatrix} 1 & 2 & 3 \\ 3 & 2 & 1 \end{pmatrix} \tag{16.1.7}$$

16.2 巡回置換と巡回群

ここで、巡回置換と巡回群に関する定義を示します。

定義 16.2（巡回置換と巡回群）

置換σ_iの元を$a_1, a_2, \cdots, a_n$ （但し、$a_i \neq a_j$ $(i \neq j)$）とするとき、

$$a_i \longrightarrow a_{i+1} \ (i = 1,2,\cdots,n-1)$$
$$a_n \longrightarrow a_1$$

即ち、元をひとつずつ右隣の元にずらしていき、末尾の元a_nを先頭の元a_1にずらす置換、

$$\begin{pmatrix} 1 & 2 & 3 & \cdots & n-1 & n \\ 2 & 3 & 4 & \cdots & n & 1 \end{pmatrix}$$

とする置換を、**巡回置換**(*cyclic permutation*)と呼ぶ。また、全ての巡回置換だけを元とする群を**巡回群**(*cyclic group*)と呼ぶ。

巡回置換は、もう少し簡略化した記述が可能で、

$$\begin{pmatrix} 1 & 2 & 3 & \cdots & n \\ 2 & 3 & 4 & \cdots & 1 \end{pmatrix} = (1 \quad 2 \quad 3 \ \cdots \quad n) \tag{16.2.1}$$

とも書けます。また、元が二つの置換を**互換**(*transposition*)と呼びます。互換は次のような置換です。

$$\begin{pmatrix}1 & 2\\2 & 1\end{pmatrix}=(1\quad 2),\ \begin{pmatrix}3 & 5\\5 & 3\end{pmatrix}=(3\quad 5),\ \begin{pmatrix}4 & 9\\9 & 4\end{pmatrix}=(4\quad 9), \tag{16.2.2}$$

また、置換の元のうち、置換した後も値が変わらない元を除いた記述も可能です。例えば、次のように簡略化した表記が可能です。

$$\begin{pmatrix}1 & 2 & 3 & 4\\1 & 4 & 3 & 2\end{pmatrix}=(2\quad 4),\ \begin{pmatrix}1 & 2 & 3 & 4 & 5\\3 & 2 & 5 & 4 & 1\end{pmatrix}=(1\quad 3\quad 5) \tag{16.2.3}$$

ここで、新たに互いに素な巡回置換というものを定義します。

定義 16.3（互いに素な巡回置換）
置換σ_iの元について、互いに共通の数を動かさない巡回置換を、**互いに素な巡回置換**と呼び､任意の巡回置換は互いに素な巡回置換の積で表現できる。また、互いに素な巡回置換の積は可換である。

次の 6 項の巡回置換を見て下さい。これは、1,2,3 の間だけで巡回する置換と、4,5,6 の間でだけ巡回する置換の 2 グループが混在し、各グループには共通の数が含まれません。この二つのグループのことを、互いに素な巡回置換と呼びます。そして、この 6 項の巡回置換は二つのグループの置換の積として表せます。かつ、この積は可換です。

$$\begin{pmatrix}1 & 2 & 3 & 4 & 5 & 6\\3 & 1 & 2 & 6 & 4 & 5\end{pmatrix}=(1\quad 3\quad 2)(4\quad 6\quad 5)=(4\quad 6\quad 5)(1\quad 3\quad 2) \tag{16.2.4}$$

さらに、巡回置換と互換に関する定理を次に示します。

定理 16.1（巡回置換と互換）
全ての巡回置換は互換の積に表せる。さらに、n項の巡回置換は高々$n-1$個の互換の積で表せる。

定理の主張は次の関係を意味します。

$$(a_1\ a_2\ a_3 \cdots a_n) = (a_1\ a_n)(a_1\ a_{n-1}) \cdots (a_1\ a_3)(a_1\ a_2) \qquad (16.2.5)$$

あるいは、

$$(a_1\ a_2\ a_3 \cdots a_n) = (a_1\ a_2)(a_2\ a_3) \cdots (a_{n-2}\ a_{n-1})(a_{n-1}\ a_n) \qquad (16.2.6)$$

これを証明します。式(16.2.5)の左辺の置換は、$a_n \longrightarrow a_1$, $a_{n-1} \longrightarrow a_n$, $\cdots, a_1 \longrightarrow a_2$の形で、順に置き換わる置換ですから、次の通りです。

$$(a_1\ a_2\ a_3 \cdots a_{n-2}\ a_{n-1}\ a_n) = \begin{pmatrix} a_1 & a_2 & a_3 \cdots a_{n-2} & a_{n-1} & a_n \\ a_2 & a_3 & a_4 \cdots a_{n-1} & a_n & a_1 \end{pmatrix} \qquad (16.2.7)$$

式(16.2.5)の右辺は、左辺の置換のうち、a_1とa_2のみ逆に並べ替えます。並べ替えた元に対し、a_1とa_3のみ、それぞれを逆に並べ替えます。この互換には必ずa_1が含まれます。*Step* 1から図解すると次の通りです。

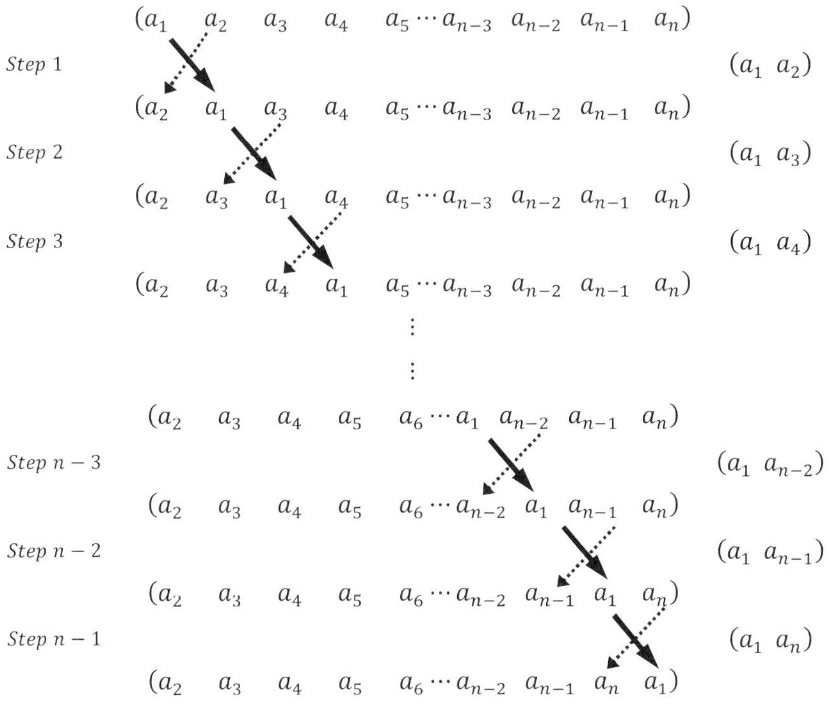

ここで互換は、$n-1$回目で終了し、最終的に置換された()内の数値の並びは、式(16.2.7)の()内の下段に示された数値の並びに一致しました。従って、n項の置換は$n-1$個の互換の積で表されて式 (16.2.5)が示されました。

同様に式(16.2.6)についても示します。式(16.2.6)の互換には、常にa_1が含まれることはなく、$a_1, a_1, a_1, \cdots, a_{n-1}, a_n$が順送りの形で互換の()内に登場します。これも図解してみましょう。

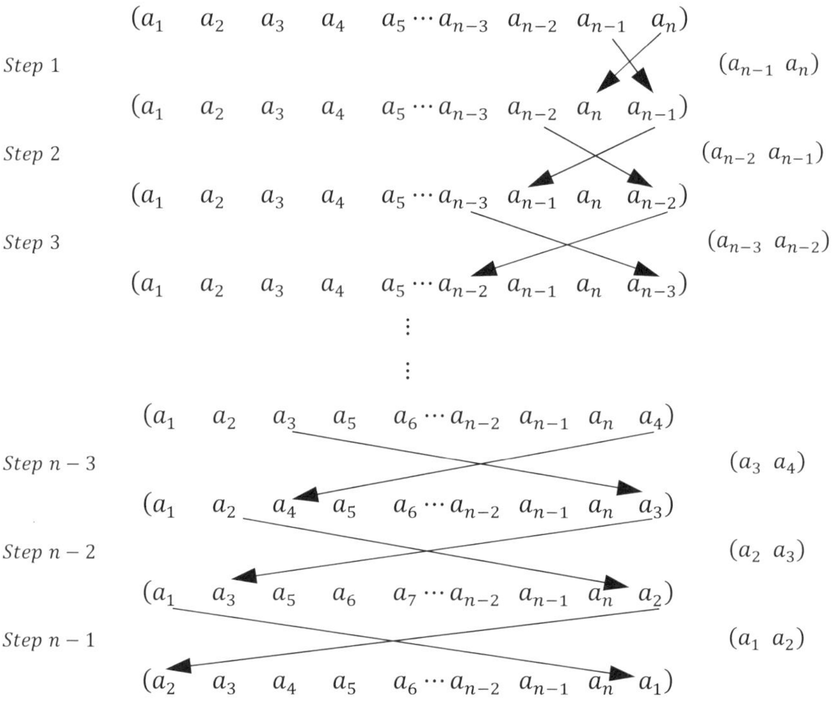

ここでも互換は、$n-1$回目で終了し、最終的に置換された()内の数値の並びは、式(16.2.7)の()内の下段に示された数値の並びに一致しました。従って、n項の置換は$n-1$個の互換の積で表されて式 (16.2.6)が示されました。

さらに、式(16.2.6)を用いると、巡回置換を次のように分割して計算することが可能であることがわかります。

$$(a_1\ \ a_2\ \ a_3 \cdots a_n\ \ b_1\ \ b_2 \cdots b_m) = (a_1\ \ a_2 \cdots a_n)(a_n\ \ b_1\ \ b_2 \cdots b_m) \qquad (16.2.8)$$

まず、式(16.2.8)の左辺について式(16.2.6)の互換の積で表すと、

$$\begin{aligned}&(a_1\ \ a_2\ \ a_3 \cdots a_n\ \ b_1\ \ b_2 \cdots b_m)\\ &\ = (a_1\ \ a_2)(a_2\ \ a_3)\cdots(a_{n-1}\ \ a_n)(a_n\ \ b_1)(b_1\ \ b_2)\cdots(b_{m-1}\ \ b_m) \qquad (16.2.9)\end{aligned}$$

次に、式(16.2.8)の右辺について式(16.2.6)の互換の積で表すと、

$$\begin{aligned}&(a_1\ \ a_2 \cdots a_n)(a_n\ \ b_1\ \ b_2 \cdots b_m)\\ &= (a_1\ \ a_2)(a_2\ \ a_3)\cdots(a_{n-1}\ \ a_n)(a_n\ \ b_1)(b_1\ \ b_2)\cdots(b_{m-1}\ \ b_m) \qquad (16.2.10)\end{aligned}$$

式(16.2.9)、(16.2.10)は一致しますから、式(16.2.8)が成立することが示されました。

【例】巡回置換(1　2　3　4)と互換(1　3)の積を計算してみましょう。

$$\begin{aligned}&(1\ \ 2\ \ 3\ \ 4)(1\ \ 3)\\ &= (4\ \ 1\ \ 2\ \ 3)(1\ \ 3) && \text{4 と 1 の入れ換え}\\ &= (4\ \ 1)(1\ \ 2\ \ 3)(1\ \ 3) && \text{式(16.2.8)の適用}\\ &= (1\ \ 4)(2\ \ 3\ \ 1)(1\ \ 3) && \text{置換順序の入れ換え}\\ &= (1\ \ 4)(2\ \ 3)(3\ \ 1)(1\ \ 3) && \text{式(16.2.9)の適用}\\ &= (1\ \ 4)(2\ \ 3) && \text{(3　1)(1　3)は恒等置換}\end{aligned}$$

となって、二つの互換の積で表されました。実際に計算してみると、

$$(1\ \ 2\ \ 3\ \ 4)(1\ \ 3) = \begin{pmatrix}1 & 2 & 3 & 4\\ 2 & 3 & 4 & 1\end{pmatrix}\begin{pmatrix}1 & 2 & 3 & 4\\ 3 & 2 & 1 & 4\end{pmatrix} = \begin{pmatrix}1 & 2 & 3 & 4\\ 4 & 3 & 2 & 1\end{pmatrix}$$

$$(1\ \ 4)(2\ \ 3) = \begin{pmatrix}1 & 2 & 3 & 4\\ 4 & 2 & 3 & 1\end{pmatrix}\begin{pmatrix}1 & 2 & 3 & 4\\ 1 & 3 & 2 & 4\end{pmatrix} = \begin{pmatrix}1 & 2 & 3 & 4\\ 4 & 3 & 2 & 1\end{pmatrix}$$

となって、両者は一致しました。

もちろん、置換の積はこのほかにもあります。例えば、式(16.2.5)を適用した場合は、

$$\begin{aligned}&(1\ \ 2\ \ 3\ \ 4)(1\ \ 3) = (1\ \ 4)(1\ \ 3)(1\ \ 2)(1\ \ 3)\\ &= \begin{pmatrix}1 & 2 & 3 & 4\\ 4 & 2 & 3 & 1\end{pmatrix}\begin{pmatrix}1 & 2 & 3 & 4\\ 3 & 2 & 1 & 4\end{pmatrix}\begin{pmatrix}1 & 2 & 3 & 4\\ 2 & 1 & 3 & 4\end{pmatrix}\begin{pmatrix}1 & 2 & 3 & 4\\ 3 & 2 & 1 & 4\end{pmatrix} = \begin{pmatrix}1 & 2 & 3 & 4\\ 4 & 3 & 2 & 1\end{pmatrix}\end{aligned}$$

また、式(16.2.6)を適用した場合は、

$$(1\ \ 2\ \ 3\ \ 4)(1\ \ 3)=(1\ \ 2)(2\ \ 3)(3\ \ 4)(1\ \ 3)$$
$$=\begin{pmatrix}1&2&3&4\\2&1&3&4\end{pmatrix}\begin{pmatrix}1&2&3&4\\1&3&2&4\end{pmatrix}\begin{pmatrix}1&2&3&4\\1&2&4&3\end{pmatrix}\begin{pmatrix}1&2&3&4\\3&2&1&4\end{pmatrix}=\begin{pmatrix}1&2&3&4\\4&3&2&1\end{pmatrix}$$

さらに、式(16.2.8)を適用すると、

$$(1\ \ 2\ \ 3\ \ 4)(1\ \ 3)=(1\ \ 2\ \ 3)(3\ \ 4)(1\ \ 3)$$
$$=\begin{pmatrix}1&2&3&4\\2&3&1&4\end{pmatrix}\begin{pmatrix}1&2&3&4\\1&2&4&3\end{pmatrix}\begin{pmatrix}1&2&3&4\\3&2&1&4\end{pmatrix}=\begin{pmatrix}1&2&3&4\\4&3&2&1\end{pmatrix}$$

となり、いずれの置換結果も一致しました。

ここまでで全ての置換が有限個の互換の積で表せることが明らかになりました。互換の数について次の定義を示しておきます。

定義 16.4（偶置換と奇置換）
置換σが奇数個の互換の積で表せるとき、当該置換σを**奇置換**($odd\ permutation$)と呼び、他方、偶数個の互換の積で表せるとき、当該置換σを**偶置換**($even\ permutation$)と呼ぶ。

対称群S_nの部分集合Hが偶置換全体の集合であるとき、各々の置換の積は（偶置換）×（偶置換）＝（偶置換）ですから演算に対して閉じており、HはS_nの部分群になります。他方、Hが奇置換全体の集合であるとき、（奇置換）×（奇置換）＝（偶置換）となって演算に対して閉じておらず、部分群とはなりません。

【例】S_3を互換の積に分解し、偶置換、奇置換に置き換えてみましょう。S_3の位数$|S_3|$は$3!=6$で、下記に示す通りです。

$$\begin{pmatrix}1&2&3\\1&2&3\end{pmatrix}\ \begin{pmatrix}1&2&3\\1&3&2\end{pmatrix}\ \begin{pmatrix}1&2&3\\2&1&3\end{pmatrix}\ \begin{pmatrix}1&2&3\\2&3&1\end{pmatrix}\ \begin{pmatrix}1&2&3\\3&1&2\end{pmatrix}\ \begin{pmatrix}1&2&3\\3&2&1\end{pmatrix}$$

この 6 通りの置換を、互換の積に分解してみます。

$$\begin{pmatrix}1&2&3\\1&2&3\end{pmatrix}=(1\ \ 2)(1\ \ 2)=(1\ \ 3)(1\ \ 3)=(2\ \ 3)(2\ \ 3)$$ （偶置換）

$$\begin{pmatrix}1&2&3\\1&3&2\end{pmatrix}=(3\ \ 2)$$ （奇置換）

$$\begin{pmatrix}1 & 2 & 3\\ 2 & 1 & 3\end{pmatrix} = (2\ \ 1) \quad （奇置換）$$

$$\begin{pmatrix}1 & 2 & 3\\ 2 & 3 & 1\end{pmatrix} = (1\ \ 3)(1\ \ 2) = (3\ \ 2)(1\ \ 3) = (2\ \ 1)(3\ \ 2) \quad （偶置換）$$

$$\begin{pmatrix}1 & 2 & 3\\ 3 & 1 & 2\end{pmatrix} = (1\ \ 2)(1\ \ 3) = (2\ \ 3)(1\ \ 2) = (3\ \ 1)(2\ \ 3) \quad （偶置換）$$

$$\begin{pmatrix}1 & 2 & 3\\ 3 & 2 & 1\end{pmatrix} = (1\ \ 3) \quad （奇置換）$$

6 通りの置換は、ちょうど 3 通りずつの偶置換と奇置換で表されました。このように、任意の置換を偶置換と奇置換に分解したときに、各々が同じ数の置換に分解できることは、この後の交代群の位数の節で改めて議論します。

偶置換、奇置換に関連して、次に置換の符号を定義しましょう。

定義 16.5（置換の符号）
置換σには符号が対応する。すなわち、置換σがn個の互換の積で表されるとき、$sgn(\sigma) = (-1)^n$をσの**符号**$(sign)$と呼ぶ。σが偶置換であるならば、$sgn(\sigma) = 1$、奇置換ならば、$sgn(\sigma) = -1$となる。

nは積で表せる互換の数ですから、偶置換を構成する互換の数は偶数個、奇置換の場合は奇数個です。従って、偶置換の符号$(-1)^n$は 1、奇置換が-1であることは明らかですね。

【補足】置換の符号について、**差積**という函数を用いて定義づける方法について補足したいと思います。まず、差積ですがこれをΠとすると、次のような形を成した函数です。即ち、

$$\Pi = \prod_{1 \le i < j \le n} (a_i - a_j) \tag{16.2.11}$$

式(16.2.11)を少し展開すると、

$$\Pi = \prod_{1 \le i < j \le n} \left(a_i - a_j\right) = (a_1 - a_2)(a_1 - a_3) \cdots (a_1 - a_n)$$
$$(a_2 - a_3)(a_2 - a_4) \cdots (a_2 - a_n)$$
$$\vdots$$
$$(a_{n-1} - a_n) \qquad (16.2.12)$$

差積は、n個の数の並び $\{a_1, a_2, a_3, \cdots, a_n\}$の中の、添字の小さい数から大きい数の値を引いて積をとったものです。差積は交代多項式の一つで、任意の二変数を入れ替えると、多項式全体の値は変わりませんが、符号が逆転するもののことを言います。式で表現するならば、ある函数fの独立変数が$x_1, x_2, x_3, \cdots, x_n$のとき、任意の 2 変数$x_i, x_j$を入れ替えて$f$の符号が逆転するので、

$$f\left(x_1, \cdots, x_i, \cdots, x_j, \cdots x_n\right) = -f\left(x_1, \cdots, x_j, \cdots, x_i, \cdots x_n\right) \qquad (16.2.13)$$

iに置換σを作用させて$\sigma(i)$に変換させた、$x_i \longrightarrow x_{\sigma(i)}$をそれぞれ変数に持つ交代多項式$f$を、置換の符号$sgn(\sigma)$で表せば、

$$f(x_{\sigma(1)}, x_{\sigma(2)}, \cdots, x_{\sigma(n)}) = sgn(\sigma) f(x_1, x_2, \cdots, x_n) \qquad (16.2.14)$$

と書けます。さて、対称群S_nに含まれる置換$\sigma \in S_n$は、定理 16.1 により互換の積で表されます。この互換をτ_iとすると、

$$\sigma = \tau_1 \tau_2 \tau_3 \cdots \tau_k \qquad (16.2.15)$$

と書けて、kが偶数個ならσは偶置換、奇数個なら奇置換を表します。ここでは、差積に互換をひとつだけ作用させたときの符号の変化について考察します。今、1 を始点、nを終点とする線分を考え、この上で差積を考えます。線分上に 2 点i_1, i_2をとり、この線分を 3 つに分けた領域A, B, Cを次のように定義します。

$$A \coloneqq \{k \in \mathbb{N} | 1 \le k \le i_1 - 1\}$$
$$B \coloneqq \{k \in \mathbb{N} | i_1 + 1 \le k \le i_2 - 1\}$$
$$C \coloneqq \{k \in \mathbb{N} | i_2 + 1 \le k \le n - 1\} \qquad (16.2.16)$$

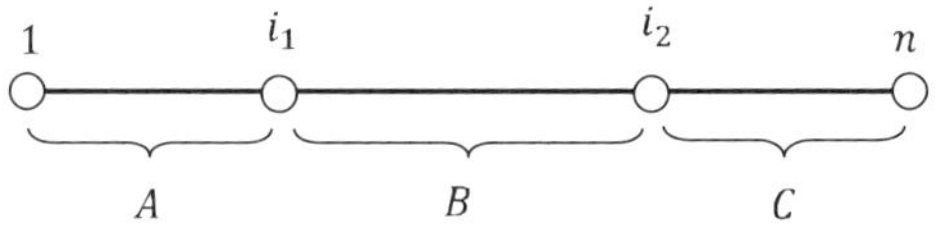

図 16.6 差積を考える線分

領域A, B, Cは、いずれの領域にもi_1, i_2が含まれません。今、差積$\Pi = \prod_{1\le i<j\le n}(a_i - a_j)$を、図 16.6 の線分区分に即して 6 つの部分に分けたX_j, Y_j $(j = 1,2,3)$を定義します。即ち、

$$X_1 \coloneqq \{(a_i - a_{i_1}) | i \in A\} \qquad Y_1 \coloneqq \{(a_i - a_{i_2}) | i \in A\}$$
$$X_2 \coloneqq \{(a_{i_1} - a_i) | i \in B\} \qquad Y_2 \coloneqq \{(a_i - a_{i_2}) | i \in B\}$$
$$X_3 \coloneqq \{(a_{i_1} - a_i) | i \in C\} \qquad Y_3 \coloneqq \{(a_{i_2} - a_i) | i \in C\}$$
(16.2.17)

この 6 つを全て掛け合わせたものに、$(a_{i_1} - a_{i_2})$を掛けたものが、差積$\Pi = \prod_{1\le i<j\le n}(a_i - a_j)$になります。即ち、

$$\Pi = \prod_{1\le i<j\le n}(a_i - a_j) = \prod_{i\in A}(a_i - a_{i_1}) \cdot \prod_{i\in B}(a_{i_1} - a_i) \cdot \prod_{i\in C}(a_{i_1} - a_i)$$
$$\cdot \prod_{i\in A}(a_i - a_{i_2}) \cdot \prod_{i\in B}(a_i - a_{i_2}) \cdot \prod_{i\in C}(a_{i_2} - a_i)$$
(16.2.18)

のように分解されます。

今、このX_j, Y_j $(i = 1,2,3)$の要素a_iの添字に対して、互換$\tau(i_1 \;\; i_2)$を作用させます。互換によって、a_iの添字は$i_1 \longrightarrow i_2$、$i_2 \longrightarrow i_1$に置き換わります。即ち、

$$X_1{}^\tau = \{(a_i - a_{i_1})^\tau | i \in A\} = \{(a_i - a_{i_2}) | i \in A\} = Y_1$$
$$X_2{}^\tau = \{(a_{i_1} - a_i)^\tau | i \in B\} = \{(a_{i_2} - a_i) | i \in B\}$$
$$= -\{(a_i - a_{i_2}) | i \in B\} = -Y_2$$
$$X_3{}^\tau = \{(a_{i_1} - a_i)^\tau | i \in C\} = \{(a_{i_2} - a_i) | i \in C\} = Y_3$$
$$Y_1{}^\tau = \{(a_i - a_{i_2})^\tau | i \in A\} = \{(a_i - a_{i_1}) | i \in A\} = X_1$$
$$Y_2{}^\tau = \{(a_i - a_{i_2})^\tau | i \in B\} = \{(a_i - a_{i_1}) | i \in B\}$$
$$= -\{(a_{i_1} - a_i) | i \in B\} = -X_2$$
$$Y_3{}^\tau = \{(a_{i_2} - a_i)^\tau | i \in C\} = \{(a_{i_1} - a_i) | i \in C\} = X_3$$
(16.2.19)

また、

$$(a_{i_1} - a_{i_2})^\tau = (a_{i_2} - a_{i_1}) = -(a_{i_1} - a_{i_2}) \qquad (16.2.20)$$

上記で、互換$\tau(i_1 \;\; i_2)$を作用させたことで、差積の符号が変わるのは、$X_2 \mapsto X_2{}^\tau = -Y_2$及び、$Y_2 \mapsto Y_2{}^\tau = -X_2$、これらに加えて、

$\left(a_{i_1} - a_{i_2}\right) \mapsto \left(a_{i_1} - a_{i_2}\right)^\tau = -\left(a_{i_1} - a_{i_2}\right)$の3つです。よって、全ての$\left(a_i - a_j\right)$のうち、符号が変わるペアの個数$l$は、図16.6に示した線分区分のうちの$B$に含まれる自然数の個数を2倍したものに1を加えた数、即ち、$l = 2(i_2 - i_1 - 1) + 1$であると言えます。ところで、lは奇数ですから、$(-1)^l = -1$です。つまり、差積に互換をひとつだけ作用させると、当該差積の符号は逆転するということです。即ち、

$$\Pi^\tau = (-1)\Pi \qquad (16.2.21)$$

ということがわかりました。従って、複数の互換の積から成る置換$\sigma = \tau_1\tau_2\tau_3 \cdots \tau_k$について、$\Pi^\sigma$の符号は$(-1)^k$だということになります。即ち、

$$sgn(\sigma) = (-1)^k$$
(kは置換σを分解したときの互換の個数) (16.2.22)

16.3 交代群

ここで、偶置換に関連する概念として、交代群を定義しましょう。

定義 16.6（交代群）
n次の偶置換全体の集合は、対称群S_nの部分群となる。これを**交代群**(*alternating group*)と呼ぶ。

交代群は、その英語表記の頭文字をとって、A_nと表されます。ここで、改めて交代群が群となることを確かめておきましょう。

まず、演算に関して、定義16.4にある通り、(偶置換)(偶置換)=(偶置換)ですから偶置換全体の集合は演算に関して閉じています。

次に結合法則ですが、任意の置換、σ、τ、ηの積は$(\sigma\tau)\eta = \sigma(\tau\eta)$が成り立ちます。従って、偶置換も結合法則を満たします。

単位元ですが、これは自分自身をどこへも移さない置換を考えれば良いですね。例えば、$(a_1\ \ a_1)(a_2\ \ a_2)(a_3\ \ a_3)\cdots(a_k\ \ a_k)$ (kは偶数)あるいは、$(a_k\ \ a_{k-l})(a_{k-l}\ \ a_k)$です。

逆元についてですが、交代群A_nに含まれる置換aが互換の積として、$a = (a_1\ \ b_1)(a_2\ \ b_2)(a_3\ \ b_3)\cdots(a_k\ \ b_k)$ (kは偶数)と表せるとき、逆元は

互換の中の二つの元の並びと互換同士の並びの順序も全て逆向きにします。従って、置換aの逆元a^{-1}は、$a^{-1}=(b_k\ \ a_k)\cdots(b_3\ \ a_3)(b_2\ \ a_2)(b_1\ \ a_1)$と表せますが、明らかに$a^{-1}\in A_n$であり、交代群$A_n$は逆元を持ちます。

以上より、交代群は群であることが示されました。さて、ここで交代群が元に持つ個数、即ち位数に関する定理を示しましょう。

> **定理 16.2（交代群の位数）**
> 対称群S_nの位数$|S_n|$は$n!$である。このとき、S_nの部分群である交代群A_nの位数$|A_n|$は$n!/2$である。

証明しましょう。まず、偶置換$\sigma\in A_n\subset S_n$に、互換$(k\ \ l)$を右から作用させた$\sigma(k\ \ l)$を元とした、A_nの部分集合$H=\{\sigma(k\ \ l)|\sigma\in A_n\}$を考えます。元$\sigma(k\ \ l)\in H$は偶置換$\sigma\in A_n$にひとつだけ多い互換$(k\ \ l)$を作用させた奇置換となります。同時に、$\sigma,\sigma'\in A_n\ (\sigma\neq\sigma')$に同じ互換$(k\ \ l)$を作用させたもの、即ち$\sigma(k\ \ l)$、$\sigma'(k\ \ l)$は互いに異なります。実際、$\sigma(k\ \ l)=\sigma'(k\ \ l)$とするとき、両辺にさらに右から互換$(k\ \ l)$を作用させると、

$$\sigma(k\ \ l)(k\ \ l)=\sigma'(k\ \ l)(k\ \ l) \tag{16.3.1}$$

$(k\ \ l)$を二回作用させた置換は、恒等置換になりますから、

$$(k\ \ l)(k\ \ l)=e \qquad (e\text{は恒等置換}) \tag{16.3.2}$$

従って、$\sigma=\sigma'$となって、

$$\sigma(k\ \ l)=\sigma'(k\ \ l)\ \Rightarrow\ \sigma=\sigma' \tag{16.3.3}$$

が言えますから、この対偶をとれば、次が言えます。

$$\sigma\neq\sigma'\ \Rightarrow\ \sigma(k\ \ l)\neq\sigma'(k\ \ l) \tag{16.3.4}$$

従って、Hに含まれる奇置換の元$\sigma(k\ \ l)\in H$は全て値の異なる元であるということが言えます。S_nは共通部分のない、奇置換全体の集合Oと

偶置換全体の集合Eの二つで覆い尽くされます。すなわち、$S_n = O \cup E \ \wedge \ O \cap E = \emptyset$と表されます。そのうちの奇置換全体の部分集合$O \subset S_n$対して、集合$H$は次の包含関係を持ちます。

$$H \subseteq O \tag{16.3.5}$$

ところで、集合Hに含まれる元は元々の偶置換$\sigma \in A_n$に一つの互換$(k \ \ l)$を作用させたもので、かつ式(16.3.4)により、元の個数は重複のない偶置換の個数と等しく、従って、式(16.3.5)の意味することは、

$$（偶置換全体の集合）\subseteq（奇置換全体の集合） \tag{16.3.6}$$

です。同様の手順で、今度は奇置換$\tau \in S_n \setminus A_n$を取り上げ、これに互換$(k' \ \ l')$を作用させた元を持つ部分集合$L = \{\tau(k' \ \ l') | \tau \in S_n \setminus A_n\}$を考えると、$\tau(k' \ \ l')$は奇置換$\tau$にひとつだけの互換$(k' \ \ l')$を作用させた元であり、集合$L$は偶置換を元に持つ集合となります。従って式(16.3.5)と同様に、

$$L \subseteq E \tag{16.3.7}$$

となって、

$$（奇置換全体の集合）\subseteq（偶置換全体の集合） \tag{16.3.8}$$

となります。式(16.3.6)と(16.3.8)を両立させるためには、

$$\left(奇置換全体の集合\right) =（偶置換全体の集合） \tag{16.3.9}$$

が成立しなければなりません。従って、両者の集合の元の個数は等しくなります。n次の対称群S_nに含まれる置換の個数、即ち位数は$n!$なので、交代群A_nの位数はその半分になって、

$$|A_n| = \frac{n!}{2} \tag{16.3.10}$$

となり、定理 16.2 が示されました。

17

剰余類

17.1 剰余類の定義

さて、また剰余類と称する新たな概念が登場しました。まずは、定義を示します。

> **定義 17.1（剰余類）**
> 集合Hを群Gの部分群として、Gで定義される演算を「$\circ$」とするとき、群Gの代表元$a \in G$について$a \circ H = \{a \circ h | h \in H\}$を、$H$の**左剰余類**($left\ coset$)と呼び、左剰余類全体の集合を$\boldsymbol{G\ /\ H}$と表記する。
> 一方、$H \circ a = \{h \circ a | h \in H\}$を、$H$の**右剰余類**($right\ coset$)と呼び、右剰余類全体の集合を$\boldsymbol{H \setminus G}$と表記する。
> 群Gが演算に対して可換な群（アーベル群）である場合は単に**剰余類**($coset$または$residue\ class$)とのみ呼ぶ。

具体例を示しましょう。$h_i \in H\ \ (i = 1, \cdots, n)$から成る集合$H$について$a \in G$を加算に対して考えるとき、左剰余類、右剰余類の各々は、

$$a + H = \{a + h_i | h_i \in H, i = 1, \cdots, n\} = \{a + h_1, a + h_2, \cdots, a + h_n\}$$
$$H + a = \{h_i + a | h_i \in H, i = 1, \cdots, n\} = \{h_1 + a, h_2 + a, \cdots, h_n + a\}$$

加算については、左剰余類と右剰余類は同じ集合になります。乗算についても同じです。従って、各々は可換です。

その一方、対称群S_3をとりあげます。部分群として$H = \{e, (1\ \ 2)\}$を考えます。このとき、$(1\ \ 3) \in S_3$とその乗算についての左剰余類、右剰余類の各々は、

$$(1\ \ 3)H = \{(1\ \ 3)e, (1\ \ 3)(1\ \ 2)\} = \{(1\ \ 3), (1\ \ 2\ \ 3)\}$$
$$H(1\ \ 3) = \{e(1\ \ 3), (1\ \ 2)(1\ \ 3)\} = \{(1\ \ 3), (1\ \ 3\ \ 2)\}$$

となって、各々は等しくありません。対称群については、一般に可換性を持ちません。

剰余類の性質についての次の定理を示します。

定理 17.1（剰余類の性質）

集合Hを群Gの部分群とするとき、次が成立する。

(1) $\forall a, b \in G$について、$H \cdot a \cap H \cdot b \neq \emptyset \Leftrightarrow H \cdot a = H \cdot b$

(2) $\forall a, b \in G$について、$H \cdot a = H \cdot b \Leftrightarrow b \cdot a^{-1} \in H$

(3) $\forall a, b \in G$について、$|H \cdot a| = |H \cdot b|$

(1)の証明

$H \cdot a \cap H \cdot b \neq \emptyset \Rightarrow H \cdot a = H \cdot b$の証明です。$\exists x \in Ha \cap Hb$をとると、$\exists h_1, h_2 \in H$について

$$x = h_1 \cdot a = h_2 \cdot b$$
$$\therefore h_1 \cdot a = h_2 \cdot b \qquad (17.1.1)$$

と書けます。式(17.1.1)の両辺に左から${h_1}^{-1}$を乗ずると、

$${h_1}^{-1} \cdot h_1 \cdot a = {h_1}^{-1} \cdot h_2 \cdot b$$
$$\therefore e \cdot a = a = {h_1}^{-1} \cdot h_2 \cdot b \qquad (17.1.2)$$

$ha \in Ha$に対して、式(17.1.2)を適用させると、

$$h \cdot a = h \cdot \left({h_1}^{-1} \cdot h_2 b\right) = h \cdot ({h_1}^{-1} \cdot h_2) \cdot b \qquad (17.1.3)$$

式(17.1.3)の右辺は、$h' = h \cdot ({h_1}^{-1} \cdot h_2)$と置くことで、部分群$H$は演算について閉じていますから、$h' \in H$であり従って、

$$h \cdot a = h' \cdot b \in H \cdot b$$
$$\therefore h \cdot a \in H \cdot b \qquad (17.1.4)$$

$h \cdot a \in H \cdot a$だったので、

$$h \cdot a \in H \cdot a \subseteq H \cdot b \qquad (17.1.5)$$

が言えます。同様に、式(17.1.1)の両辺に左から${h_2}^{-1}$を乗ずると、

$${h_2}^{-1} \cdot h_1 \cdot a = {h_2}^{-1} \cdot h_2 \cdot b = e \cdot b = b \qquad (17.1.6)$$

$hb \in Hb$に対して、式(17.1.6)を適用させると、

$$h \cdot b = h \cdot ({h_2}^{-1} \cdot h_1) \cdot a \tag{17.1.7}$$

$h'' = h({h_2}^{-1} h_1) \in H$と置くことで、

$$h \cdot b = h'' \cdot a \in H \cdot a$$
$$\therefore h \cdot b \in H \cdot b \subseteq H \cdot a \tag{17.1.8}$$

式(17.1.5)、(17.1.8)より、定理 17.1(1)が示されました。

$$H \cdot a = H \cdot b \tag{17.1.9}$$

この逆の$H \cdot a = H \cdot b \Rightarrow\ H \cdot a \cap H \cdot b \neq \emptyset$は自明ですね。

(2)の証明

まず、$H \cdot a = H \cdot b \Rightarrow b \cdot a^{-1} \in H$を示します。$H \cdot a = H \cdot b$について、$\exists h_1, h_2 \in H$が存在して、

$$h_1 \cdot a = h_2 \cdot b \tag{17.1.10}$$

と書けます。この両辺に右からa^{-1}、左から${h_2}^{-1}$をかけて、

$${h_2}^{-1} \cdot h_1 \cdot a \cdot a^{-1} = {h_2}^{-1} \cdot h_2 \cdot b \cdot a^{-1}$$
$$\therefore {h_2}^{-1} \cdot h_1 = b \cdot a^{-1} \tag{17.1.11}$$

${h_2}^{-1} \cdot h_1 \in H$ですから、

$$b \cdot a^{-1} = {h_2}^{-1} \cdot h_1 \in H$$
$$\therefore b \cdot a^{-1} \in H \tag{17.1.12}$$

次に、$b \cdot a^{-1} \in H \Rightarrow H \cdot a = H \cdot b$を示しましょう。関係式$b \cdot a^{-1} \in H$の両辺に右から$a$をかけて、

$$b \cdot a^{-1} \cdot a \in H \cdot a$$
$$\therefore b \in H \cdot a \tag{17.1.13}$$

Hは部分群であるので、単位元eを含むから、

$$b = e \cdot b \in H \cdot b$$
$$\therefore b \in H \cdot b \tag{17.1.14}$$

従って、

$$b = H \cdot a \cap H \cdot b \tag{17.1.15}$$

ここで考察している定理 17.1(1)より、$H \cdot a \cap H \cdot b \neq \emptyset \Leftrightarrow H \cdot a = H \cdot b$が言えます。よって、$b \cdot a^{-1} \in H \Rightarrow H \cdot a = H \cdot b$が示せました。

(3)の証明

今、$H = \{h_1, h_2, \cdots, h_n\}$と書きます。但し、$h_i \neq h_j \ \ (i \neq j)$。$\forall a \in G$を$H$の右から乗じて右剰余類を構成すると、$H \cdot a = \{h_1 \cdot a, h_2 \cdot a, \cdots, h_n \cdot a\}$となりますが、$\exists i, j$について$h_i \cdot a = h_j \cdot a$となることはあるでしょうか。仮に、$h_i \cdot a = h_j \cdot a$を仮定します。両辺に右から$a^{-1}$を乗ずると、$h_i \cdot (a \cdot a^{-1}) = h_j \cdot (a \cdot a^{-1})$になるので、これは明らかに$h_i = h_j$であり、

$$h_i \cdot a = h_j \cdot a \ \Longrightarrow \ h_i = h_j \tag{17.1.16}$$

を意味しており、即ち$h_i \cdot a$と$h_j \cdot a$が一致するときは、$i = j$のときに限られるということ、つまり自分が一致するのは自分自身を置いて他にはないということ、これは$h_i \ \ (i = 1, \cdots, n)$が互いに全て異なることを意味します。あるいは、式(17.1.16)の対偶をとれば、

$$h_i \neq h_j \Longrightarrow h_i \cdot a \neq h_j \cdot a \tag{17.1.17}$$

と表せますから、$\forall i, j$について$h_i \neq h_j \ \ (i \neq j)$であれば、$h_i \cdot a \neq h_j \cdot a$であることが示せました。従って、$H \cdot a$の元は互いに重複することなく全て異なり、$H \longmapsto H \cdot a$は全単射ですから$H$の元のそれぞれと余すところなく一対一対応になります。$\forall a \in G$を$\forall b \in G$に変えても同じことになるので、

$$|H| = |H \cdot a| = |H \cdot b| \tag{17.1.18}$$

となり、定理 17.1(2)が示されました。

ここまででは、定理 17.1 に示された剰余類のうち、右剰余類について考察しましたが、左剰余類についても全く同じことが示されます。

17.2 ラグランジュの定理

さて、群Gとその部分群Hの指数、位数に関する次の定義を記します。

> **定義 17.2（群の位数と部分群の指数）**
> 集合Hを群Gの部分群とする。群Gに含まれる元の個数を群Gの**位数**$(order)$と呼び、$|G|$、或いは$ord(G)$と表記する。同様に部分群Hに含まれる元の個数を群Gの位数と呼ぶ。他方、$g \in G$によって定義される右剰余類$H \setminus G$、或いは左剰余類$G\ /\ H$全体の元の個数を、群Gに於ける部分群Hの**指数**$(index)$と呼び、$(G{:}\,H)$、或いは$[G{:}\,H]$、$|G{:}\,H|$と表記される。

位数も指数も、集合の元の個数という点では同じ意味を持つように見えますが、剰余類を考えるとき、各々が持つ意味は全く異なります。位数は集合としての群の**濃度**$(cardinality)$と同義ですから、$card(G)$、$\#G$と表記されるGの元の個数と同じ意味です。他方、指数は部分群Hの元の個数に適用されますが、このときの部分群Hの元の個数とは、群Gを埋め尽くすHのコピーのような剰余類の個数を指します。即ち、群Gに於ける部分群Hの指数という表現は、Gに於けるHの相対的な大きさを示すものです。

例えば、今、加算に於いて群を成す整数の集合$\mathbb{Z}$に於いて、偶数全体の集合$2\mathbb{Z}$は$\mathbb{Z}$の部分集合になり、その元の個数は$\mathbb{Z}$の二分の一です。従って、$\mathbb{Z}$は$2\mathbb{Z}$とその可換な剰余類、$2\mathbb{Z}+1$、これは奇数全体の集合を意味しますが、この二つの部分群によって埋め尽くされます。よって、$\mathbb{Z}$に於ける$2\mathbb{Z}$の指数は 2、即ち、$(\mathbb{Z}{:}\,2\mathbb{Z})=2$となります。さらには 7 の倍数の集合、$7\mathbb{Z}$を考えれば$7\mathbb{Z}$の可換な剰余類、$7\mathbb{Z}+1, 7\mathbb{Z}+2, 7\mathbb{Z}+3, 7\mathbb{Z}+4, 7\mathbb{Z}+5, 7\mathbb{Z}+6$によって、$\mathbb{Z}$は埋め尽くされます。このとき$\mathbb{Z}$に於ける$7\mathbb{Z}$の指数は 7、即ち、$(\mathbb{Z}{:}\,7\mathbb{Z})=7$となります。一般に、

$\forall n \in \mathbb{Z}$によるnの倍数となる整数の集合$n\mathbb{Z}$の$\mathbb{Z}$に於ける指数$(\mathbb{Z}: n\mathbb{Z})$は、$n$になります。ところで、この位数と指数の間には明快な関係が存在します。それを次の定理によって示しましょう。

定理 17.2（ラグランジュの定理）
群Gとその部分群Hについて、次の関係が成立する。

$|G| = (G: H)|H|$である。

また、上の定理の系として次の定理があります。

定理 17.3（ラグランジュの定理の系）
有限群Gとその部分群Hについて、次のことが言える。

(1) $|H|$は$|G|$の約数、つまり$|H|\,\big|\,|G|$、即ち、$\exists n \in \mathbb{N}$について、$|G| = n|H|$である。

(2) $g \in G$の位数は、$|G|$の約数である。

(3) $g \in G$について、$g^{|G|} = e$である。

証明しましょう。まずは(1)からです。今、有限群Gとその部分群Hを考えましょう。有限群Gに属する元$a_1 \in G$は、定義 17.1 で表記された有限群Gの代表元です。この代表元は複数存在します。まず、一つ目の代表元$a_1 \in G$によってHの(左)剰余類$a_1 H$をつくると、これはHと同じ数だけの元を持ち、しかしHとは異なる元の集合になります。さらに、Hにも$a_1 H$にも属さない、しかしGに属する新たな代表元$a_2 \in G \wedge a_2 \notin (H \cup a_1 H)$を用いて、(左)剰余類$a_2 H$をつくると、これはまた新しい集合となります。これを繰り返して、複数の代表元$a_i \in G\ (i = 1,2,3,\cdots)$によって$H$の(左)剰余類$a_i H$をつくっていくと、やがてこれら複数の(左)剰余類によって有限群Gは覆い尽くされるでしょう。今、左剰余類という表現を用いていますが、もちろん、右剰余類として議論しても同じ結果を得ます。

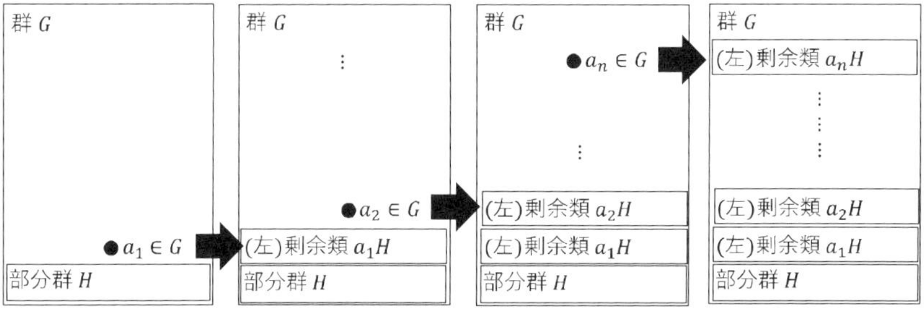

図 17.1 (左)剰余類a_iHによって覆い尽くされる有限群G

この結果、有限群Gは (左)剰余類a_iHによって次のように表されます。

$$G = a_0H \cup a_1H \cup a_2H \cup \cdots \cup a_nH$$
$$(\text{但し、} a_0H \cap a_1H \cap a_2H \cap \cdots \cap a_nH = \emptyset,$$
$$a_0 = e\text{: 単位元}) \qquad (17.2.1)$$

式(17.2.1) の代表元の集合である$\{a_0, a_1, a_2, \cdots, a_n\}$を、(左)**完全代表系**($complete\ representation\ system$)と称します。もちろん、右剰余類を考えるのであれば右完全代表系と称します。また、有限群Gが式(17.2.1)のように共通部分のない複数の剰余類の和集合で覆い尽くされるとき、有限群Gは**類別される**($classify$)と言います。また定理 17.1 より、

$$|H| = |a_1H| = |a_2H| = \cdots = |a_nH| \qquad (17.2.2)$$

が言えます。よって、

$$|G| = |H| + |a_1H| + |a_2H| + \cdots + |a_nH|$$
$$= n|H| \qquad (17.2.3)$$

これで、(1)が示されました。

次に(2)を示しましょう。群Gの代表元の一つ$g \in G$から生成される部分群は、$\langle g \rangle$と表記できますがその意味は、

$$\langle g \rangle = \{g^1, g^2, g^3, \cdots, g^n\} \qquad (17.2.4)$$

という、単位元と代表元gの冪乗の集合になります。代表元gの位数は冪乗の値を1,2,3,⋯としたとき初めて$g^n = e$ (eは単位元)となるときのnになります。このとき、元gの位数nと部分群$\langle g \rangle$の元の個数、即ち$\langle g \rangle$の位数である$|\langle g \rangle|$が一致して、次のような式形で表すことができます。

$$|\langle g \rangle| = min\{n \in \mathbb{N} | g^n = e\} \tag{17.2.5}$$

$\langle g \rangle$は、定義 15.3 により巡回群を構成します。巡回群$\langle g \rangle$は、g^mの冪乗を 1 からnまでとっていったときに初めて$g^n = e$となるnについて、このn個でワンセットとなる元が繰り返し登場する集合となります。このことは、$\langle g \rangle$の元の個数、即ち$\langle g \rangle$の位数$|\langle g \rangle|$が、元gの位数に一致することを示しています。

ここでは、元$g \in G$の位数という表現が登場しました。この位数は、群の位数とは異なります。紛らわしいですね。第一部の「13.1 指数と位数」を参照していただきたいと思います。

さて、$\langle g \rangle$は有限群Gの部分群ですから、群の位数に関するラグランジュの定理が適用できて、

$$|\langle g \rangle| \, \big| \, |G| \tag{17.2.6}$$

となるので、

$$\begin{gathered} |\langle g \rangle| = \left(\text{元}g\text{の位数}\right) \\ \therefore \left(\text{元}g\text{の位数}\right) \big| |G| \end{gathered} \tag{17.2.7}$$

となり、(2)が示されました。次は(3)です。まず式(17.2.7)より、

$$\begin{gathered} n \big| |G| \\ \therefore \exists q \in \mathbb{N}, |G| = nq \end{gathered} \tag{17.2.8}$$

と置けます。従って、

$$g^{|G|} = g^{nq} = (g^n)^q = e^q = e \tag{17.2.9}$$

となって、(3)が示されました。

【例 1】類別の具体例を示します。整数全体の集合$\mathbb{Z}$は加法について群を成します。これに対して、次のように 4 の倍数だけを並べた部分群Hを考えます。

$$H = \{\cdots, -12, -8, -4, 0, 4, 8, 12, \cdots\} \tag{17.2.10}$$

演算として加法を考え、右完全代表系として、

$$\{a_1, a_2, a_3, a_4\} = \{0, 1, 2, 3\} \tag{17.2.11}$$

をとります。$a_1 = 0$は単位元です。この代表系を用いて、右剰余類をつくると、

$$\begin{aligned} H + a_1 &= \{\cdots, -8, -4, 0, 4, 8, \cdots\} \\ H + a_2 &= \{\cdots, -7, -3, 1, 5, 9, \cdots\} \\ H + a_3 &= \{\cdots, -6, -2, 2, 6, 10, \cdots\} \\ H + a_4 &= \{\cdots, -5, -1, 3, 7, 11, \cdots\} \end{aligned} \tag{17.2.12}$$

となり、これら 4 つの右剰余類で整数全体の$\mathbb{Z}$が類別されました。即ち、

$$\mathbb{Z} = (H + a_1) \cup (H + a_2) \cup (H + a_3) \cup (H + a_4) \tag{17.2.13}$$

【例 2】類別の具体例をもう一つ紹介します。整数の部分集合で加法群となる$\mathbb{Z}_{12}$を考えます。これは、整数を 12 で割った余りを元とする群で、

$$\mathbb{Z}_{12} = \{\bar{0}, \bar{1}, \bar{2}, \cdots, \overline{11}\} \tag{17.2.14}$$

と表せます。ここで、$\mathbb{Z}_{12}$に含まれる一つの元を生成元とする部分群をとります。生成元として$\bar{4}$をとり、部分群$\langle\bar{4}\rangle$をつくると、

$$\begin{aligned} \langle\bar{4}\rangle &= \{\bar{0}, \bar{0} + \bar{4}, \bar{4} + \bar{4}, \bar{4} + \bar{4} + \bar{4}, \bar{4} + \bar{4} + \bar{4} + \bar{4}\} \\ &= \{\bar{0}, \bar{4}, \bar{8}, \overline{12} = \bar{0}, \overline{16} = \bar{4}\} \\ \therefore \langle\bar{4}\rangle &= \{\bar{0}, \bar{4}, \bar{8}\} \end{aligned} \tag{17.2.15}$$

となります。ここで、代表元a_1を$\mathbb{Z}_{12} \setminus \langle\bar{4}\rangle$からとります。例えば$a_1 = \bar{1}$として、$\langle\bar{4}\rangle + a_1$という右剰余類をつくります。これは、

$$\begin{aligned} \langle\bar{4}\rangle + a_1 &= \{\bar{0} + \bar{1}, \bar{4} + \bar{1}, \bar{8} + \bar{1}\} \\ &= \{\bar{1}, \bar{5}, \bar{9}\} \end{aligned} \tag{17.2.16}$$

となります。同様にして、$a_2 = \bar{2}, a_3 = \bar{3}$を代表元とする右剰余類をつくっていくと、

$$\langle \bar{4} \rangle + a_1 = \{\bar{1}, \bar{5}, \bar{9}\}$$
$$\langle \bar{4} \rangle + a_2 = \{\bar{2}, \bar{6}, \overline{10}\}$$
$$\langle \bar{4} \rangle + a_3 = \{\bar{3}, \bar{7}, \overline{11}\} \qquad (17.2.17)$$

従って、

$$\mathbb{Z}_{12} = \langle \bar{4} \rangle \cup (\langle \bar{4} \rangle + a_1) \cup (\langle \bar{4} \rangle + a_2) \cup (\langle \bar{4} \rangle + a_3) \qquad (17.2.18)$$

とできて、互いに共通する部分を持たない 4 つの右剰余類によって類別されました。

【例 3】Gを位数がpの群とします。但し、pを素数とします。このとき、$\forall a \in G\ (a \neq e)$について、$a$は$G$の生成元となること、つまり$G = \langle a \rangle$を示しましょう。まず、$a$は$G$の代表元であり、従って$\langle a \rangle$は$G$の部分群です。ここで、部分群に関するラグランジュの定理を適用すれば、$|\langle a \rangle| \,\big|\, |G|$が言えます。しかし、前提により、$|G| = p$は素数です。従って、$|\langle a \rangle|$は 1 か$p$のどちらかの値しかとり得ません。しかし、ここでも前提より$a \neq e$ですから$|\langle a \rangle| \neq 1$であり、従って$|\langle a \rangle| = p$となって、$G = \langle a \rangle$となります。

【例 4】素数pについて、群$(\mathbb{Z} / p\mathbb{Z})^{\times} := \{\bar{1}(= e), \bar{2}, \cdots, \overline{p-1}\}$を考えます。この群では、演算には乗算が考えられており、元相互の乗算の余りを元としています。即ち、pを法として、$\forall \bar{\imath}, \bar{\jmath} \in (\mathbb{Z} / p\mathbb{Z})^{\times}; \overline{\imath \times \jmath} \in (\mathbb{Z} / p\mathbb{Z})^{\times}$となっています。ここで、$\overline{\imath \times \jmath}$とは、$i \times j$を$p$で割った余りを指します。例えば、具体的に$p = 7$とすると、$(\mathbb{Z} / 7\mathbb{Z})^{\times} := \{\bar{1}, \bar{2}, \bar{3}, \bar{4}, \bar{5}, \bar{6}\}$で、$\overline{2 \times 3} = \bar{6}$、$\overline{2 \times 4} = \bar{1}$、$\overline{3 \times 4} = \bar{5}$、$\overline{5 \times 6} = \bar{2}$、$\overline{6 \times 3} = \bar{4}$となります。即ち、群$(\mathbb{Z} / 7\mathbb{Z})^{\times}$に含まれる二つの任意の元の乗算をとってそれを 7 で割った余りを求めるということで、その余りもまた群$(\mathbb{Z} / 7\mathbb{Z})^{\times}$に含まれる、即ち、乗算について閉じていることが伺われます。さて、今、素数pを考えていますから、整数をpで割った余りの群$(\mathbb{Z} / p\mathbb{Z})^{\times}$は、$\bar{1}$から$\overline{p-1}$まで$p - 1$個の元から成ります。$\forall \bar{a} \in (\mathbb{Z} / p\mathbb{Z})^{\times}$を取り出すと、定理 17.3（ラグランジュの定理の系）(3)より、

$$\bar{a}^{|(\mathbb{Z}/p\mathbb{Z})^{\times}|} = e = \bar{1} \qquad (17.2.19)$$

が言えます。群$(\mathbb{Z} / p\mathbb{Z})^{\times}$の元の個数、つまり位数$|(\mathbb{Z} / p\mathbb{Z})^{\times}|$は$p - 1$個ですから、

$$\bar{a}^{|(\mathbb{Z}/p\mathbb{Z})^{\times}|} = \bar{a}^{p-1} = \bar{1} \tag{17.2.20}$$

となります。これはフェルマーの小定理の群論の視点からの記述になります。フェルマーの小定理については、第一部初等数論編の第 8 章を参照してください。

【例 5】群$(\mathbb{Z} / p\mathbb{Z})^{\times} := \{\bar{1}(= e), \bar{2}, \cdots, \overline{p-1}\}$について、$\forall \bar{a} \in (\mathbb{Z} / p\mathbb{Z})^{\times}$のとき、$\{\bar{1} \times \bar{a}, \bar{2} \times \bar{a}, \cdots, (\overline{p-1}) \times \bar{a}\}$と$(\mathbb{Z} / p\mathbb{Z})^{\times}$とが同じ集合であることを示します。$(\mathbb{Z} / p\mathbb{Z})^{\times}$に於ける$p-1$個の元のそれぞれに右から$\bar{a}$を乗じた数を元とする新たな集合は、その元の中に重複がない、即ち、$\forall \bar{\imath}, \bar{\jmath} \in [\bar{1}, \overline{p-1}],\ \bar{\imath} \times \bar{a} \neq \bar{\jmath} \times \bar{a}$ であることが示せれば、当該集合の元の個数は$p-1$個となり、従ってこの集合と$(\mathbb{Z} / p\mathbb{Z})^{\times}$は全単射であると言えます。今、仮に$\exists \bar{\imath}, \bar{\jmath} \in [\bar{1}, \overline{p-1}], \bar{\imath} \times \bar{a} = \bar{\jmath} \times \bar{a}$と仮定しましょう。定義により、$\bar{\imath} \times \bar{a}$とは$i \times a$を$p$で割った余りを示します。従って、$\bar{\imath} \times \bar{a}, \bar{\jmath} \times \bar{a}$は次の関係式を満たします。

$$i \times a = pk + \bar{\imath} \times \bar{a}$$
$$j \times a = pl + \bar{\jmath} \times \bar{a}$$
$$(k, l \in \mathbb{N}) \tag{17.2.21}$$

$\bar{\imath} \times \bar{a} = \bar{\jmath} \times \bar{a}$と仮定したので、式(17.2.21)より

$$i \times a - j \times a = p \times (k - l) + \bar{a} \times (\bar{\imath} - \bar{\jmath})$$
$$\therefore a \times (i - j) = p \times (k - l) \tag{17.2.22}$$

式(17.2.22)の左辺はpで割り切り、その商は$k-l$です。前提より$\bar{1} \leq a \leq \overline{p-1}$であるから、$p \nmid a$で、従い$p|(i-j)$とならなければなりません。このとき、$\exists n \in \mathbb{Z}_{+},\ i - j = np$と置けます。前提より、

$$1 \leq i, j \leq p - 1$$
$$\therefore 2 - p \leq i - j \leq p - 2$$
$$\therefore -p < i - j < p$$
$$\therefore -p < np < p \tag{17.2.23}$$

よって、$n < 1$になりますが、前提より$n \in \mathbb{Z}_{+}$であることから、$n = 0$、よって、$np = i - j = 0$、よって、$i = j$となります。即ち、

$$\bar{\imath} \times \bar{a} = \bar{\jmath} \times \bar{a} \implies i = j \tag{17.2.24}$$

式(17.2.24)の対偶をとって、

$$i \neq j \implies \bar{\imath} \times \bar{a} \neq \bar{\jmath} \times \bar{a} \qquad (17.2.25)$$

となって、iとjの値が異なれば、$\bar{\imath} \times \bar{a}$と$\bar{\jmath} \times \bar{a}$とは相互に異なることが示されました。$i \times a$を$p$で割った余りである$\bar{\imath} \times \bar{a}$は、それが重複することなく$p-1$通りあることが示されました。そして、$(\mathbb{Z} / p\mathbb{Z})^{\times}$も整数を$p$で割った余りの集合であり、それは$\mathbb{Z}$内で存在し得る$p-1$通りの全ての余りを網羅します。従って、両者は並びの順序は異なるかもしれませんが、同じ元を持つ同じ集合であることになります。（第一部の「補題8.1（フェルマーの小定理の補題）」でも類似の証明を与えていますので、参照して下さい。）

次に、上で集合として一致することが確認された二つの集合のうち、$\{\bar{1} \times \bar{a}, \bar{2} \times \bar{a}, \cdots, \overline{(p-1)} \times \bar{a}\}$に含まれるある元、$\bar{\imath} \times \bar{a}$は、$(\mathbb{Z} / p\mathbb{Z})^{\times}$のある元に一致するはずです。これを、$\bar{\imath} \times \bar{a} = \bar{1}$とします。$\bar{1}$は単位元なので、$\bar{\imath} = \bar{a}^{-1}$と見なし得るので、これは$\bar{a}$の逆元になります。従って、$\{\bar{1} \times \bar{a}, \bar{2} \times \bar{a}, \cdots, \overline{(p-1)} \times \bar{a}\}$は群であると言えて、それと集合として等しい$(\mathbb{Z} / p\mathbb{Z})^{\times}$も群であることが示されました。

18

対称群の剰余類

18.1 対称群の類別

第 17 章では、有限群Gがその部分群Hと完全代表系によって作られる、共通部分のない複数の剰余類の和集合によって表されるとき、有限群Gは類別されるという議論を行いました。これは、対称群についても当てはまります。

今、有限群Gに代えて三次の対称群S_3を考えましょう。そして、S_3に含まれる部分群として$H=\{e,\rho_1,\rho_2\}$を考えます。これらの元e,ρ_1,ρ_2は置換と呼ばれます。置換の具体的なものとして次を挙げてみましょう。

$$H=\left\{e=\begin{pmatrix}1&2&3\\1&2&3\end{pmatrix},\ \rho_1=\begin{pmatrix}1&2&3\\2&3&1\end{pmatrix},\ \rho_2=\begin{pmatrix}1&2&3\\3&1&2\end{pmatrix}\right\} \tag{18.1.1}$$

ある代表元 μ_1 (但し、$\mu_1\in S_3\setminus H$)をとり、次の右剰余類をつくります。

$$H\mu_1=\{e\mu_1,\ \rho_1\mu_1,\ \rho_2\mu_1\} \tag{18.1.2}$$

今、 μ_1を、

$$\mu_1=\begin{pmatrix}1&2&3\\1&3&2\end{pmatrix} \tag{18.1.3}$$

と置いてみましょう。そして、実際に式(18.1.2)を計算してみましょう。即ち、

$$\begin{aligned}H\mu_1&=\{e\mu_1,\ \rho_1\mu_1,\ \rho_2\mu_1\}\\&=\left\{\begin{pmatrix}1&2&3\\1&2&3\end{pmatrix}\begin{pmatrix}1&2&3\\1&3&2\end{pmatrix},\begin{pmatrix}1&2&3\\2&3&1\end{pmatrix}\begin{pmatrix}1&2&3\\1&3&2\end{pmatrix},\begin{pmatrix}1&2&3\\3&1&2\end{pmatrix}\begin{pmatrix}1&2&3\\1&3&2\end{pmatrix}\right\}\\&=\left\{\begin{pmatrix}1&2&3\\1&3&2\end{pmatrix},\begin{pmatrix}1&2&3\\3&2&1\end{pmatrix},\begin{pmatrix}1&2&3\\2&1&3\end{pmatrix}\right\}\\&=\{\mu_1,\ \mu_2,\ \mu_3\}\end{aligned} \tag{18.1.4}$$

となり、三次の対称群S_3は、部分群Hとその右剰余類$H\mu_1$によって類別されました。即ち、

$$S_3=H\cup H\mu_1\quad (\text{但し、}H\cap H\mu_1=\emptyset) \tag{18.1.5}$$

これが、対称群の類別というものです。ところでこうした類別は、実は代表元を取り替えても同じ結果を得ることができます。例えば、式(18.1.4)に表された μ_2を代表元としてみましょう。そのとき新たな右剰余類は、

$$
\begin{aligned}
H\mu_2 &= \{e\mu_2,\ \rho_1\mu_2,\ \rho_2\mu_2\} \\
&= \left\{\begin{pmatrix}1 & 2 & 3\\ 1 & 2 & 3\end{pmatrix}\begin{pmatrix}1 & 2 & 3\\ 3 & 2 & 1\end{pmatrix}, \begin{pmatrix}1 & 2 & 3\\ 2 & 3 & 1\end{pmatrix}\begin{pmatrix}1 & 2 & 3\\ 3 & 2 & 1\end{pmatrix}, \begin{pmatrix}1 & 2 & 3\\ 3 & 1 & 2\end{pmatrix}\begin{pmatrix}1 & 2 & 3\\ 3 & 2 & 1\end{pmatrix}\right\} \\
&= \left\{\begin{pmatrix}1 & 2 & 3\\ 3 & 2 & 1\end{pmatrix}, \begin{pmatrix}1 & 2 & 3\\ 1 & 3 & 2\end{pmatrix}, \begin{pmatrix}1 & 2 & 3\\ 2 & 1 & 3\end{pmatrix}\right\} \\
&= \{\mu_2,\ \mu_1,\ \mu_3\} \\
&= H\mu_1
\end{aligned}
\qquad (18.1.6)
$$

となって、新たな右剰余類$H\mu_2$はその元、即ちその置換の並ぶ順序は異なりますが、集合としては$H\mu_1$に等しいものがつくられました。同様に、代表元として μ_3をとりあげ、右剰余類をつくると、

$$
\begin{aligned}
H\mu_3 &= \{e\mu_3,\ \rho_1\mu_3,\ \rho_2\mu_3\} \\
&= \left\{\begin{pmatrix}1 & 2 & 3\\ 1 & 2 & 3\end{pmatrix}\begin{pmatrix}1 & 2 & 3\\ 2 & 1 & 3\end{pmatrix}, \begin{pmatrix}1 & 2 & 3\\ 2 & 3 & 1\end{pmatrix}\begin{pmatrix}1 & 2 & 3\\ 2 & 1 & 3\end{pmatrix}, \begin{pmatrix}1 & 2 & 3\\ 3 & 1 & 2\end{pmatrix}\begin{pmatrix}1 & 2 & 3\\ 2 & 1 & 3\end{pmatrix}\right\} \\
&= \left\{\begin{pmatrix}1 & 2 & 3\\ 2 & 1 & 3\end{pmatrix}, \begin{pmatrix}1 & 2 & 3\\ 3 & 2 & 1\end{pmatrix}, \begin{pmatrix}1 & 2 & 3\\ 1 & 3 & 2\end{pmatrix}\right\} \\
&= \{\mu_3,\ \mu_2,\ \mu_1\} \\
&= H\mu_1 = H\mu_2
\end{aligned}
\qquad (18.1.7)
$$

となって、三者$H\mu_1$、$H\mu_2$、$H\mu_3$は集合として全て一致しました。このように、複数の代表元を用いてつくられる右剰余類の和集合によって、三次の対称群S_3を表現できます。即ち、

$$S_3 = H \cup H\mu_1 = H \cup H\mu_2 = H \cup H\mu_3$$

(但し、$H, H\mu_1, H\mu_2, H\mu_3$それぞれの共通集合 $= \emptyset$)　　(18.1.8)

このとき、対称群S_3及び部分群Hそれぞれの位数、及びS_3に於けるHの指数はそれぞれ次の通りとなります。

$$|S_3| = 3! = 6, \qquad |H| = 3, \qquad (S_3 : H) = \frac{|S_3|}{|H|} = 2 \tag{18.1.9}$$

$(S_3 : H) = 2$の意味は、対称群S_3は 2 種類の剰余類によって類別されるということです。

　ちなみに、部分群H内に於いても、Hの置換を代表元とする右剰余類をつくると、それらは全てHと集合として一致します。具体的に示せば、$H = \{e, \rho_1, \rho_2\}$に対して、

$$\begin{aligned} He &= \{ee,\ \rho_1 e,\ \rho_2 e\} \\ &= H \end{aligned} \tag{18.1.10}$$

$$\begin{aligned} H\rho_1 &= \{e\rho_1,\ \rho_1\rho_1,\ \rho_2\rho_1\} \\ &= \left\{\begin{pmatrix}1&2&3\\1&2&3\end{pmatrix}\begin{pmatrix}1&2&3\\2&3&1\end{pmatrix}, \begin{pmatrix}1&2&3\\2&3&1\end{pmatrix}\begin{pmatrix}1&2&3\\2&3&1\end{pmatrix}, \begin{pmatrix}1&2&3\\3&1&2\end{pmatrix}\begin{pmatrix}1&2&3\\2&3&1\end{pmatrix}\right\} \\ &= \left\{\begin{pmatrix}1&2&3\\2&3&1\end{pmatrix}, \begin{pmatrix}1&2&3\\3&1&2\end{pmatrix}, \begin{pmatrix}1&2&3\\1&2&3\end{pmatrix}\right\} \\ &= \{\rho_1, \rho_2, e\} \ = H \end{aligned} \tag{18.1.11}$$

$$\begin{aligned} H\rho_2 &= \{e\rho_2,\ \rho_1\rho_2,\ \rho_2\rho_2\} \\ &= \left\{\begin{pmatrix}1&2&3\\1&2&3\end{pmatrix}\begin{pmatrix}1&2&3\\3&1&2\end{pmatrix}, \begin{pmatrix}1&2&3\\2&3&1\end{pmatrix}\begin{pmatrix}1&2&3\\3&1&2\end{pmatrix}, \begin{pmatrix}1&2&3\\3&1&2\end{pmatrix}\begin{pmatrix}1&2&3\\3&1&2\end{pmatrix}\right\} \\ &= \left\{\begin{pmatrix}1&2&3\\3&1&2\end{pmatrix}, \begin{pmatrix}1&2&3\\1&2&3\end{pmatrix}, \begin{pmatrix}1&2&3\\2&3&1\end{pmatrix}\right\} \\ &= \{\rho_2, e, \rho_1\} \ = H \end{aligned} \tag{18.1.12}$$

Hに含まれる置換e, ρ_1, ρ_2を代表元とする右剰余類は、全てHと集合として一致しました。即ち、

$$H = He = H\rho_1 = H\rho_2 \qquad (H = \{e, \rho_1, \rho_2\}) \tag{18.1.13}$$

このように、同じ剰余類に属している元であれば、その中のどの元を選んできて代表元にしても、当該代表元を作用させてつくる剰余類は同じものになるということが示されました。

さて、ここで代表元の取り替えに関する定理を述べておくことにします。

定理 18.1（代表元の交換）

群Gとその部分群Hについて、$a, b \in G$のとき、次のことが言える。

$$b \in Ha \iff Ha = Hb$$

この定理は、第 17 章の「定理 17.1 剰余類の性質」とほぼ同じことを述べています。証明しましょう。

まず、$b \in Ha$とします。このとき、部分群Hは単位元eを含むので、$b = eb \in Hb$です。よって、bはHaとHbの両方に含まれるので、

$$b \in Ha \cap Hb \neq \emptyset \tag{18.1.14}$$

定理 17.1 の「(1) $\forall a, b \in G; \quad Ha \cap Hb \neq \emptyset \;\Rightarrow\; Ha = Hb$」より、

$$b \in Ha \;\Rightarrow\; Ha = Hb \tag{18.1.15}$$

が示されました。次に、$Ha = Hb$とします。$b \in Hb = Ha$なので、明らかに$b \in Ha$が示されます。よって、定理 18.1 が示されました。

19

正規部分群

19.1 演算結果の一意性

群の議論では演算という要素が大きな意味を持つことが理解されたと思います。これまでは、剰余類の元、即ち置換に関して相互の演算について考察を進めてきました。ここからは、剰余類の塊を一つの元とみなして、剰余類同士の演算を定義していくというステップに移行します。ですから、考え方としてはこれまでのようなρ, μなどの置換相互に於いて定義されてきた演算、即ち、

$$\rho_1 \circ \mu_2,\quad \rho_3 \circ \mu_1, \cdots,\ \rho_n \circ \mu_m$$
$$(\rho_i \in H_n,\ \mu_j \in H_m,\ \ H_n, H_m \text{は、ある部分群})$$

を、剰余類$H\rho, H\mu$相互に於いて定義しようとします。即ち、

$$H_n\rho_1 \circ H_m\mu_2,\ H_m\rho_3 \circ H_n\mu_1, \cdots, H_n\rho_n \circ H_m\mu_m$$
$$(\rho_i \in H_n,\ \mu_j \in H_m,\ \ H_n, H_m \text{は、ある部分群})$$

ところで、演算は代入される変数に依らずにその結果は必ず一意に決まらなければなりません。入力する変数によって、同じ演算を行なっているのに結果が異なるのでは、演算としての意味を持ちません。

具体例をあげましょう。今まで用いてきた記号を使って、演算を「∘」で定義します。例えば、$(a/b) \circ c = a/b + c\ \ a, b, c \in \mathbb{N}$と定義します。そして、$(a/b, c) = (2/6,\ 1)$と、$(a'/b', c') = (1/3,\ 1)$の 2 組の数を考えます。しかし、$c$も$c'$もどちらの値も 1 であり、同じように$a/b$と$a'/b'$も共に約分すれば$1/3$です。このとき、

$$\begin{aligned}(a/b) \circ c\ &= 2/6 + 1 = 4/3 \\ (a'/b') \circ c' &= 1/3 + 1 = 4/3\end{aligned} \tag{19.1.1}$$

となって、明らかに両者の計算結果は一致しており、演算は有意味に定義されています。しかし、次のような演算はどうでしょうか。即ち、$(a/b) \circ c = 1/(a + b + c)\ \ a, b, c \in \mathbb{N}$と定義します。すると、

$$\begin{aligned}(a/b) \circ c\ &= 1/(2 + 6 + 1) = 1/9 \\ (a'/b') \circ c' &= 1/(1 + 3 + 1) = 1/5\end{aligned} \tag{19.1.2}$$

となって、同じ数を入力しているにもかかわらず、計算結果が異なってしまいました。演算は、入力される数の表示の相違に依らずに、常に同じ結果、即ち同じ出力を弾き出せるものでなければなりません。このような、結果の一意性が担保された演算のことを、当該演算は**$well-difined$である**、と称します。

ここでは、同じことを剰余類について考察します。つまり、剰余類同士の演算を考えて、演算に於ける入力変数とでも言える代表元が異なっても、同じ演算結果を導く条件について議論します。というのも部分群の性質によっては、同じ剰余類であっても選ぶ代表元によって演算結果が変わってしまう可能性があります。具体的に示しましょう。

今、3 次の対称群S_3を考え、その部分群Hを次のようにとります。

$$H = \left\{ \rho_1 = e = \begin{pmatrix} 1 & 2 & 3 \\ 1 & 2 & 3 \end{pmatrix},\ \rho_2 = \begin{pmatrix} 1 & 2 & 3 \\ 1 & 3 & 2 \end{pmatrix} \right\} \tag{19.1.3}$$

置換$\mu_1, \nu_1 \in S_3 \setminus H$を代表元として次のようにとります。

$$\mu_1 = \begin{pmatrix} 1 & 2 & 3 \\ 2 & 3 & 1 \end{pmatrix},\ \nu_1 = \begin{pmatrix} 1 & 2 & 3 \\ 3 & 1 & 2 \end{pmatrix} \tag{19.1.4}$$

μ_1とν_1をそれぞれHに右から作用させた右剰余類$H\mu_1$、$H\nu_1$をつくります。即ち、

$$H\mu_1 = \left\{ \rho_1\mu_1 = \begin{pmatrix} 1 & 2 & 3 \\ 2 & 3 & 1 \end{pmatrix},\ \rho_2\mu_1 = \begin{pmatrix} 1 & 2 & 3 \\ 3 & 2 & 1 \end{pmatrix} \right\} \tag{19.1.5}$$

$$H\nu_1 = \left\{ \rho_1\nu_1 = \begin{pmatrix} 1 & 2 & 3 \\ 3 & 1 & 2 \end{pmatrix},\ \rho_2\nu_1 = \begin{pmatrix} 1 & 2 & 3 \\ 2 & 1 & 3 \end{pmatrix} \right\} \tag{19.1.6}$$

S_3はHとこの二つの剰余類の、計三つの剰余類で覆い尽くされて、

$$\begin{gathered} S_3 = He \cup H\mu_1 \cup H\nu_1 \\ (H \cap H\mu_1 = \emptyset \wedge H \cap H\nu_1 = \emptyset \wedge H\mu_1 \cap H\nu_1 = \emptyset) \end{gathered} \tag{19.1.7}$$

また、S_3、H、$H\mu_1$、$H\nu_1$各々の位数、及びHのS_3に於ける指数は次の通りです。

$$|S_3| = 3! = 6, \qquad |H| = |H\mu_1| = |H\nu_1| = 2$$
$$(S_3 : H) = \frac{|S_3|}{|H|} = \frac{6}{2} = 3 \tag{19.1.8}$$

式(19.1.5)に示された剰余類$H\mu_1$は、部分群Hに代表元μ_1を作用させてつくったものですが、実は同じ剰余類に含まれるもう一つの元である$\mu_2 = \rho_2\mu_1$(式(19.1.5)より)を作用させた剰余類でも、同じ結果を得て、

$$H\mu_2 = \left\{\rho_1\mu_2 = \begin{pmatrix}1 & 2 & 3\\ 3 & 2 & 1\end{pmatrix},\ \rho_2\mu_2 = \begin{pmatrix}1 & 2 & 3\\ 2 & 3 & 1\end{pmatrix}\right\} \tag{19.1.9}$$

となって、元である置換μ_1, μ_2の並びの順序は逆転していますが、両者は集合として等しくなっています。従って、

$$H\mu_1 = H\mu_2 \tag{19.1.10}$$

同じことは、式(19.1.6)に示された$H\nu_1$についても言えます。

さて、ここで剰余類相互についての演算を定義します。即ち、群Gとその部分群Hについて、$\forall\mu, \nu \in G$について、次のような剰余類相互の演算「$\circ$」を定義します。

$$H\mu \circ H\nu := H\mu\nu \tag{19.1.11}$$

式(19.1.11)で示された$H\mu\nu$は、群Gに属する二つの代表元μ, νの積を部分群Hに作用させた右剰余類です。今、この演算が代表元を替えたときの成立可否を確かめてみます。次の 2 式の結果を比較します。

$$\begin{aligned} H\mu_1 \circ H\nu_1 &:= H\mu_1\nu_1 \\ H\mu_2 \circ H\nu_2 &:= H\mu_2\nu_2 \end{aligned} \tag{19.1.12}$$

この二式に於いて、μ_1とμ_2は同じ剰余類$H\mu_1$に属する代表元であり、ν_1とν_2も同じ剰余類$H\nu_1$に属する代表元です。かつ二式の左辺の第一項と第二項はそれぞれ同じ剰余類でした。つまり二式の左辺は表記は異なりますが、同じ剰余類同士の演算になっています。他方、二式の右辺は部分群Hに作用させている代表元の組み合わせを変えたものにな

っていますが、変えた代表元は同じ剰余類から持ってきています。従って、演算「∘」としては同じ剰余類に属する代表元であるならば、演算結果には影響が及ばないものであるべきです。実際に計算してみましょう。二つの置換の積、$\mu_1\nu_1$と$\mu_2\nu_2$を求めてみましょう。即ち、

$$\mu_1\nu_1 = \begin{pmatrix} 1 & 2 & 3 \\ 2 & 3 & 1 \end{pmatrix}\begin{pmatrix} 1 & 2 & 3 \\ 3 & 1 & 2 \end{pmatrix} = \begin{pmatrix} 1 & 2 & 3 \\ 1 & 2 & 3 \end{pmatrix} = \rho_1 = e$$

$$\mu_2\nu_2 = \begin{pmatrix} 1 & 2 & 3 \\ 3 & 2 & 1 \end{pmatrix}\begin{pmatrix} 1 & 2 & 3 \\ 2 & 1 & 3 \end{pmatrix} = \begin{pmatrix} 1 & 2 & 3 \\ 2 & 3 & 1 \end{pmatrix} = \mu_1 \qquad (19.1.13)$$

次に、$H\mu_1\nu_1$、$H\mu_2\nu_2$を計算し、両者を比較します。

$$H\mu_1\nu_1 = \left\{\begin{pmatrix} 1 & 2 & 3 \\ 1 & 2 & 3 \end{pmatrix}, \begin{pmatrix} 1 & 2 & 3 \\ 1 & 3 & 2 \end{pmatrix}\right\}$$

$$H\mu_2\nu_2 = \left\{\begin{pmatrix} 1 & 2 & 3 \\ 2 & 3 & 1 \end{pmatrix}, \begin{pmatrix} 1 & 2 & 3 \\ 3 & 2 & 1 \end{pmatrix}\right\} \qquad (19.1.14)$$

となり、両者は一致しません。これでは演算が定義されたことにはなりません。即ち、演算は *well-defined* ではありません。

実はこのようなことが生じないためには、部分群に関する演算にある条件が必要になってきます。それを、下記の定理で示します。

定理 19.1（剰余類の演算結果の$well-definedness$に係る条件）
群Gとその部分群Hについて、$\forall\mu,\mu',\nu,\nu' \in G$について、次のような剰余類相互の演算を定義する。

$$H\mu \circ H\nu := H\mu\nu$$
$$H\mu' \circ H\nu' := H\mu'\nu' \qquad (19.1.15)$$

このとき、定義された演算結果について、次のことが言える。

$$H\mu = H\mu', H\nu = H\nu' \implies H\mu\nu = H\mu'\nu' \qquad (19.1.16)$$

【例】定理 19.1 を、もう一つの具体例で示しましょう。まず、3 次の対称群S_3の部分群Hを、改めて次のように定義します。

$$H = \left\{\rho_1 = \begin{pmatrix} 1 & 2 & 3 \\ 1 & 3 & 2 \end{pmatrix}, \rho_2 = \begin{pmatrix} 1 & 2 & 3 \\ 3 & 2 & 1 \end{pmatrix}, \rho_3 = \begin{pmatrix} 1 & 2 & 3 \\ 2 & 1 & 3 \end{pmatrix}\right\} \qquad (19.1.17)$$

このとき、Hの元を用いてつくられた右剰余類について、次の結果を確かめることができます。

$$H\rho_1 = H\rho_2 = H\rho_3 \qquad (19.1.18)$$

また、$S_3 \setminus H$に含まれる元は、次のように求められるので、それぞれをμ_1, μ_2, μ_3と置きます。

$$S_3 \setminus H = \left\{\mu_1 = \begin{pmatrix} 1 & 2 & 3 \\ 1 & 2 & 3 \end{pmatrix},\ \mu_2 = \begin{pmatrix} 1 & 2 & 3 \\ 2 & 3 & 1 \end{pmatrix},\ \mu_3 = \begin{pmatrix} 1 & 2 & 3 \\ 3 & 1 & 2 \end{pmatrix}\right\} \qquad (19.1.19)$$

代表元$\mu_1 \in S_3 \setminus H$を取り上げ、右剰余類$H\mu_1$をつくれば、

$$H\mu_1 = \left\{\rho_1\mu_1 = \begin{pmatrix} 1 & 2 & 3 \\ 1 & 3 & 2 \end{pmatrix}, \rho_2\mu_1 = \begin{pmatrix} 1 & 2 & 3 \\ 3 & 2 & 1 \end{pmatrix}, \rho_3\mu_1 = \begin{pmatrix} 1 & 2 & 3 \\ 2 & 1 & 3 \end{pmatrix}\right\} \qquad (19.1.20)$$

同様にして次の結果を確かめることができます。

$$H\mu_1 = H\mu_2 = H\mu_3 \qquad (19.1.21)$$

代表元を代えても値が一致することが確認されました。このとき、三つの剰余類相互の演算$H\mu_1 \circ H\mu_2 := H\mu_1\mu_2$の結果と、$H\mu_2 \circ H\mu_3 := H\mu_2\mu_3$、$H\mu_1 \circ H\mu_3 := H\mu_1\mu_3$の結果が一致するのかどうかを確かめてみましょう。まず、各々の二つの代表元の積を求めます。即ち、

$$\mu_1\mu_2 = \begin{pmatrix} 1 & 2 & 3 \\ 1 & 2 & 3 \end{pmatrix}\begin{pmatrix} 1 & 2 & 3 \\ 2 & 3 & 1 \end{pmatrix} = \begin{pmatrix} 1 & 2 & 3 \\ 2 & 3 & 1 \end{pmatrix}$$

$$\mu_2\mu_3 = \begin{pmatrix} 1 & 2 & 3 \\ 2 & 3 & 1 \end{pmatrix}\begin{pmatrix} 1 & 2 & 3 \\ 3 & 1 & 2 \end{pmatrix} = \begin{pmatrix} 1 & 2 & 3 \\ 1 & 2 & 3 \end{pmatrix}$$

$$\mu_1\mu_3 = \begin{pmatrix} 1 & 2 & 3 \\ 1 & 2 & 3 \end{pmatrix}\begin{pmatrix} 1 & 2 & 3 \\ 3 & 1 & 2 \end{pmatrix} = \begin{pmatrix} 1 & 2 & 3 \\ 3 & 1 & 2 \end{pmatrix} \qquad (19.1.22)$$

次に、$H\mu_1\mu_2$、$H\mu_2\mu_3$、$H\mu_1\mu_3$の計算結果を比較します。即ち、

$$H\mu_1\mu_2 = \{\rho_1\mu_1\mu_2,\ \ \rho_2\mu_1\mu_2,\ \ \rho_3\mu_1\mu_2\}$$
$$= \left\{\begin{pmatrix}1&2&3\\3&2&1\end{pmatrix},\begin{pmatrix}1&2&3\\2&1&3\end{pmatrix},\begin{pmatrix}1&2&3\\1&3&2\end{pmatrix}\right\} \qquad (19.1.23)$$

$$H\mu_2\mu_3 = \{\rho_1\mu_2\mu_3,\ \ \rho_2\mu_2\mu_3,\ \ \rho_3\mu_2\mu_3\}$$
$$= \left\{\begin{pmatrix}1&2&3\\1&3&2\end{pmatrix},\begin{pmatrix}1&2&3\\3&2&1\end{pmatrix},\begin{pmatrix}1&2&3\\2&1&3\end{pmatrix}\right\} \qquad (19.1.24)$$

$$H\mu_1\mu_3 = \{\rho_1\mu_1\mu_3,\ \ \rho_2\mu_1\mu_3,\ \ \rho_3\mu_1\mu_3\}$$
$$= \left\{\begin{pmatrix}1&2&3\\2&1&3\end{pmatrix},\begin{pmatrix}1&2&3\\1&3&2\end{pmatrix},\begin{pmatrix}1&2&3\\3&2&1\end{pmatrix}\right\} \qquad (19.1.25)$$

三者は元の並びは異なりますが集合として一致して、演算の$well-definedness$が担保されました。

19.2 正規部分群

定理 19.1 は、次の定理によって言い換えることができます。

定理 19.2（正規部分群）

群Gとその部分群Hについて、次の 3 条件は互いに同値である。

(1)$\forall\mu,\mu',\nu,\nu'\in G$について、

$$H\mu = H\mu', H\nu = H\nu' \implies H\mu\nu = H\mu'\nu' \qquad (19.2.1)$$

(2) $\forall\mu\in G$について、

$$\mu H\mu^{-1} \subset H \qquad (19.2.2)$$

(3) $\forall\mu\in G$について、右剰余類と左剰余類は一致する。即ち、

$$\mu H = H\mu \qquad (19.2.3)$$

上の 3 条件(1)、(2)、(3)を満たす部分群Hのことを、群Gの**正規部分群**(*normal subgroup*)と呼び、$\boldsymbol{H\lhd G}$と表記する。

(1) ⟹(2)の証明

$\mu^{-1} \in G$を代表元とする右剰余類$H\mu^{-1}$を考え、その元の一つとして、$h\mu^{-1} \in H\mu^{-1}$をとります。(1)より、

$$H\mu = H\mu, Hh\mu^{-1} = H\mu^{-1} \implies H\mu(h\mu^{-1}) = H\mu\mu^{-1} \tag{19.2.4}$$

が言えます。すると、

$$\begin{aligned} H\mu(h\mu^{-1}) &= H\mu\mu^{-1} \\ &= He = H \end{aligned} \tag{19.2.5}$$

定理 18.1 を式(19.2. 5)に適用すれば、

$$H\mu h\mu^{-1} = H \Leftrightarrow \mu h\mu^{-1} \in H \tag{19.2.6}$$

式(19.2. 6)は、$\forall h \in H \subset G$について成り立つから、(2)の$\mu H\mu^{-1} \subset H$が示されました。

(2) ⟹(3)の証明

方針として、(3)の等式条件を言うために、各々の包含関係とその逆の両方が言えることを示します。即ち、$\mu H = H\mu$を示すために、$\mu H \subset H\mu$と$\mu H \supset H\mu$の両方を示します。ここで、(2)の式(19.2.2)より、$\mu H\mu^{-1} \subset H$なので、$\forall h \in H$について$\mu h\mu^{-1}$はHに含まれるある元h_1に等しいと置くことができます。即ち、

$$\forall h \in H, \exists h_1 \in H; \quad \mu h\mu^{-1} = h_1 \in H \tag{19.2.7}$$

式(19.2.7)の両辺に右からμを乗じます。

$$\begin{aligned} \mu h\mu^{-1}\mu &= h_1\mu \in H\mu \\ \therefore \mu h &= h_1\mu \end{aligned} \tag{19.2.8}$$

$\mu h \in \mu H$であり、$h_1\mu \in H\mu$、よって、$\forall h \in H, \exists h_1 \in H$に注意して、まずは次が言えます。

$$\mu H \subset H\mu \tag{19.2.9}$$

次に再び(2)の式(19.2.2)より、$\forall\mu \in G$についてその逆元$\mu^{-1} \in G$をとるとき、$\mu H\mu^{-1} \subset H$でした。そこで、$\forall\mu^{-1} \in G$についてその逆元$(\mu^{-1})^{-1} = \mu \in G$をとるとき、$\forall h \in H$について、

$$\mu^{-1}h\mu \in \mu^{-1}H\mu \subset H \tag{19.2.10}$$

も言えます。式(19.2.10)の$\mu^{-1}h\mu$はHに含まれるある元h_2に等しいと置くことが出来ます。即ち、

$$\forall h \in H, \exists h_2 \in H; \quad \mu^{-1}h\mu = h_2 \in H \tag{19.2.11}$$

式(19.2.11)の両辺に左からμを乗じます。

$$\begin{gathered} \mu\mu^{-1}h\mu = \mu h_2 \in \mu H \\ \therefore h\mu = \mu h_2 \end{gathered} \tag{19.2.12}$$

$h\mu \in H\mu$であり、$\mu h_2 \in \mu H$、よって、$\forall h \in H, \exists h_2 \in H$に注意して、次が言えます。

$$H\mu \subset \mu H \tag{19.2.13}$$

式(19.2.9)、(19.2.13)より、$(\mu H \subset H\mu) \wedge (H\mu \subset \mu H)$であるので、従って、$H\mu = \mu H$が言えて、(3)が示されました。

(3) ⟹(1)の証明

まず、(1)の式(19.2.1)の左辺は前提できるので、それを再掲します。

$$H\mu = H\mu', \qquad H\nu = H\nu' \tag{19.2.14}$$

定理 18.1 より、$\exists h_1, h_2 \in H$について、次が成立します。

$$\begin{gathered} H\mu = H\mu' \Leftrightarrow \mu = h_1\mu' \in H\mu' \\ H\nu = H\nu' \Leftrightarrow \nu = h_2\nu' \in H\nu' \end{gathered} \tag{19.2.15}$$

式(19.2.15)の両式の両辺を乗じて、

$$\mu\nu = (h_1\mu')(h_2\nu') \tag{19.2.16}$$

式(19.2.16)は部分群Hについての演算であるので、結合法則が成り立ちます。従って、次のような変形が可能です。

$$\mu\nu = (h_1\mu')(h_2\nu') = h_1(\mu' h_2)\nu' \qquad (19.2.16\text{-}2)$$

(3)を適用して、式(19.2.16-2)の$(\mu' h_2)$を$(h_2\mu')$と等しいと置けば、

$$\mu\nu = h_1(\mu' h_2)\nu' = h_1(h_2\mu')\nu' = (h_1h_2)\mu'\nu' \qquad (19.2.17)$$

$h_1h_2 \in H$であるので、

$$\mu\nu = (h_1h_2)\mu'\nu' \in H\mu'\nu' \qquad (19.2.18)$$

ここで、三たび定理 18.1 より、

$$\mu\nu \in H\mu'\nu' \Leftrightarrow H\mu\nu = H\mu'\nu' \qquad (19.2.19)$$

が言えましたので、(1)が示されました。

ところで、(2)の条件、即ち、

$$\mu H\mu^{-1} \subset H \qquad (19.2.2)$$

ですが、これを(3)の条件$\mu H = H\mu$に注意して、変形します。両辺に左側からμ^{-1}を乗じます。

$$\begin{aligned} &\mu^{-1}\mu H\mu^{-1} \subset \mu^{-1}H \\ &\therefore H\mu^{-1} \subset \mu^{-1}H \qquad (19.2.20) \end{aligned}$$

さらに、両辺に右からμを乗じます。

$$\begin{aligned} &H\mu^{-1}\mu \subset \mu^{-1}H\mu \qquad (19.2.21) \\ &\therefore H \subset \mu^{-1}H\mu \\ &\qquad = (\mu^{-1}H)\mu \\ &\qquad = \mu(\mu^{-1}H) \\ &\qquad = \mu(H\mu^{-1}) \\ &\qquad = \mu H\mu^{-1} \\ &\therefore H \subset \mu H\mu^{-1} \qquad (19.2.22) \end{aligned}$$

式(19.2.2)、(19.2.22)より、結局、

$$\mu H \mu^{-1} = H \tag{19.2.23}$$

が言えます。正規部分群では、式(19.2.23)の左辺のような特徴的な変換式が出てきますが、一般に、$h \mapsto \mu h \mu^{-1}$の形を成した変換のことを、hのμによる**共役変換**(*conjugation*)と呼びます。また、**相似変換**(*similarity transformation*)とも称します。

【例】正規部分群の具体例をいくつか見てみましょう。

①任意の可換な部分群は正規部分群である

群Gの部分群Hが可換であれば、$g \in G$、$h \in H$について$ghg^{-1} \in gHg^{-1}$を考えると、

$$g(hg^{-1}) = g(g^{-1}h) = h \in H$$

$$\therefore gHg^{-1} \subset H \tag{19.2.24}$$

が言えて、定理 19.2 の(2)の条件より、Hは正規部分群です。その意味では、加算について群を成す$\mathbb{N}, \mathbb{Z}, \mathbb{Q}, \mathbb{R}$は全て可換群ですからこれらの部分群は全て正規部分群になります。

②群Gに於ける指数が 2 の部分群Hは正規部分群である

群Gに於いて指数が 2 の部分群Hというのは、H自身とひとつの剰余類aH $(a \in G)$の二つを用いて、群Gを覆い尽くすことができる部分群を指します。つまり、

$$(G{:}H) = \frac{|G|}{|H|} = 2 \tag{19.2.25}$$

ここで、群Gに代表元aがHに含まれる場合と含まれない場合のそれぞれを考えます。

(i) $a \in H$の場合

Hは部分群ですから、演算について閉じています。今、$\forall a, h_1 \in H,\ \exists h_2 \in H$について、$ah_1 = h_2 \in H$、従って、$aH = H$です。他方、$\forall a, h_1 \in H,\ \exists h_3 \in H$について、$h_1 a = h_3 \in H$、従って、$Ha = H$です。両者より$Ha = aH$を得て、$H$が正規部分群であることが示されました。

(ii) $a \notin H$の場合

この場合は、$aH \cap H = \emptyset$が成立します。なぜなら、もしも$aH \cap H \neq \emptyset$だと仮定すると、$\forall a, h_1 \in H,\ \exists h_2 \in H$について、

$ah_1 = h_2 \in H$となります。両辺に右から${h_1}^{-1}$を乗ずれば、

$$ah_1{h_1}^{-1} = h_2{h_1}^{-1}$$

$$\therefore a = h_2{h_1}^{-1} \in H \tag{19.2.26}$$

となって、前提に矛盾します。同様に、$Ha \cap H = \emptyset$も言えます。群Gに於ける部分群Hの指数が 2 と前提されていますから、HとHの右剰余類の和集合は、

$$G = H \cup Ha \tag{19.2.27}$$

を満たします。同様にHとHの左剰余類との和集合は、

$$G = H \cup aH \tag{19.2.28}$$

両式より、

$$G \setminus H = aH = Ha \tag{19.2.29}$$

となり、これは部分群Hが正規部分群である条件を示しています。

③n次対称群S_nに於ける交代群A_nは正規部分群である

これは、A_nの指数が 2、即ち、

$$(S_n : A_n) = \frac{|S_n|}{|A_n|} = 2 \tag{19.2.30}$$

であることから、上記の例②の結果より明らかです。

20

剰余群

20.1 剰余群の定義

複数の剰余類を元に持ち、集合の形をしたものを考えます。そこに剰余類相互の演算を定義すると、そのような演算のもとで剰余類の集合が群を成すとき、この群を剰余群と称します。定理を示しましょう。

定理 20.1（剰余群）

群Gとその正規部分群Hについて、Gに属する代表元$a, b, c, \cdots \in G$についての右剰余類の集合を$H \setminus G$と表記し、

$$H \setminus G = \{He, Ha, Hb, Hc, \cdots\} \tag{20.1.1}$$

と定義するとき、演算「∘」を次のように定めれば、

$$Ha \circ Hb := Hab \tag{20.1.2}$$

$H \setminus G$は群を成し、この群を**右剰余群**($right\ residue\ class\ group$)と呼ぶ。同様に、左剰余類の集合を$G\ /\ H$と表記し、

$$G\ /\ H = \{eH, aH, bH, cH, \cdots\} \tag{20.1.3}$$

と定義するとき、演算「∘」を次のように定める。

$$aH \circ bH := abH \tag{20.1.4}$$

このとき$G\ /\ H$は群を成し**左剰余群**($left\ residue\ class\ group$)と呼ぶ。これらの剰余群を**商群**($quatient\ group$)、または**因子群**($factor\ group$)とも呼ぶ。

証明ですが、右剰余群についてのみ示します。G/Hが群であるためには、1)演算について閉じていること、2)結合法則を満たすこと、3)単位元が存在すること、4)逆元が存在することの 4 点を示せば良いことになります。まず、部分群Hが正規部分群であることから 1)は満たしています。2)の結合法則については、

$$(Ha \circ Hb) \circ Hc = Ha \circ (Hb \circ Hc) \tag{20.1.5}$$

を確認します。式(20.1.2)を両辺に適用します。

$$\begin{aligned}(Ha \circ Hb) \circ Hc &= Hab \circ Hc \qquad & Ha \circ (Hb \circ Hc) &= Ha \circ Hbc \\ &= Habc & &= Habc\end{aligned} \tag{20.1.6}$$

となって、両辺は一致し、結合法則は満たされました。次に、3)の単位元の存在を確認しましょう。まず、部分群Hが正規部分群であることから、

$$Ha \circ Hb := Hab \tag{20.1.7}$$

ところで、bはGに属する任意の代表元ですから、これをeと置いても良いので、

$$Ha \circ Hb := Hab = Hae = Ha \tag{20.1.8}$$

式(20.1.8)より、Hbは単位元ということになります。4)の逆元についても同様に、Gに属する任意の代表元bをa^{-1}で置き換えて、

$$Ha \circ Hb = Ha \circ Ha^{-1} := Haa^{-1} = He \tag{20.1.9}$$

式(20.1.9)より、HbがHaの逆元であるということになります。以上は、左剰余群についても同様に示すことができます。

【例】剰余群の具体例を見てみましょう。整数全体から成る加法群$\mathbb{Z}$の部分集合として、7 の倍数からなる$7\mathbb{Z}$を考えます。今、$7\mathbb{Z}$を用いた次の集合を考えます。

$$\{7\mathbb{Z} + 0, 7\mathbb{Z} + 1, 7\mathbb{Z} + 2, 7\mathbb{Z} + 3, 7\mathbb{Z} + 4, 7\mathbb{Z} + 5, 7\mathbb{Z} + 6\} \tag{20.1.10}$$

(20.1.10)に示された 7 つの元は、実は$\mathbb{Z}$を覆い尽くしており、それぞれの元は$\mathbb{Z}$の剰余類であると言えそうです。

　さて、$7\mathbb{Z}$は加法の演算について閉じており、加法の結合法則を満たし、単位元 0 を持ち、逆元$-7\mathbb{Z}$を持つので、$\mathbb{Z}$の部分群になっています。さらに、$\forall a \in \mathbb{Z}$について、明らかに$a + 7\mathbb{Z} = 7\mathbb{Z} + a$であり、右剰余類と左剰余類が一致しますから、$7\mathbb{Z}$は$\mathbb{Z}$の正規部分群になっています。

ちなみに別の方法でも、$\forall a \in \mathbb{Z}$、$\forall b \in 7\mathbb{Z}$について、$a \circ b \circ a^{-1} = a \circ b \circ (-a) = a + b + (-a) = b \in 7\mathbb{Z}$が示されますから、$7\mathbb{Z}$はやはり正規部分群であることが確認されます。また、(20.1.10)の元は$\mathbb{Z}$の剰余類となっており、$\mathbb{Z} = (7\mathbb{Z} + 0) \cup (7\mathbb{Z} + 1) \cup (7\mathbb{Z} + 2) \cup (7\mathbb{Z} + 3) \cup (7\mathbb{Z} + 4) \cup (7\mathbb{Z} + 5) \cup (7\mathbb{Z} + 6)$と表せますから、$\mathbb{Z} / 7\mathbb{Z}$は剰余群であると言えます。また、(20.1.10)の 7 つの元は$\mathbb{Z}$を 7 で割った余りとしても表現できます。即ち、

$$\{\overline{0}, \overline{1}, \overline{2}, \overline{3}, \overline{4}, \overline{5}, \overline{6}\} \qquad (20.1.11)$$

と表されることから、剰余群$\mathbb{Z} / 7\mathbb{Z}$は(20.1.11)に示された$\mathbb{Z}_7$と同じものであることになります。

ここで応用と復習です。今までに考察してきたさまざまな概念を組み合わせて、次の命題に対する理解を試みましょう。

命題 20.1（巡回群の剰余群）
群Gを巡回群とし、Hをその部分群とする。このとき、（右）剰余群である$H \setminus G$もまた巡回群になる。

ここで、巡回群、部分群、剰余群の 3 つの概念が一度に現れました。そのうちの特に巡回群ですが、この定義を覚えていますか。定義を再掲します。

定義 15.3（巡回群の定義）
$a \in G$についてG自体が一つの元$a \in G$によって生成されるとき、aをGの**生成元**($generator$)と呼び、Gを**巡回群**($cyclic\ group$)と呼ぶ。

この定義の意味するところを思い起こしながら、命題 20.1 を証明しましょう。まず巡回群Gについてですが、定義 15.3 が示すように、$a \in G$を生成元とする群ですから、次のように表記できます。

$$G = \langle a \rangle := \{\cdots, a^{-n}, \cdots, a^{-1}, a^0, a^1, \cdots, a^n, \cdots\} \qquad (20.1.12)$$

$H \setminus G$もまた巡回群になるということですから、

$$H \setminus G = \langle Ha \rangle := \{\cdots, (Ha)^{-n}, \cdots, (Ha)^0, (Ha)^1, \cdots, (Ha)^n, \cdots\} \quad (20.1.13)$$

を示せば良いということになります。

今、$n \in G$を代表元とする右剰余類を次のように考えます。

$$H \setminus G = Hn \quad (20.1.14)$$

さらに$\exists k \in \mathbb{Z}$について、$n = a^k$と置くと、式(20.1.14)は、

$$H \setminus G = Hn = Ha^k \quad (20.1.15)$$

となります。さて、剰余群$H \setminus G$を構成する部分群Hは正規部分群なので、定義により、

$$Ha^k = H\underbrace{aaa \cdots aa}_{k\text{個}} = \underbrace{(Ha)(Ha) \cdots (Ha)}_{k\text{個}}$$

$$= (Ha)^k \subset \langle Ha \rangle$$

$$\therefore H \setminus G \subset \langle Ha \rangle \quad (20.1.16)$$

が言えます。他方、Haは$a \in G$を代表元とするGの剰余類なので、

$$Ha \subset H \setminus G$$

$$\therefore \langle Ha \rangle \subset H \setminus G \quad (20.1.17)$$

式(20.1.16)、(20.1.17)より、

$$H \setminus G = \langle Ha \rangle \quad (20.1.18)$$

が言えて、式(20.1.13)が示せて、命題 20.1 は証明されました。

20.2 同値関係、同値類、商集合

さて、ここまで来てさらに新たな概念の登場です。それは、同値という言葉に関係する概念です。同値とは言葉通りに意味を類推すれば、同じ値ということですね。この同値という概念に関係するものとして、同値関係、同値類、商集合について整理しておきましょう。

(1)同値関係

同値関係とは、**二項関係**(*binary relation*)についてある条件を満たす関係のことを指します。二項関係というのは、集合上の二つの元相互の関係を言います。某中学校の生徒という集合の中で、当該集合に属するAさん,Bさんが友達同士であるという関係を定めれば、その関係を満たすAさん、Bさんのペアを抽出することができます。このような関係性は友人関係という命名ができますね。また、実数全体の集合$\mathbb{R}$を考えれば、$\forall x, y \in \mathbb{R}$の間に、$x > y$や$x < y$という関係が定まっており、これは順序関係あるいは大小関係などと呼ばれます。このようなx, y間の二項関係をxRyと記します。また実数$\mathbb{R}$上の順序関係をRで記述すると、次のように表記されます。

$$R = \{(x, y) \in \mathbb{R}^2 | x \leq y\} \tag{20.2.1}$$

このような二項関係によって定義される集合として、前順序集合、半順序集合、全順序集合というものがあります。次にその定義を示しましょう。

定義 20.1(前順序集合、半順序集合、全順序集合)
次の 4 つの二項関係をみる。

①$\forall x \in X$について、$x \leq x$である【反射律】
②$\exists x, y, z \in X$について、$x \leq y \wedge y \leq z \Rightarrow x \leq z$である【推移律】
③$\exists x, y \in X$について、$x \leq y \wedge y \leq x \Rightarrow x = y$である【反対称律】
④$\forall x, y \in X$について、$x \leq y \vee y \leq x$である【完全律】

これらのうち、①、②を満たすものを**前順序集合**(*preordered set*)、①、②、③を満たすものを**半順序集合**(*partially ordered set*)、全てを満たすものを**全順序集合**(*totally ordered set*)と呼ぶ。

同値関係は、このような二項関係についてある条件を定めた関係性を指しています。定義を示します。

定義 20.2（同値関係）
以下に掲げる 3 つの性質を満たす二項関係について、これを**同値関係**($equivalence\ relation$)と呼び、同値関係にある変数x、yを$x{\sim}y$と記す。

・$\forall x \in X$について、$x{\sim}x$である【反射律】
・$\exists x,y,z \in X$について、$x{\sim}y \land y{\sim}z \Rightarrow x{\sim}z$である【推移律】
・$\exists x,y \in X$について、$x{\sim}y \Rightarrow y{\sim}x$である【対称律】

非常に抽象的な定義です。具体例で見てみましょう。一つが合同式で、合同式で示される二項関係は同値関係です。例えば、$\exists x,y,z,p \in \mathbb{Z}$に対して、二項関係の$x{\sim}y$に$x \equiv y \pmod p$を当てはめると、次のことが言えます。即ち、$x \equiv x \pmod p$で反射律を満たし、$x \equiv y \pmod p), y \equiv z \pmod p \Rightarrow x \equiv z \pmod p$で推移律を満たし、$x \equiv y \pmod p \Rightarrow y \equiv x \pmod p$で対称律を満たします。このように、$p$で割った余りに着目してその同異を示す合同関係は、同値関係に適合します。

二つの三角形の合同関係も同値関係です。今、$\triangle ABC$、$\triangle DEF$、$\triangle GHI$をとれば、まず、$\triangle ABC \equiv \triangle ABC$で反射律を満たし、$\triangle ABC \equiv \triangle DEF$, $\triangle DEF \equiv \triangle GHI \Rightarrow \triangle ABC \equiv \triangle GHI$とできるので、推移律が満たされ、$\triangle ABC \equiv \triangle DEF \Rightarrow \triangle DEF \equiv \triangle ABC$で対称律が満たされるので、三角形の合同関係は同値関係と言えます。

他方、同値関係にならない二項関係を見てみます。ヒトの集合Xに属する任意の順序対、$(x さん, y さん) \in X$をとります。二項関係として、一方が他方の子供という関係を定義してみましょう。すると、xさんはxさん自身の子供にはなり得ませんから、反射律が満たされません。また、yさんがxさんの子供で、zさんがyさんの子供であったとして、zさんがxさんの子供であるはずがなく、推移律も満たされません。最後にxさんがyさんの子供であったなら、yさんがxさんの子供にはなり得ず、対称律も満たされませんね。もう一つ、式(20.2.1)の等号を外した二項関係の同値関係性を吟味してみましょう。即ち、

$$R = \{(x, y) \in \mathbb{R}^2 | x < y\} \tag{20.2.2}$$

まず、反射律ですが、$x < x$ですから早速満たされません。次に推移律ですが、$x < y \land y < z \Rightarrow x < z$なので、推移律は大丈夫です。最後に対称律ですが、$x < y \Rightarrow y \nless x$となって、明らかに満たされません。従って、(20.2.2)で示される二項関係は同値関係とは言えません。

(2)同値類

さて、以上の同値関係を踏まえた同値類という概念があります。次に定義を示します。

定義 20.3（同値類）

集合Xの元に二項関係Rが与えられ、Rに同値関係が与えられたとき、$\forall x \in X$に対してRのもとでxと同値となるようなXに属する要素から成るXの部分集合を構成することができる。このようなXの部分集合を、xを代表元とする**同値類**(*equivalence class*)と呼び、

$$[x] = \{y \in X | x \sim y\} \tag{20.2.3}$$

と記す。同値類は次の関係性を満たす。

・$x \sim y \Rightarrow [x] = [y]$
・$x \nsim y \Rightarrow [x] \cap [y] = \emptyset$

同値類は、集合Xに属する要素のうちで、決められたある代表者との間に定められる二項関係を満たす集合X内の要素を集めた集合です。従って、集合Xを代表元の同値関係に基づいてグループ分けした集合Xの部分集合となります。また、代表者がx、yと二つあるとき、両者が同値関係を満たすのであれば両者から成る同値類は等しく、他方、両者が同値関係を満たさなければ、両者の同値類は各々で異なったものになります。この定義もかなり抽象的です。ここも具体例を通して理解しましょう。

ある中学校の生徒の集合Xをとり、Xの間の順序対に対する二項関係$R(x,y)$に、$y \in X$は代表生徒$x \in X$と同学年という関係を定めます。即ち、

$$[x] = \{y \in X | R(x,y)\}$$
$$(R(x,y)\text{は、}y\text{が}x\text{と同学年である関係}) \qquad (20.2.4)$$

$R(x,y)$について、$(x\text{の学年}) = (x\text{の学年})$で反射律を、$(x\text{の学年}) = (y\text{の学年}) \land (y\text{の学年}) = (z\text{の学年}) \Longrightarrow (x\text{の学年}) = (z\text{の学年})$で推移律を、$(x\text{の学年}) = (y\text{の学年}) \Longrightarrow (y\text{の学年}) = (x\text{の学年})$で対称律をそれぞれ満たして、同値関係を構成します。この$R(x,y)$のもとで、$[x]$は代表生徒xと同学年生徒の集合Xの部分集合としての同値類を形成します。

次に、整数の順序対に対する二項関係に、$x \equiv y \pmod 5$を定め、具体的に$x = 1$とします。即ち、

$$[1] = \{y \in \mathbb{Z} | R(1,y)\}$$
$$(R(1,y)\text{は、}1 \equiv y \pmod 5\text{である関係}) \qquad (20.2.5)$$

これは、任意の整数を 5 で割って、その余りが代表元 1 に等しい整数の集まりになります。従って、$[1]$は$[\bar{1}]$とも書き換えることができて、

$$[1] = [\bar{1}] = \{\cdots, -11, -6, 1, 6, 11, \cdots\} = 5\mathbb{Z} + 1 \qquad (20.2.6)$$

となり、同値類が形成されました。

(3)商集合

(2)で同値類の議論まで来ましたが、この同値類を一つの元として複数の同値類全体を集合とみなすものが商集合です。定義を示します。

定義 20.4（商集合）
集合Xの部分集合としての同値類全体の集合を、集合Xの同値関係による**商集合**(*quotient set*)と呼び、次のように記す。

$$X/\sim\; = \{[x] | x \in X\} \qquad (20.2.7)$$

具体例で見ましょう。ある中学校の生徒の集合Xの生徒間の順序対の二項関係$R(x,y)$に、$y\in X$は代表生徒$x\in X$と同学年の関係を定めます。代表生徒xは複数のクラスに分けます。第一学年の代表生徒x_1、第二学年がx_2、第三学年にx_3とすると、3 種類の同値類グループができて、

$$[x_1]=\{y\in X|R_1(x_1,y)\}$$
$(R_1(x_1,y)$は、yがx_1と同学年である関係$)$
$$[x_2]=\{y\in X|R_2(x_2,y)\}$$
$(R_2(x_2,y)$は、yがx_2と同学年である関係$)$
$$[x_3]=\{y\in X|R_3(x_3,y)\}$$
$(R_3(x_3,y)$は、yがx_3と同学年である関係$)$ (20.2.8)

このとき、3 種類の同値類によって、商集合は次のように示されます。

$$X/\sim=\{[x_1],[x_2],[x_3]\}$$
(但し、$[x_1]\cap[x_2]\cap[x_3]=\emptyset$) (20.2.9)

また集合Xは、上の同値類の和集合によって覆い尽くされます。即ち、

$$X=[x_1]\cup[x_2]\cup[x_3] \qquad (20.2.10)$$

これを商集合によるXの分割と呼びます。もう少し丁寧に定義すると、

定義 20.5（商集合による分割）
集合Xの部分集合としての同値類$[x_i]$が、次の条件を満たすとき、
商集合$X/\sim$は集合Xの**分割**$(partition)$と呼ぶ。

$$\forall[x_i]\neq\emptyset$$
$$X=X/\sim=\bigcup_{i\in\lambda}[x_i]$$
$$[x_{i\in\lambda}]\neq[x_{k\in\lambda}]\ \bigwedge\ \bigcap_{i\in\lambda}[x_i]=\emptyset \qquad (20.2.11)$$

になります。

20.3 剰余類と同値類、剰余群と商集合

ここまで長々と同値関係に関する考察が続きました。なぜ、ここに来て群論と一見関係性が薄そうな同値関係に説明が移ったのかと、疑念を持たれた読者も多かったかも知れません。その理由は、第 17 章で議論した剰余類は、実は同値類であるということ、そして剰余類を元に持つ剰余群が、商集合と同じ意味を持つことを考察したかったからなのです。第 17 章で示した剰余類の性質を再掲します。

定理 17.1（剰余類の性質）

集合Hを群Gの部分群とするとき、次が成立する。

(1) $\forall a,b \in G$について、$H \cdot a \cap H \cdot b \neq \emptyset \Leftrightarrow H \cdot a = H \cdot b$

(2) $\forall a,b \in G$について、$H \cdot a = H \cdot b \Leftrightarrow b \cdot a^{-1} \in H$

(3) $\forall a,b \in G$について、$|H \cdot a| = |H \cdot b|$

このうち(2)の性質を用いて、次の定理が示されます。

定理 20.2（剰余類は同値類である）

群Gの部分群Hについて$\forall a,b \in G$に対して次の二項関係を定義する。

$$b \cdot a^{-1} \in H \Leftrightarrow bRa \qquad (20.3.1)$$

このとき、二項関係Rは同値関係$a \sim b$となる。

剰余類の代表元であるという性質を使って、$\forall a,b \in G;\ a \sim b$が反射律、推移律、対称律を満たすことを示せばよいということです。

まず、$a \sim a$ですが、前提よりHは群Gの部分群であることより、単位元$e \in H$を持ちます。$\forall b \in G$にaを代入すれば、

$$b \cdot a^{-1} = a \cdot a^{-1} = e \in H \qquad (20.3.2)$$

となって、まず反射律$a \sim a \Leftrightarrow a \sim a$を満たすことが示されました。

次に、推移率の$\forall a,b,c \in G;\ a \sim b \ \wedge \ b \sim c \ \Longrightarrow \ a \sim c$ですが、部分群$H$は積の演算について閉じていますから、

$$b \cdot a^{-1} \in H \ \ \land \ \ c \cdot b^{-1} \in H$$
$$\therefore (c \cdot b^{-1}) \cdot (b \cdot a^{-1}) \in H$$
$$\therefore c \cdot a^{-1} \in H \tag{20.3.3}$$

を得て、推移律が満たされました。最後に対称律$\forall a, b \in G;\ a \sim b \implies b \sim a$ですが、部分群$H$は逆元を持ちます。従って、

$$(b \cdot a^{-1})^{-1} = (a^{-1})^{-1} \cdot b^{-1} = a \cdot b^{-1} \in H \tag{20.3.4}$$

よって、対称律も満たすことが示されました。さて、剰余類が同値類であることから、同値類をその元とする商集合と剰余群との親和性が見えてきたのではないでしょうか。但し、剰余群は群としての性質を有していますので、その呼び名も商集合ではなく、定理 20.1（剰余群）にも明記しているように、**商群**(*quotient group*)と呼びます。

21

準同型と同型

21.1 準同型写像

ここでは、まず準同型写像という概念の定義と、関連する定理を示します。まずは定義です。

定義 21.1（準同型写像）
群Gから群G'への写像fが、$\forall a, b \in G$に対する演算「$\circ$」に対して、群G'での演算「$*$」に対し次の関係を満たすとき、写像fを**準同型写像**(*homomorphism*)と呼ぶ。

$$f(a \circ b) = f(a) * f(b) \tag{21.1.1}$$

このことは、例えば加法群G^+から乗法群$G^\times$への準同型写像fが、$\forall a, b \in G^+$に対して、$f(a + b) = f(a) \times f(b)$の関係を満たすことを意味します。この準同型写像に関して、次の定理が成り立ちます。

定理 21.1（準同型写像の性質）
写像fを群Gから群G'への準同型写像とし、群Gと群G'の各々に属する単位元をそれぞれe, e'とすると、次のことが成立する。

(1)$f(e) = e'$ (21.1.2)
(2)$(f(a))^{-1} = f(a^{-1})$ (21.1.3)
(3)像$Im(f) = f(G) := \{f(g) | g \in G\}$を定義すると、
$f(G)$はG'の部分群である (21.1.4)

この定理の(3)に「像」という概念が登場しました。これについて、少し補足します。まず、二つの集合VとV'をとります。そして、Vに含まれる任意の元をV'に移す写像fを考えます。このとき、写像fによってVからV'に移された集合を、Vのfによる**像**(*image*)と呼び、記号では次のように表記されます。

$$Im(f) = f(V) = \{f(x) | x \in V\} \subset V'$$

像を概念図で示したものを、次に示します。

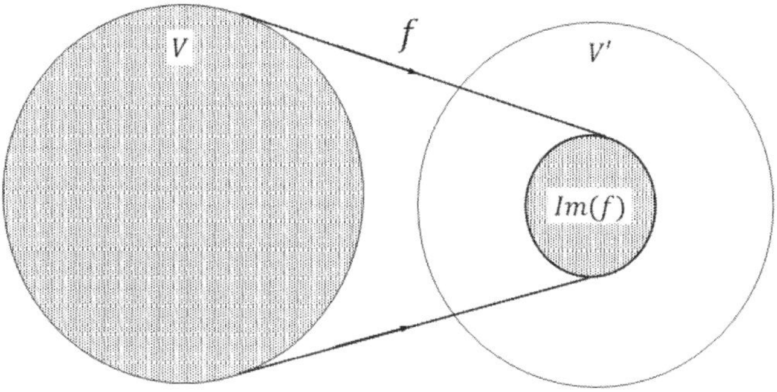

図 21.1 像$Im(f)$の概念図

さて、定理 21.1 をひとつずつ証明していきます。なお、証明に際しては簡単のため演算「$\circ$」は積について考えることとします。まず(1)ですが、準同型写像の定義を用いて、

$$f(e) = f(ee) = f(e)f(e) \tag{21.1.5}$$

と書けます。式(21.1.5)の両辺に右から$(f(e))^{-1}$を乗じて、

$$\begin{aligned} f(e)(f(e))^{-1} &= f(e)f(e)(f(e))^{-1} \\ &= f(e)\left(f(e)\left(f(e)\right)^{-1}\right) \\ &= f(e)e = f(e) \end{aligned} \tag{21.1.6}$$

ところで、式(21.1.6)の左辺について、前提より$f(e) \in G'$であり、従って、$(f(e))^{-1} \in G'$です。この二つの積は明らかにG'の単位元e'になります。従って、

$$e' = f(e) \tag{21.1.7}$$

となって、(1)が示されました。

次いで、(2)です。まず$\forall a \in G$について、$f(a) \in G'$及び$f(a^{-1}) \in G'$をとり、その積を考えます。ここでも、準同型写像の定義より、

$$f(a)f(a^{-1}) = f(aa^{-1}) = f(e) \tag{21.1.8}$$

となります。式(21.1.7)より$f(e)=e'\in G'$なので、

$$f(a)f(a^{-1})=e'\in G' \tag{21.1.9}$$

このことは、$f(a^{-1})\ \in G'$が$f(a)\in G'$の逆元であることを示しています。従って、

$$f(a^{-1})=(f(a))^{-1} \tag{21.1.10}$$

が言えて、(2)が示されました。

最後は(3)です。まず、部分群の判定条件を思い出しましょう。第15章で議論した、部分群の判定条件に関する定理を再掲します。

定理 15.3（部分群の判定条件）

集合$H(\neq\emptyset)$が、群Gの部分集合であるとき次の3条件は同値である。

(ｱ) $H(\neq\emptyset)$はGの部分群である

(ｲ) $\forall a,b\in H$について、群Gで定義された演算「∘」に関して、$a\circ b\in H$かつ$a^{-1}\in H$である

(ｳ) $\forall a,b\in H$について、$a^{-1}\circ b\in H$である

ここでは、この判定条件のうちの(ｳ)を用いて証明しましょう。今、$\exists u,v\in G$について像fは定義より、

$$f(G)\coloneqq\{f(u)|u\in G\}$$
$$f(G)\coloneqq\{f(v)|v\in G\} \tag{21.1.11}$$

と書けるので、$\forall a,b\in f(G)$に対して、

$$a=f(u),\qquad b=f(v) \tag{21.1.12}$$

とできます。このとき、$a=f(u)$について、

$$a^{-1}=\left(f(u)\right)^{-1} \tag{21.1.13}$$

なので、$b=f(v)$の両辺と辺々を乗じて、

$$a^{-1}b=\left(f(u)\right)^{-1}f(v) \tag{21.1.14}$$

式(21.1.10)を用いて、また、準同型写像の定義を適用して、

$$
\begin{aligned}
a^{-1}b &= \left(f(u)\right)^{-1}f(v) \\
&= f(u^{-1})f(v) \\
&= f(u^{-1}v) \qquad (21.1.15)
\end{aligned}
$$

前提より、$u, v \in G$より$u^{-1}v \in G$であるので、

$$
\begin{aligned}
&f(u^{-1}v) \ \in f(G) \\
&\therefore a^{-1}b \in f(G) \qquad (21.1.16)
\end{aligned}
$$

式(21.1.16)より、

$$\forall a, b \in f(G)\text{に対して、}a^{-1}b \in f(G) \qquad (21.1.17)$$

これは部分群の判定条件を満たしており、(3)が示されました。

【例 1】乗法群$\mathbb{R}^{\times}$から乗法群$\mathbb{R}^{\times}$への写像fを、

$$
\begin{aligned}
f\colon \mathbb{R}^{\times} &\to \mathbb{R}^{\times} \\
x \ &\mapsto |x| \qquad (21.1.18)
\end{aligned}
$$

と定めると、これは準同型写像になります。即ち、

$$f(xy) = |xy| = |x||y| \qquad (21.1.19)$$

となって、準同型写像の定義を満たします。

【例 2】実数の加法群$\mathbb{R}^{+}$から正の実数の乗法群${\mathbb{R}_{>0}}^{\times}$への写像$f$を、

$$
\begin{aligned}
f\colon \mathbb{R}^{+} &\to {\mathbb{R}_{>0}}^{\times} \\
x \ &\mapsto r^{x} \quad (r \in \mathbb{R}) \qquad (21.1.20)
\end{aligned}
$$

と定めると、これは準同型写像になります。即ち、

$$f(x+y) = r^{x+y} = r^{x}r^{y} = f(x)f(y) \qquad (21.1.21)$$

となって、準同型写像の定義を満たします。ちなみに、この写像は加法群の単位元を乗法群の単位元に移す写像でもあることを確認しましょう。即ち、加法群$\mathbb{R}^{+}$の単位元は 0 ですから、

$$
\begin{aligned}
f\colon \mathbb{R}^{+} &\to {\mathbb{R}_{>0}}^{\times} \\
0 \ &\mapsto r^{0} = 1 \quad (r \in \mathbb{R}) \qquad (21.1.22)
\end{aligned}
$$

$r^0=1$は、乗法群の単位元ですね。これは、定理 21.1 の式(21.1.2)に示される準同型写像の性質、(1)$f(e)=e'$に合致します。同様に逆元についても確認しましょう。$\forall a\in\mathbb{R}$の加法群$\mathbb{R}^+$に於ける逆元は$-a$ですから、これを移す写像を次のように考えます。

$$f:\mathbb{R}^+\to{\mathbb{R}_{>0}}^\times$$
$$-a\ \mapsto r^{-a}=\frac{1}{r^a}\qquad(r\in\mathbb{R})\qquad(21.1.23)$$

r^{-a}は乗法群に於けるr^aの逆元です。つまり、$a\in\mathbb{R}^+$の逆元即ち$a^{-1}=-a\in\mathbb{R}^+$ の 写 像 $f(a^{-1})$ が 、 $r^a\in{\mathbb{R}_{>0}}^\times$ の 逆 元 即 ち $(r^a)^{-1}=(f(a))^{-1}\in{\mathbb{R}_{>0}}^\times$に移りました。これは、定理 21.1 の式(21.1.3)に示される準同型写像の性質、(2)$(f(a))^{-1}=f(a^{-1})$に合致しました。では、準同型写像の三番目の性質についてはどうでしょう。つまり、加法群$\mathbb{R}^+$の像について、像$f(\mathbb{R}^+):=\{f(g)|g\in\mathbb{R}^+\}\in{\mathbb{R}_{>0}}^\times$、この像が加法群$\mathbb{R}^+$の部分群かどうかの判定です。今、$\forall x,y\in{\mathbb{R}_{>0}}^\times$について、$\exists u,v\in\mathbb{R}^+$を考えると、$x=f(u)=r^u$、$y=f(v)=r^v$ $(r\in\mathbb{R})$と書けます。このとき、

$$x^{-1}=(f(u))^{-1}=r^{-u}\qquad(21.1.24)$$

が得られますから、yとの積$x^{-1}y$をとると、

$$\begin{aligned}x^{-1}y&=\left(f(u)\right)^{-1}f(v)\\&=r^{-u}r^{v}\\&=r^{-u+v}\end{aligned}\qquad(21.1.25)$$

$\mathbb{R}^+$は加法について閉じていますから、$-u+v\in\mathbb{R}^+$です。従って、像の定義により、

$$r^{-u+v}=f((-u+v)\in\mathbb{R}^+)\ \in{\mathbb{R}_{>0}}^\times$$
$$\therefore x^{-1}y\in{\mathbb{R}_{>0}}^\times\qquad(21.1.26)$$

が得られて、部分群判定条件を満たしました。

【例 3】n次対称群S_nに含まれる元σから、その符号$sgn(\sigma)$への写像を考えます。$sgn(\sigma)$は-1 と 1をとるので、$sgn(\sigma)\in\{-1,1\}$ですが、集合$\{-1,1\}$は乗法について閉じた乗法群になります。写像fは次のように書けます。

$$f: S_n \to \{-1,1\}$$
$$\sigma \;\; \mapsto sgn(\sigma) \qquad (21.1.27)$$

このとき、写像fが準同型写像になることを示します。即ち、同型写像の定義より、

$\forall \sigma, \tau \in S_n;$

$$f(\sigma\tau) = f(\sigma)f(\tau) \Longrightarrow \; sgn(\sigma\tau) = (sgn(\sigma))(sgn(\tau)) \quad (21.1.28)$$

を示します。σ, τはそれぞれ置換を表します。そこで、偶置換、奇置換の組み合わせを考えます。

(i) σが偶置換$\wedge$ τが偶置換の場合$\Longrightarrow$ $\sigma\tau$は偶置換
この場合は、$sgn(\sigma) = 1 \wedge sgn(\tau) = 1$となり、かつ、$sgn(\sigma\tau) = 1$となって、$sgn(\sigma\tau) = (sgn(\sigma))(sgn(\tau)) = 1$が言えます。

(ii) σが偶置換$\wedge$ τが奇置換の場合$\Longrightarrow$ $\sigma\tau$は奇置換
この場合は、$sgn(\sigma) = 1 \wedge sgn(\tau) = -1$となり、かつ、$sgn(\sigma\tau) = -1$となって、$sgn(\sigma\tau) = (sgn(\sigma))(sgn(\tau)) = -1$が言えます。$\sigma$と$\tau$の偶奇が入れ替わっても同じです。

(iii) σが奇置換$\wedge$ τが奇数置換の場合$\Longrightarrow$ $\sigma\tau$は偶置換
この場合は、$sgn(\sigma) = -1 \wedge sgn(\tau) = -1$となり、かつ、$sgn(\sigma\tau) = 1$となって、$sgn(\sigma\tau) = (sgn(\sigma))(sgn(\tau)) = 1$が言えます。

この3通りで全ての場合を尽くすので、式(21.1.28)が示されました。

【例 4】群$G, G', G"$の2種類の準同型写像、$f: G \to G'$、$g: G' \to G''$の合成写像$g \circ f$もまた準同型写像になることを示します。$\forall a, b \in G$について、$g \circ f(ab)$を考えます。準同型写像の定義を用いて、

$$\begin{aligned} g \circ f(ab) &= g \circ (f(ab)) \\ &= g \circ \big(f(a) \circ f(b)\big) \\ &= \big(g \circ f(a)\big) \circ \big(g \circ f(b)\big) \qquad (21.1.29) \end{aligned}$$

となって、写像$g \circ f$が準同型写像になることが示されました。

【例 5】群Gに対して、$\forall a \in G, \exists c \in G$に関する次の写像を考えます。

$$f: G \to G$$
$$a \;\mapsto cac^{-1} \qquad (21.1.30)$$

このとき写像fが準同型写像となることを示します。$\forall a, b \in G$について、次の写像を考えます。

$$f(ab) = c(ab)c^{-1}$$
$$f(a)f(b) = (cac^{-1})(cbc^{-1})$$
$$= ca(c^{-1}c)bc^{-1}$$
$$= cabc^{-1}$$
$$= f(ab) \qquad (21.1.31)$$

となって、写像fが準同型写像となることが示されました。

21.2 カーネル

21.2.1 カーネルの定義

準同型写像に関連して、カーネルが登場しました。カーネルとは、ドイツ語で「核」を意味します。まずは定義から示します。

定義 21.2（カーネル）

群Gから群G'への写像fを準同型写像として、G'の単位元e'に対して、

$$Ker(f) := \{\forall a \in G | f(a) = e' \in G'\} \subset G \qquad (21.2.1)$$

と定義される集合$Ker(f)$を写像fの**カーネル**（*Kernel*）と呼ぶ。カーネルは**核**を意味する。このとき、次が成立する。

$$\exists a \in G;\; f(a) = e' \in G' \;\Longrightarrow\; a \in Ker(f) \subset G \qquad (21.2.2)$$

まず、$Ker(f)$という概念は、集合を指していることに注意が必要です。即ち、$\forall a \in G$に対して準同型写像fによって群G'に移される$f(a)$のうち、それが群G'の単位元に移されるもので、群Gに含まれる$\exists a$全体

の集合を指しています。つまり、$Ker(f)$という集合の元は定義で示すところの$a \in Ker(f) \subset G$になります。

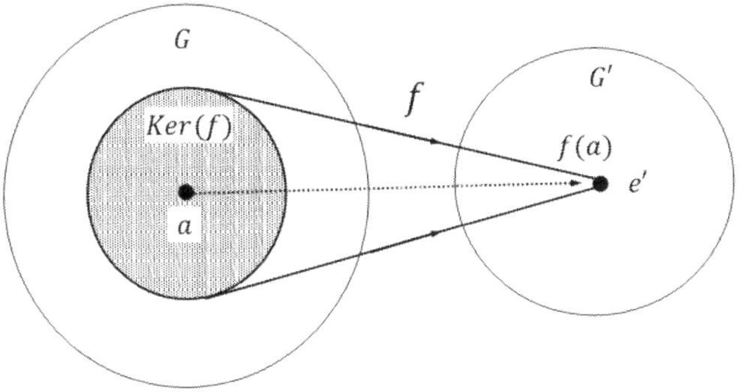

図 21.2 カーネルの概念図

21.2.2 カーネルの正規部分群性

カーネルは次の基本的性質を有します。

> **定理 21.2（カーネルの正規部分群性）**
> 群Gから群G'への準同型写像fに対する$Ker(f)$は、群Gの正規部分群を成す。

証明します。証明は、まず$Ker(f)$が群Gの部分群であることを確認したのちに、群Gの正規部分群であることを示します。再び、部分群の判定条件ですが、再掲すると、

> **定理 15.3（部分群の判定条件）**
> 集合$H(\neq \emptyset)$が、群Gの部分集合であるとき次の 3 条件は同値である。
> (ア) $H(\neq \emptyset)$はGの部分群である
> (イ) $\forall a, b \in H$について演算「∘」に関して$a \circ b \in H$かつ$a^{-1} \in H$である
> (ウ) $\forall a, b \in H$について、$a^{-1} \circ b \in H$である

でしたね。従って、ここでは上の判定条件(ウ)に倣うことにして、$\forall a, b \in Ker(f) \subset G;\quad a^{-1}b \in Ker(f)$を示します。

今、$\forall a, b \in Ker(f)$について、写像fが準同型写像であることから、

$$f(a^{-1}b) = f(a^{-1})f(b)$$
$$= \left(f(a)\right)^{-1} f(b) \qquad (21.2.3)$$

$Ker(f)$の定義より$\forall a \in G$について$f(a) = e'$だから、式(21.2.3)は

$$f(a^{-1}b) = \left(f(a)\right)^{-1} f(b)$$
$$= e'^{-1}e'$$
$$= e' \qquad (21.2.4)$$

よって、$Ker(f)$の定義より$a^{-1}b \in Kerf$が言えるので、$Ker(f)$が群Gの部分集合であることが示されました。

続いて、$Ker(f)$が群Gの正規部分群であることを示します。正規部分群の判定条件ですが、これは第 19 章で考察しました。再掲します。

定理 19.2（正規部分群）

群Gとその部分群Hについて、次の 3 条件は互いに同値である。

(1)$\forall \mu, \mu', \nu, \nu' \in G$について、

$$H\mu = H\mu', H\nu = H\nu' \implies H\mu\nu = H\mu'\nu' \qquad (19.2.1)$$

(2) $\forall \mu \in G$について、

$$\mu H \mu^{-1} \subset H \qquad (19.2.2)$$

(3) $\forall \mu \in G$について、右剰余類と左剰余類は一致する。即ち、

$$\mu H = H\mu \qquad (19.2.3)$$

ここでは、上の(2)の判定条件に照らしてみたいと思います。即ち、群Gの部分群である$Ker(f)$について、

$$\forall a \in G;\quad a(Ker(f))a^{-1} \subset Ker(f) \tag{21.2.5}$$

を示します。　今、$\forall a \in G$、$\forall b \in Ker(f) \subset G$をとり、$a(Ker(f))a^{-1}$の代わりに$aba^{-1}$を考え、これに準同型写像$f$を施し、展開していきます。即ち、

$$\begin{aligned} f(aba^{-1}) &= f(a)f(b)f(a^{-1}) \\ &= f(a)f(b)(f(a))^{-1} \end{aligned} \tag{21.2.6}$$

$\forall b \in G;\ f(b) = e'$であったから、式(21.2.6)は、

$$\begin{aligned} f(aba^{-1}) &= f(a)f(b)(f(a))^{-1} \\ &= f(a)e'(f(a))^{-1} \\ &= f(a)(f(a))^{-1} \\ &= e' \end{aligned} \tag{21.2.7}$$

従って、式(21.2.4)より、$aba^{-1} \in Ker(f)$、よって$a(Ker(f))a^{-1} \subset Ker(f)$が言えて式(21.2.5)が示されたので、$Ker(f)$が群$G$の正規部分群であることが示されました。

【例 1】前節の例 1 で示した、乗法群$\mathbb{R}^{\times}$から乗法群$\mathbb{R}^{\times}$への準同型写像fについての$Ker(f)$を示しましょう。即ち、

$$\begin{aligned} f: \mathbb{R}^{\times} &\to \mathbb{R}^{\times} \\ x &\mapsto |x| \end{aligned} \tag{21.2.8}$$

$|x|$の単位元は 1 ですから、これを与えるxは-1と 1 です。従って、$Ker(f) = \{-1,1\}$と示すことができます。

【例 2】前節の例 2 で示した、実数の加法群$\mathbb{R}^{+}$から正の実数の乗法群${\mathbb{R}_{>0}}^{\times}$への準同型写像$f$についての$Ker(f)$を示します。即ち、

$$\begin{aligned} f: \mathbb{R}^{+} &\to {\mathbb{R}_{>0}}^{\times} \\ x &\mapsto r^{x} \quad (r \in \mathbb{R}) \end{aligned} \tag{21.2.9}$$

r^{x}の単位元は 1 であり、これを与えるxは 0 ただひとつです。従って、$Ker(f) = \{0\}$と示すことができます。

【例 3】前節の例 3 で示した、n次対称群S_nに関する準同型写像fについて、$Ker(f)$を示しましょう。即ち、

$$f: S_n \to \{-1,1\}$$
$$\sigma \ \mapsto sgn(\sigma) \qquad (21.2.10)$$

$\{-1,1\}$の単位元は 1 であり、$sgn(\sigma)=1$を与える置換σは偶置換です。そして、偶置換全体の集合は交代群A_nになるわけですから、このとき、$Ker(f)=A_n$と示すことができます。

21.2.3 準同型写像の単射性

さらにカーネルに関連して、次の定理を示します。

定理 21.3（準同型写像の単射性）
群Gから群G'への準同型写像fについて、eを群Gの単位元とするとき、次の関係が成立する。

$$Ker(f)=\{e\} \iff f\text{は単射である} \qquad (21.2.11)$$

この定理の含意について補足します。まず、定理 21.1 の式(21.1.2)から、$f(e)=e'$を確認しました。このことは、$Ker(f)$は群Gに含まれる単位元eを必ず含むということです。そして、もし、$Kerf$の元がeのみのときは、fが単射であるということが必要十分条件になるということです。単射は第 16 章で考察しました。即ち、$\forall a_1, a_2 \in A$について、$a_1 \neq a_2 \Rightarrow f(a_1) \neq f(a_2)$を満たすとき、写像$f$は単射($injective$)であると言いましたね。

証明しましょう。式(21.2.11)は必要十分条件の形になっていますので、まず、

$$Ker(f)=\{e\} \implies f\text{は単射である}$$

を示します。上で示した単射の定義に即して、「$\forall a,b \in G$について、$a \neq b \Rightarrow f(a) \neq f(b)$を満たす」の対偶をとると、

$$f(a)=f(b) \implies a=b \qquad (21.2.12)$$

となり、これを示します。まず、次を仮定します。

$$f(a) = f(b) \tag{21.2.13}$$

この式の両辺に右から$(f(b))^{-1}$を乗じて、

$$f(a)\big(f(b)\big)^{-1} = f(b)\big(f(b)\big)^{-1} = e' \tag{21.2.14}$$

式(21.2.14)の左辺に、準同型写像の性質を適用して、

$$\begin{aligned} f(a)\big(f(b)\big)^{-1} &= f(a)f(b^{-1}) \\ &= f(ab^{-1}) \end{aligned}$$

$$\therefore f(ab^{-1}) = e' \tag{21.2.15}$$

式(21.2.15)より$ab^{-1} \in Ker(f)$が言えます。前提より$Ker(f) = \{e\}$で、

$$ab^{-1} = e \tag{21.2.16}$$

式(21.2.16)の両辺に右からbを乗ずると、

$$ab^{-1}b = eb$$

$$\therefore a = b \tag{21.2.17}$$

となって、式(21.2.12)が示されました。

　次に、この逆を証明します。即ち、

$$Ker(f) = \{e\} \quad \Longrightarrow \quad f\text{は単射である}$$

の証明です。式(21.2.12)に示された通り、単射とは

$$f(a) = f(b) \quad \Longrightarrow \quad a = b \tag{21.2.12}$$

の関係が成立することです。今、$a \in Ker(f) \subset G$について$f(a) = e'$と置けるので、準同型写像の定義により$f(e) = e'$であったから、

$$f(a) = f(e) = e' \tag{21.2.18}$$

単射の定義である式(21.2.12)のbにeを代入して、

$$f(a) = f(e) = e' \Longrightarrow \ a = e$$
$$\therefore Ker(f) = \{e\} \qquad (21.2.19)$$

となって、定理 21.3 が証明されました。

21. 3 同型写像

準同型に続くのは、やはり「準」がとれた同型です。同型写像と同型という概念は、次のように定義されます。

定義 21.3（同型写像と同型）
群Gから群G'への写像fを準同型写像であるとして、このfが全単射のとき、fを**同型写像**$(isomorphism)$と呼ぶ。また、このとき群Gと群G'とは**同型**$(isomorphic)$であると称し、次のように表記する。

$$G \cong G' \quad \text{または、} G \simeq G' \qquad (21.3.1)$$

準同型写像が単射であったのに対して、同型写像は全単射となっています。全単射とは、単射かつ全射であるということです。

いずれも第 16 章で考察しました。全射について再掲すると、$f: G \longrightarrow G'$ が全射であるとは、$\forall g' \in G', \exists g \in G, f(g) = g'$を満足することを言います。つまり、集合$G'$に含まれる任意の元$g'$をとってきたときに、写像$f$を介してこの$g'$に移ってくる、$G$に含まれるある元$g$を必ず選んでくることができるということです。

この全射の性質と単射が相俟って、GとG'に含まれる各々の元が互いに過不足なく一対一対応の関係になっているときに、準同型写像fは同型写像であると呼ばれるのでした。

【例】前節の例で示した、次の準同型写像fについて見てみます。

$$f: \mathbb{R}^+ \rightarrow {\mathbb{R}_{>0}}^{\times}$$
$$x \ \mapsto r^x \qquad (r \in \mathbb{R}) \qquad (21.3.2)$$

この写像の全単射性を吟味してみましょう。まず単射性の吟味ですが、$\forall x_1, x_2 \in \mathbb{R}$ について、$x_1 \neq x_2 \implies r^{x_1} \neq r^{x_2}$が明らかなので、単射であることは確認できます。次に、全射性の吟味について、$\forall y \in \mathbb{R}_{>0}$について、$\exists x \in \mathbb{R}; y = r^x$ を満たすxを必ず$\mathbb{R}$から選んでくることができますね。従って、全射であることも確認できました。従って、この写像fは同型写像であると言うことができて、$\mathbb{R}^+$と${\mathbb{R}_{>0}}^{\times}$とは互いに同型であるので、次のように表記できます。

$$\mathbb{R}^+ \cong {\mathbb{R}_{>0}}^{\times} \tag{21.3.3}$$

21.4 準同型定理

さて、同型写像の概念を用いて、次の重要な定理が示されます。

定理 21.4（準同型定理）

群Gから群G'への準同型写像fについて、次の新たな写像ψを考える。

$$\begin{aligned} \psi &: Ker(f) \setminus G \to f(G) \\ &(Ker(f))g \mapsto f(g) \quad (g \in G) \end{aligned} \tag{21.4.1}$$

このとき、写像ψは全単射の準同型写像、即ち、同型写像になって、$Ker(f) \setminus G$と、$f(G)$とは同型になる。即ち、

$$Ker(f) \setminus G \cong f(G) \tag{21.4.2}$$

$Ker(f) \setminus G$は、次のように表記できます。即ち、群Gとその正規部分群である$Ker(f)$について、Gに属する代表元$g_1, g_2, g_3, \cdots \in G$についての右剰余類の集合を$Ker(f) \setminus G$と表記し、

$$Ker(f) \setminus G = \{(Ker(f))e, (Ker(f))g_1, (Ker(f))g_2, (Ker(f))g_3, \cdots\} \tag{21.4.3}$$

と書けます。つまり、$(Ker(f))g$は、$g \in G$を代表元とする右剰余類になります。そして、$Ker(f) \setminus G$は、$g_1, g_2, g_3, \cdots \in G$を代表元とする複数の剰余類の集合であり、当該集合には群としての性格が付与されるのでした。

この定理を証明します。まず、この定理で新たに定義された写像ψの$well-definedness$を確認しましょう。つまり、$\forall g_1, g_2 \in G$について、$f(g_1)$と$f(g_2)$とで値が変わらないことを確認します。

今、$Ker(f)=H$と置きます。$g_1, g_2 \in G$を各々で異なる代表元とします。すると、次のように書けます。

$$\begin{aligned}\psi: H \setminus G &\to f(G)\\ Hg_1 &\mapsto f(g_1)\\ Hg_2 &\mapsto f(g_2)\end{aligned} \tag{21.4.4}$$

今、$g_2 \in Hg_1$として、

$$g_2 = h\,g_1 \quad (h \in H = Ker(f)) \tag{21.4.5}$$

と置きます。すると、準同型写像fについて、

$$\begin{aligned}f(g_2) &= f(h\,g_1)\\ &= f(h)f(\,g_1)\\ &= e'f(\,g_1)\\ &= f(\,g_1)\end{aligned} \tag{21.4.6}$$

ここで、e'は$f(G)$の単位元です。即ち、$h \in H = Ker(f)$なので、カーネルに含まれる任意の元は、準同型写像fによって単位元に移されるのでした。従って、$f(g_2)=f(\,g_1)$となり、異なるg_1, g_2が写像fによって移される値は同じものとなること、即ち、写像ψは代表元のとり方に依らずに定義できることという、$well-definedness$が確認できました。

続いて、写像ψが準同型写像となることを確かめます。まず、$Ker(f)=H$と置きます。$Ker(f)$は剰余群$Ker(f) \setminus G$の単位元に相当します。$g_1, g_2 \in G$を異なる代表元として、Hの右剰余類の積の写像を考え、Hが正規部分群である性質を利用して次のように展開します。

$$\psi(Hg_1 \cdot Hg_2) = \psi(Hg_1 g_2) \quad (g_1 g_2 \in G) \tag{21.4.7}$$

また、ψの定義より、

$$\psi: H \setminus G \to f(G)$$
$$Hg_1g_2 \;\; \mapsto f(g_1g_2) \qquad (21.4.8)$$

なので、式(21.4.7)は、

$$\psi(Hg_1 \cdot Hg_2) = \psi(Hg_1g_2)$$
$$= \; f(g_1g_2) \qquad (21.4.9)$$

fは準同型写像なので、

$$\psi(Hg_1 \cdot Hg_2) = f(g_1g_2)$$
$$= f(g_1)f(g_2)$$
$$= \; \psi(Hg_1)\psi(Hg_2) \qquad (21.4.10)$$

よって、写像ψが準同型写像であることが確認されました。

最後に、写像ψが全単射であることを確認します。まずは単射性から確認します。今、剰余類Hg_1について、

$$\psi(Hg_1) = f(g_1) = e' \qquad (21.4.11)$$

と書ければ、$Ker(f)$は剰余群$G/Ker(f)$の単位元であることから、次が言えます。

$$\forall g_1 \in Ker(f) = H = He \qquad (21.4.12)$$

同時に、$\forall g_1 \in Hg_1$は明らかですから、

$$\forall g_1 \in He \;\wedge\; \forall g_1 \in Hg_1 \Longrightarrow \forall g_1 \in Hg_1 \cap He \qquad (21.4.13)$$

ここで、剰余類に関する定理 18.1 を適用します。これは、剰余類や剰余群の様々な場面で使われる定理でした。再掲すると、

定理 18.1（代表元の交換）

群Gとその部分群Hについて、$\forall g_1, g_2 \in G$のとき、次のことが言える。

$$Hg_1 \cap Hg_2 \neq \emptyset; \qquad g_2 \in Hg_1 \;\Leftrightarrow\; Hg_1 = Hg_2$$

従って、式(21.4.13)より、

$$\forall g_1 \in Hg_1 \cap He \Leftrightarrow He = Hg_1 \tag{21.4.14}$$

Heは、剰余群$H \setminus G$の単位元に相当します。すると、式(21.4.11)、式(21.4.4)より、

$$\begin{aligned} &\psi: H \setminus G \to f(G) \\ &Hg_1 = He \ \mapsto f(g_1 = e) = e' \end{aligned} \tag{21.4.15}$$

よって、$Ker(\psi)$の元は、He、即ち単位元のみであるから、

$$Ker(\psi) = \{He\} \tag{21.4.16}$$

従って、定理 21.3（準同型写像の単射性）の式(21.2.11)より、写像ψは単射であることが確認されました。

次いで、写像ψは全射でもあることを確認します。まず、代表元$g \in G$についての$H = Ker(f)$の剰余類の集合、即ち剰余群$H \setminus G$について、定義より、

$$\begin{aligned} &\psi: H \setminus G \to f(G) \\ &\quad Hg \ \mapsto f(g) \end{aligned} \tag{21.4.17}$$

です。このことは、$\forall g \in G$について$\psi(Hg) = f(g)$を満たすHgを$H \setminus G$の中から必ず選んでくることができること、即ち、任意の$f(g)$に対してこれに一致する元（剰余類）を、写像ψを介して$\psi(Hg)$として必ず対応づけられることを示しています。これは、全射の条件を示しています。

以上より、準同型写像ψは全単射であること、即ち、同型写像であることが確かめられました。

おわりに

この書物を閉じるにあたりまして、執筆の過程で参考とさせていただいた文献を掲載することと致します。これらの文献は、本著書と同様に数論の初歩を少し異なる観点から学び直してみたいとする読者、或いは、もう少し高度な内容を目指して、ステップアップを試みたいという読者の皆さんのご参考に資することを期待したいと思います。

(1)数論の入門書

本書同様、数論の初歩から丁寧に解説した図書として、次を挙げることができます。1)は文字通りゼロから数論の世界に足を踏み入れる読者に適した入門書です。豊富な数値による具体例と、決して途中経過を端折らない懇切丁寧な式展開に大きな特徴があります。また、筆者の読者に対する語り掛けの調子が、あたかも講義の場での解説のような臨場感と温かみが感じられ、読み物としても楽しめます。ですが、扱っているトピックは初等数論の主だったテーマのほぼ全てが網羅されていると言ってよいでしょう。2)は本書が取り扱わなかった環論、体論も含みますが、第一章の整数の解説は本書の第一部の初等数論で取り扱っているトピックが多く盛り込まれており、続く第二章の群論では、初等群論のほぼ全てのトピックが網羅されており、分かり易い解説が特徴的です。3)はすでに定評のある雪江明彦氏による群論入門の教科書です。豊富な演習問題と略解が読者の学習の助けになります。雪江氏は関連分野の代数的整数論、解析的整数論の分野でも多くの著作を世に出しておられます。4)は第一章の初等整数論から始まり、群論を経て、第3章の代数的整数論で2次体、3次体、イデアル論と次第に深まっていく教科書です。第3章以降はやや高度なトピックが扱われていますが、記述は平易であり、多くの概念が丁寧に解説されています。5)は第1章から第4章までが初等数論のトピックについての解説であり、第5章から第10章までで代数体の整数論、楕円モジュラー函数、楕円曲線といった、やや高度なトピックの解説へと進んでいます。6)は古典的定番である高木先生の講義書になります。初等という単語が冒頭に付せられていますが、書かれてある内容が決して初等解説書であるわけではないことに、読者の皆さんの注意換起を促したいと思います。書き振りは、かなり高度な印象です。それだけに心して取り掛かっていただきたい書物です。これを入門書として読むのであれば、第一章の初等整数論とその附記あたりまででしょうか。第2章が連分数の解説、第3章が二元二次不定方程式、第4章、第5章が二次体の整数論の解説に充てられています。

1) *Joseph H. Silverman, “A Friendly Introduction to Number Theory (Fourth edition)”, Pearson Education Inc.*, 2018（鈴木治郎訳、『はじめての数論（原著第4版）』、丸善出版、2022年1月25日）
2) 新妻弘、木村哲三、『群・環・体入門』、共立出版、初版第 24 刷、2021年9月1日
3) 雪江明彦、『代数学1 群論入門』、日本評論社、第1版第12刷、2021年10月20日
4) 藤崎源二郎、森田康夫、山本芳彦、『数論への出発（増補版）』、日本評論社、増補版第1刷、2004年6月20日
5) 山本芳彦、『現代数学への入門　数論入門（オンデマンド版）』、岩波書店、2018年4月10日
6) 高木貞治、『初等整数論講義（第2版）』、共立出版、第2版43刷、2016年9月20日

数論入門書はご承知の通り、膨大な種類の参考書が出版されています。また、ウェブ上に公開されている、大学の数学科の講義に用いられている教科書の*pdf*ファイルも、大変有用な参考書になります。加えて、*Youtube*で公開されている数論講義も、なかなかに良質な番組が多数オンエアされていますから、利用価値は高いと思います。筆者も、数論に関する*Youtube*の講義については一通り視聴してみましたが、入門ツールとして推奨に値する番組も多くみられました。それら

を試聴したあとで、次に本格的な出版テキストでより詳細な記述にあたってみることで、理解が深まっていくのではないでしょうか。

(2)ステップアップを目指す本格的学術書

これも上を見ていけば、アンドリュー・ワイルズの論文2本に行き着くなど、上限のない世界です。読者諸氏自らが渉猟し、良書を探し当てていくということに尽きるのかもしれません。ただ、その中で筆者自身が改めて熟読したいと考える書物が何冊かあります。まず、7)です。これは、再び古典的定番となる高木先生の講義書になります。前編第一章の代数的整数、第2章の代数体の整数、第3章の剰余類のパートまでは、入門書的な内容となっていますが、それでも第2章には早速イデアル論が含まれています。第11章以降の後編は類体論の解説になっています。この本も、まず心して取り掛かる必要がありましょう。8)は1995年にイギリスの数学者、アンドリュー・ワイルズによって証明されたフェルマーの最終予想の証明内容に関する解説書です。但し、フェルマーの最終予想はすでに完全に証明されたのですから、現在ではフェルマーの最終定理と呼ぶことができます。ご承知のように、フェルマーの最終定理の証明に動員された数論の分析ツールは、最新にして広大な分野に渡るものです。それらの分析ツールをひとつひとつ理解していくだけで、膨大なエネルギーと時間を要するものと思われます。ですが、もちろん克服の価値のあることは言うを俟たないところです。この解説書では、楕円曲線から始まりモジュラー曲線、保型形式、ガロア表現、可換環論などが詳細に解説されています。9)はフェルマーの最終定理に関連付けて、楕円曲線、代数的整数論の方法論、類体論、ガロア理論の解説がなされた学術書ですが、各章の章末には演習問題も付けられており、数論の学徒にとっても手元に置いておきたい専門書です。10)は9)を基礎としながら、フェルマーの最終定理の証明の、まさに最終化の際の分析ツールとして適用された岩澤理論の解説書です。保型形式の解説から始まり、岩澤理論、楕円曲線へと進んでいきます。

7) 高木貞治、『代数的整数論 -一般論及類体論-』、岩波書店、第2版（復刻版）第16刷、2017年6月13日
8) 斎藤毅、『フェルマー予想（オンデマンド版）』、岩波書店、2019年3月12日
9) 加藤和也、黒川信重、斎藤毅、『数論I-Fermatの夢と類体論-（オンデマンド版）』、岩波書店、2016年7月12日
10) 黒川信重、栗原将人、斎藤毅、『数論II-岩澤理論と保型形式-（オンデマンド版）』、岩波書店、2017年2月10日

そして、フェルマーの最終定理を最終的に証明したアンドリュー・ワイルズの二本の論文をご紹介します。いずれも、インターネット上で容易にダウンロードが可能です。

11) *Andrew John Wiles, "Modular elliptic curves and Fermat's Last Theorem", Annals of Mathematics* 141 (3), *pp.* 443 − 551, 1995
12) *Richard Taylor and Andrew Wiles, "Ring − theoretic properties of certain Hecke algebras", Annals of Mathematics* 141 (3), *pp.* 553 − 572, 1995

本書は数のワンダーランドへのご招待と題して、数論の不思議の世界への入門を促すことを意図して書かれました。数式に馴染みの薄い読者にありがちな、食わず嫌いにも似た数学アレルギーを克服していただければと、できる限り初等数学の作法に則って、式展開にあっては途中経過を省かずに順を追ってなぞれるように、また具体的な数値を用いた例示をふんだんに盛り込むなどの工夫を加えたつもりです。そのため、一部の読者は本書に対して冗長な印象を持たれたかも知れません。ただ、本書が数論に対する読者諸氏の興味関心を引き出すことに少しでも貢献できましたのなら、筆者にとっては望外の喜びです。

櫻田陽一

索引

■著者略歴

櫻田陽一《さくらだよういち》

1960年　埼玉県に生まれる

1983年　東京大学工学部土木工学科卒業

1988年　東京大学工学系研究科土木工学専門課程　博士課程修了　工学博士

現在　株式会社三菱総合研究所　主席研究員を経て、現在、福岡女学院大学国際キャリア学部教授

著書　Cornell University,“Africa, Transport and the Millenium Development Goals”, Cambridge Scholars Publishing、「新世代交通システム（FITS）交通問題解決と豊かな生活創造に向けて」山海堂、「国際開発論前史講義」東洋出版、「アジア経済発展の光芒-繁栄の相貌とその軌跡-」東洋出版、「数理経済学へのご招待」東洋出版

ほか、学術論文多数

数《かず》のワンダーランドへのご招待《しょうたい》
Invitation to the Numerical Wonderland

2023年７月11日　第１刷発行

著　者　　　櫻田陽一
発行人　　　久保田貴幸

発行元　　　株式会社 幻冬舎メディアコンサルティング
　　　　　　〒151-0051　東京都渋谷区千駄ヶ谷4-9-7
　　　　　　電話　03-5411-6440（編集）

発売元　　　株式会社 幻冬舎
　　　　　　〒151-0051　東京都渋谷区千駄ヶ谷4-9-7
　　　　　　電話　03-5411-6222（営業）

印刷・製本　中央精版印刷株式会社
装　丁　　　堀稚菜

検印廃止

Printed in Japan
ISBN 978-4-344-94561-6 C0041
幻冬舎メディアコンサルティングＨＰ
https://www.gentosha-mc.com/